大数据技术精品系列教材

U0277769

Python
自然语言处理入门与实战

Natural Language Processing with Python

戴程 张良均 ◉ 主编
李微 徐新爱 律波 ◉ 副主编

人 民 邮 电 出 版 社
北 京

图书在版编目（CIP）数据

Python自然语言处理入门与实战 / 戴程，张良均主编. -- 北京 : 人民邮电出版社，2022.10（2023.12重印）
大数据技术精品系列教材
ISBN 978-7-115-59278-1

Ⅰ. ①P… Ⅱ. ①戴… ②张… Ⅲ. ①软件工具—程序设计—高等学校—教材②自然语言处理—高等学校—教材
Ⅳ. ①TP311.561②TP391

中国版本图书馆CIP数据核字（2022）第120246号

内容提要

本书以自然语言处理常用技术与真实案例相结合的方式，深入浅出地介绍自然语言处理中的关键内容。全书共8章，内容包括导论、文本数据爬取、文本基础处理、文本进阶处理、天问一号事件中的网民评论情感分析、新闻文本分类、基于浏览记录的个性化新闻推荐，以及基于TipDM大数据挖掘建模平台实现新闻文本分类。本书各章均包含课后习题，其中前4章为选择题，后4章为操作题，可帮助读者通过练习和操作实践，巩固所学的内容。

本书可作为高校数据科学、人工智能和新闻传播相关专业的教材，也可作为自然语言处理爱好者的自学用书。

◆ 主　　编　戴　程　张良均
副 主 编　李　微　徐新爱　律　波
责任编辑　赵　亮
责任印制　王　郁　焦志炜

◆ 人民邮电出版社出版发行　　北京市丰台区成寿寺路11号
邮编　100164　　电子邮件　315@ptpress.com.cn
网址　https://www.ptpress.com.cn
三河市君旺印务有限公司印刷

◆ 开本：787×1092　1/16
印张：14　　2022年10月第1版
字数：261千字　　2023年12月河北第3次印刷

定价：59.80元

读者服务热线：(010)81055256　印装质量热线：(010)81055316
反盗版热线：(010)81055315
广告经营许可证：京东市监广登字20170147号

序 FOREWORD

随着大数据时代的到来，移动互联网和智能手机迅速普及，多种形态的移动互联网应用蓬勃发展，电子商务、云计算、互联网金融、物联网、虚拟现实、智能机器人等不断渗透并重塑传统产业。而与此同时，大数据当之无愧地成为新的产业革命核心。

2019 年 8 月，联合国教科文组织以联合国 6 种官方语言正式发布《北京共识——人工智能与教育》。其中提出，通过人工智能与教育的系统融合，全面创新教育、教学和学习方式，并利用人工智能加快建设开放、灵活的教育体系，确保全民享有公平、适合每个人且优质的终身学习机会。这表明基于大数据的人工智能和教育均进入了新的阶段。

高等教育是教育系统中的重要组成部分，高等院校作为人才培养的重要载体，肩负着为社会培育人才的重要使命。2018 年 6 月 21 日的新时代全国高等学校本科教育工作会议首次提出了“金课”的概念。“金专”“金课”“金师”迅速成为新时代高等教育的热词。建设具有中国特色的大数据相关专业，以及打造具有世界水平的“金专”“金课”“金师”“金教材”，是当代教育教学改革的难点和热点。

实践教学是在一定的理论指导下，通过实践引导，使学习者获得实践知识、掌握实践技能、锻炼实践能力、提高综合素质的教学活动。实践教学在高校人才培养中有着重要的地位，是巩固和加深学生对理论知识理解的有效途径。目前，高校大数据相关专业的教学体系设置往往过多地偏向理论教学，课程设置冗余或缺漏，知识体系不健全，且与企业实际应用契合度不高，学生无法把理论转化为实践应用技能。为了有效解决这些问题，“泰迪杯”数据挖掘挑战赛组委会与人民邮电出版社共同策划了“大数据技术精品系列教材”，这恰与 2019 年 10 月 24 日教育部发布的《教育部关于一流本科课程建设的实施意见》（教高〔2019〕8 号）中提出的“坚持分类建设”“坚持扶强扶特”“提升高阶性”“突出创新性”“增加挑战度”原则完全契合。

“泰迪杯”数据挖掘挑战赛自 2013 年创办以来，一直致力于推广高校数据挖掘实践教学，培养学生数据挖掘的应用和创新能力。挑战赛的赛题均为经过适当简化和加工的实际问题，来源于各企业、管理机构和科研院所等，非常贴近现实热点需求。赛题中的数据只做必要的脱敏处理，力求保持原始状态。竞赛围绕数据挖掘的整个流程，从数据采集、数据迁移、数据存储、数据分析与挖掘，到数据可视化，涵盖了企业应用中的各个环节，与目前大数据专业人才培养目标高度一致。“泰迪杯”数据挖掘挑战赛不依赖于数学建模，甚至不依赖传统模型的竞赛形式，使得“泰迪杯”数据挖掘挑战赛在全国各大高校反响热烈，且得到了全国各界专家、学者的认可与支持。2018 年，“泰迪杯”增加了子赛项——数据分析技能赛，为应用型本科、高职和中职技能型人才培养提供理论、技术和资源方面的支持。截至 2021 年，全国共有超 1000 所高校，约 2 万名研究生、9 万名本科生、2 万名高职生参加了“泰迪杯”数据挖掘挑战赛和数据分析技能赛。

本系列教材的第一大特点是注重学生的实践能力培养，针对高校实践教学中的痛点，首次提出“鱼骨教学法”的概念。以企业真实需求为导向，学生学习技能时紧紧围绕企业实际应用需求，将学生需掌握的理论知识，通过企业案例的形式进行衔接，达到知行合一、以用促学的目的。第二大特点是以大数据技术应用为核心，紧紧围绕大数据应用闭环的流程进行教学。本系列教材涵盖了企业大数据应用中的各个环节，符合企业大数据应用真实场景，可使学生从宏观上了解大数据技术在企业中的具体应用场景及应用方法。

在教育部全面实施“六卓越一拔尖”计划 2.0 的背景下，对如何促进我国高等教育人才培养体制、机制的综合改革，以及如何重新定位和全面提升我国高等教育质量，本系列教材将起到抛砖引玉的作用，从而加快推进以新工科、新医科、新农科、新文科为代表的一流本科课程的“双万计划”建设；落实“让学生忙起来，管理严起来和教学活起来”措施，让大数据相关专业的人才培养质量有质的提升；借助数据科学的引导，在文、理、农、工、医等方面全方位发力，培养各个行业的卓越人才及未来的领军人才。同时本系列教材将根据读者的反馈意见和建议及时改进、完善，努力成为大数据时代的新型“编写、使用、反馈”螺旋式上升的系列教材建设样板。

汕头大学校长

教育部高校大学数学课程教学指导委员会副主任委员

“泰迪杯”数据挖掘挑战赛组织委员会主任

“泰迪杯”数据分析技能赛组织委员会主任

郝志峰

2021 年 7 月于粤港澳大湾区

前 言 PREFACE

自然语言处理作为人工智能的一个重要分支，促进了社会传播学的发展，并且在新闻传播领域中的影响也越来越深刻。社会传播学是一门研究人类交流形式的学问，新闻包含于传播之中，而语言交流和文字交流是人类最重要的交流方式。分析语言的成分和结构，理解语义和语言的深层意义，是社会传播学与自然语言处理的共同任务。自然语言处理与社会传播学的融合研究正在成为新的趋势，中文自然语言处理能够迅速且有效地处理新媒体特别是网络和社交媒体中海量的内容与知识，能够有效加速社会传播学的研究进展。由于中文自然语言处理的研究起步较晚，加上中文语句本身结构更为松散，语法和语义更为灵活，因此无法直接套用英文自然语言处理中较成熟的理论和技术。与具有相对完善理论框架的社会传播学进行结合能够为中文自然语言处理的发展带来新的机遇。本书定位为中文自然语言处理初学者边学边实战的入门级教材，借助中文语料的小数据量新闻传播实例，通过理论结合实战方式，带领初学者快速掌握自然语言处理在中文开发方面的应用。

本书特色

本书将理论与实战相结合，注重知识与案例的讲解。本书全面贯彻党的二十大精神，以新时代中国特色社会主义核心价值观为引领，加强基础研究、发扬斗争精神，为建成教育强国、科技强国、人才强国、文化强国添砖加瓦。本书设计思路以应用为导向，从知识点背景介绍到原理分析，再到具体的新闻传播类案例，让读者明确如何利用所学知识来解决问题；最后通过课后习题巩固所学知识，让读者真正理解并能够应用所学知识。全书大部分章节紧扣实际案例的需求展开，不堆积知识点，着重于对读者进行思路的启发与介绍解决方案的实施。

本书适用对象

- 新闻传播学类专业的高校学生。
- 学习自然语言处理课程的高校学生。
- 自然语言处理应用的开发人员。
- 进行自然语言处理应用研究的科研人员。

代码下载及问题反馈

为了帮助读者更好地使用本书，本书配备了原始数据文件和 Python 程序代码，以及 PPT 课件、教学大纲、教学进度表和教案等教学资源，读者可以从泰迪云教材网站免费下载，也可登录人民邮电出版社教育社区（www.ryjiaoyu.com）下载。同时欢迎教师加入 QQ 交流群“人邮大数据教师服务群”（669819871）进行交流探讨。

由于编者水平有限，书中难免出现一些疏漏和不足之处。如果读者有宝贵的意见，欢迎在泰迪学社微信公众号（TipDataMining）回复“图书反馈”进行反馈。更多关于本系列图书的信息可以在泰迪云教材网站查阅。

编　者

2023 年 5 月

泰迪云教材

目录 CONTENTS

第 1 章 导论

自然语言处理是指将人类交流沟通所用的语言经过处理转化为机器所能理解的机器语言，是语言学和计算机科学的交叉学科。作为人工智能的一个重要分支，自然语言处理在数据处理领域也占有越来越重要的地位。本章将介绍自然语言处理的基本概念、发展历程、研究内容、研究领域、技术应用和基本流程等内容。

学习目标

（1）了解自然语言处理的基本概念。

（2）了解自然语言处理的工具。

（3）熟悉 Anaconda 安装流程以及自然语言处理虚拟环境的创建方法。

1.1 自然语言处理概述

自然语言是指汉语、英语、法语等人们日常使用的语言，是自然而然地随着人类社会发展演变而来的语言，是人类学习、生活的重要工具。概括说来，自然语言是指人类社会约定俗成的，并且区别于人工语言（如计算机程序语言）的语言。

自然语言处理（Natural Language Processing，NLP）是指利用计算机对自然语言的形、音、义等信息进行处理，即对字、词、句、篇章进行输入、输出、识别、分析、理解、生成等操作和加工的过程。NLP 是计算机科学领域以及人工智能领域的一个重要的研究方向，是一门融语言学、计算机科学、数学、统计学等于一体的学科。NLP 的具体表现形式包括机器翻译、文本摘要、文本分类、文本校对、信息抽取、语音合成、语音识别等。

NLP 机制涉及两个流程：自然语言理解和自然语言生成。自然语言理解研究的是计算机如何理解自然语言文本中包含的意义，自然语言生成研究的是计算机如何生成自然语言文本表达给定的意图、思想等。因为 NLP 的目的是让计算机“理解”自然语言，所以 NLP 有时又被称为自然语言理解（Natural Language Understanding，NLU）。

1.1.1 NLP 的发展历程

在 1946 年世界上第一台通用计算机诞生时，英国人布思（A.D.Booth）和美国人韦弗（W.Weaver）就提出了利用计算机进行机器翻译的想法。从这个时间点开始算起，NLP 技术已经经历了 70 多年的发展历程。NLP 的整个发展历程可归纳为“萌芽期”“发展期”“繁荣期”3 个历史阶段。

1. 萌芽期（20 世纪 40 年代到 20 世纪 50 年代）

20 世纪 40 年代到 20 世纪 50 年代，除了当时给世界带来极大震撼的计算机技术外，在美国还有两个人在进行着重要的研究工作。其中一位是乔姆斯基，他的主要工作为形式语言的研究；另一位是香农，他的主要工作是基于概率和信息论模型的研究。香农在概率统计的基础上对自然语言和计算机语言进行研究。1956 年，乔姆斯基提出了上下文无关语法，并将它运用到 NLP 中。他们的工作直接引起了基于规则和基于概率这两种不同的 NLP 方法的产生。而这两种不同的 NLP 方法，又引发了数十年有关基于规则方法和基于概率方法孰优孰劣的争论。

2. 发展期（1960—1999 年）

20 世纪 60 年代，法国格勒诺布尔大学的著名数学家沃古瓦开始了自动翻译系统的研制。在这一时期，不同的国家和组织对机器翻译都投入了大量的人力、物力和财力。然而在机器翻译系统的研制过程中，遇到了各种各样的问题，并且这些问题的复杂度远远超过了原来的预期。为了解决这些问题，各种各样的模型和解决方案产生了。虽然最后的结果并不都尽如人意，但是为后来的各个相关分支领域如统计学、逻辑学、语言学等的发展奠定了基础。

20 世纪 80 年代后，在计算机技术的快速发展下，基于统计的 NLP 取得了相当程度的成果，开始在不同的领域里大放异彩。如机器翻译领域，由于引入了许多基于语料库的方法，因此率先取得了突破。1990 年，第 13 届计算机语言学会的主题是“处理大规模真实文本的理论、方法与工具”，NLP 的研究重心开始转向大规模真实文本，传统的基于语言规则的 NLP 开始显得力不从心。

20 世纪 90 年代中期，有两件事促进了 NLP 研究的发展。一件事是计算机的运行速度和存储能力大幅提高，为 NLP 的发展改善了硬件基础，使得语音、语言处理的商品化开发成为可能；另一件事是 1994 年万维网协会成立，在互联网的冲击下，产生了很多原来没有的计算模型，大数据和各种统计模型应运而生。这个时期，在大数据和概率模型的影响下，NLP 得到了飞速的发展。

3. 繁荣期（2000 年至今）

进入 21 世纪之后，一大批互联网公司如雅虎、谷歌、百度等的发展，对 NLP 的发展起到了不同程度的推动作用。大量基于万维网的应用也在不同的方面促进了 NLP 的发展进步。在这个过程中，各种数学算法和计算模型显得越来越重要。飞速发展的机器学习、神经网络和深度学习等技术，都在不断地消除人与机器之间交流的限制，特别是深度学习技术将会在NLP领域发挥越来越重要的作用。也许在不久的将来，在互联网的基础上，现今在NLP中遇到的问题将不再是问题，使用不同语言的人们可以畅通无阻地沟通交流，人与机器之间的沟通也可以没有阻碍。

1.1.2 研究内容

NLP研究内容包括很多的分支领域，如文本分类、信息抽取、自动摘要、智能问答、话题推荐、机器翻译、主题词识别、知识库构建、深度文本表示、命名实体识别、文本生成、文本分析（词法、句法、语法）、语音识别与合成、信息检索、信息过滤、舆情分析、自动校对等。部分常见分支领域的简介如下。

1. 机器翻译

机器翻译又称为自动翻译，是利用计算机将一种自然语言转换为另一种自然语言的过程。机器翻译是计算语言学的一个分支，是人工智能的终极目标之一，具有重要的科学研究价值。

2. 信息检索

信息检索又称情报检索，是指利用计算机系统从海量文档中找到符合用户需要的相关信息。狭义的信息检索仅指信息查询，广义的信息检索是指将信息按一定的方式进行加工、整理、组织并存储起来，再根据用户特定的需要将相关信息准确查找出来的过程。

3. 文本分类

文本分类又称文档分类或信息分类，其目的是利用计算机系统对大量的文档按照一定的标准进行分类。文本分类技术拥有广泛的用途，如公司可以利用该技术了解用户对产品的评价。

4. 智能问答

智能问答是指问答系统能以一问一答的形式，正确回答用户提出的问题。智能问答可以精确定位用户所提问知识，通过与用户进行交互，为用户提供个性化的信息服务。

5. 信息过滤

信息过滤是指信息过滤系统对网站信息、公众信息公开申请和网站留言等内容实现提交时的自动过滤处理。如发现谩骂、诽谤、非法言论或有害信息时可以实现自动过滤，并给用户友好的提示，同时向管理员提交报告。信息过滤技术目前主要用于信息安全防护、网络内容管理等。

6. 自动摘要

摘要是指能够全面准确地反映某一文献中心内容的简单、连贯的短文，自动摘要就是利用计算机自动地从原始文献中提取摘要。互联网每天会产生大量的文本数据，摘要可反映文本的主要内容，用户想查询和了解关注的话题需要花费大量时间和精力进行选择和阅读，单靠人工进行摘要是很难实现的。为了应对这种状况，学术界尝试使用计算机技术实现对文献的自动处理。自动摘要主要应用于 Web 搜索引擎、问答系统的知识融合及舆情监督系统的热点和专题追踪等。

7. 信息抽取

信息抽取是指从文本中抽取出特定的事件或事实信息。例如，从时事新闻报道中抽取出某一事件的基本信息，如时间、地点、事件制造者等。信息抽取与信息检索有着密切的关系，信息抽取系统通常以信息检索系统的输出作为输入，并且信息抽取技术可以用于提高信息检索的性能。

8. 舆情分析

舆情分析是指根据特定问题的需要，对舆情进行深层次的思维加工和分析研究，得到相关结论的过程。在我国网络环境下舆情信息的主要来源有新闻评论、网络论坛、聊天室、博客、新浪微博、聚合新闻和 QQ 等。由于网上的信息量十分巨大，仅仅依靠人工难以应对海量信息的收集和处理，需要加强相关信息技术的研究，形成一套自动化的网络舆情分析系统，及时应对网络舆情，由被动防堵变为主动梳理、引导。舆情分析是一项十分复杂、涉及问题众多的综合性技术，同时也涉及网络文本挖掘、观点挖掘等。

9. 语音识别

语音识别又称自动语音识别，是指对输入计算机的语音信号进行识别并将其转换成书面语言表示出来。语音识别技术所涉及的领域众多，其中包括信号处理、模式识别、概率论和信息论、发声机理和听觉机理等。

10. 自动校对

自动校对是对文字拼写、用词、语法或文档格式等进行自动检查、校对和编排的过程。电子信息的形成有多种途径，最常见的是用键盘输入，这难免会造成一些输入错误，由此产生了利用计算机进行文本自动校对的研究。自动校对系统可应用于报刊、图书等需要进行文本校对的行业。

1.1.3 自然语言处理与新闻传播

新闻的时效性、准确性等众多要求使得自然语言处理在新闻传播上有了大展身手的机会。自然语言处理在新闻传播领域的应用使得新闻传播的速度更快、内容的准确性更高。同时，新闻传播对技术的要求也加快了自然语言处理的研究。

1. 新闻的定义

众所周知，新闻包括于传播之中，而传播是更为广义的概念，除了新闻之外还涉及广告、公关、传播心理等方面。新闻行业正式形成的标志是公元 15～16 世纪地中海沿岸的“手抄小报”的出现，而传播的发展则伴随着整个人类历史。所以说，新闻仅仅是传播所涉及的一个方面。

在新闻工作和日常生活中，存在着并行不悖的两种新闻定义：一是新闻是新近发生事实的报道，反映的是新闻的形式；二是新闻是新近事实变动的信息，反映的是新闻的实质。这两种定义的共同点是它们都可概括或反映新闻的“真”和“新”这两个基本特点。两者的区别是一个指新闻是报道，一个指新闻是信息。

新闻的两种定义互为表里，在不同场合各有不同的内涵。人们从事新闻活动，无论是口头的、书面的，还是读报、听广播、看电视、上网，根本目的都在于获取外界变动的信息。信息是整个新闻活动中的主轴，它能够而且必须消除人们的随机不确定性，必然包含新的情况、新的知识、新的内容。自然语言处理研究主要围绕实现人与计算机之间用自然语言进行有效信息传播的各种理论和方法,面向有效信息传播对新闻中语言进行信息处理。从这个角度看，新闻必须致力于消除读者的不确定性，一切宣传功能必须建立在提供信息的基础上。如果新闻不能提供足够的事实来消除读者的不确定性，而是首先考虑如何教育读者、向读者灌输某种思想，那么不仅新闻是失败的，宣传也是失败的。

新闻与生俱来的基本特点是真实和新鲜，由此延伸出新闻传播应迅速及时。在现代社会，新闻真实、传播迅速的要求决定了新闻的工作方向，塑造了新闻媒介的品格，决定了媒介的形式和采用的技术。人类社会的新闻传播工作经历了口语传播、文字传播、印刷传播、电子传播和国际互联网传播这样一个演变过程。人类对传播工具的选择归根到底是由新闻的特性所决定的,“适者生存”这一进化论观点恰好也是对新闻选择传播工具演进过程的描述。一切适合新闻特性的传播工具都可以被人们采用。新闻传播与自然语言有着千丝万缕的联系。随着自然语言处理各个分支技术的发展，自然语言处理开始在潜移默化中不断改变新闻传播行业整体生态的发展。

2. 自然语言处理技术和新闻传播的相互影响

近年来，自然语言处理技术得到了以计算机科学为代表的自然科学领域到社会科学领域的广泛关注，并且在新闻理解、新闻传播、舆论管理、观点分析等社会传播学领域中展示出了不容忽视的价值，自然语言处理与社会传播学的融合研究正成为新的趋势。

一方面，自然语言处理技术能迅速处理社交媒体中的海量内容和知识，加速传播学的研究进展，所生成的知识图谱也能被用于提升自然语言处理技术的推理能力。另一方面，自然语言处理技术能够辅助治理互联网中的传播乱象，避免谣言、攻击性话语的泛滥，促进正向传播。随着二者结合的深入，新闻传播领域的大量非规范文本和精细化知识对自然语言处理技术提出了越来越高的要求，社会传播学领域相对完善的理论框架也为自然语言处理突破常规应用带来了机遇。

受信息全球化趋势的影响，以电视、报纸、广播、杂志为代表的传统媒介的信息发布渠道正在被“颠覆”，以互联网为媒介的新闻传播突破了时间和空间的限制，已经成为社会传播学领域的新趋势。媒体内容生产从传统的“报道式新闻”演变为新型“交互式新闻”，官方媒体报道转变为广泛参与的公众报道，并由此产生了海量的网络传播数据。海量数据带来的影响具有两面性：一方面，公众在网络空间的观点表达和信息分享，能创造出新的知识、内容、观点、意见等，人们可以从多个视角解读社会事件；另一方面，网络空间中的数据充斥着与事件不相关的“噪声”和大量同质化的冗余信息，对新闻传播提出了新的挑战，具体如下。

（1）如何高效收集、整合数据，并进行信息的提取与利用。当前网络数据的获取渠道主要为门户网站的新闻、搜索引擎的检索结果、问答社区的讨论、微博互动等。平台的多样性使得成员构成、交流形式、讨论深度等各不相同，数据涵盖文字、图片、视频等多种格式。面对海量数据，人工方式很难进行处理，需要借助自动化工具来完成新闻主题提取、内容理解、体裁归类等工作。自然语言处理技术能够实现异构数据的迅速整合、关键信息的提取及热点追踪等，辅助研究人员进行高效的文本分析和内容理解。因此，熟悉各种自然语言处理工具正逐渐成为新闻传播学研究者的必备技能。

（2）如何对清洗后的数据进行深层次分析，以发现同类事件的共性规律和差异化特征，深入解剖参与者的群体和个体特征。新闻传播的根本目的是帮助人们透过表面的内容看到事件的深层次动机、目的、发展规律，更好地解释社会生活中的自我、他人及世界的关系。新闻传播所涉及的学科门类众多，依据不同理论框架对问题的解释不同，得出的结论也不尽相同，需要从数据中找出群体思维演变规律，抑或找出关系内部冲突以及关系外部群体冲突来解释事件演变规律。自然语言处理技术的发展以及语料库的丰富程度已经能够解决上述问题的一些子问题，如内容分类、观点凝练、情感分析等，但其还无法满足更为系统和深入的智能化传播分析的要求。这对自然语言处理技术与传播学理论的深度融合提出了要求。

3. 新闻传播领域前沿自然语言处理技术的应用

在新闻传播领域，自然语言处理的贡献集中在内容分类、文本摘要、主题模型、上下文提取、情感分析、文本-语音转换、机器翻译等，主要应用形式多种多样，进展也各有不同。

（1）假新闻检测

假新闻是指社交媒体中错误的、误导读者的或未经证实的新闻。假新闻检测旨在通过人工智能技术来核查新闻报道，识别欺诈与虚假信息。大致从 2016 年开始，假新闻检测得到了广泛的关注，正成为近几年新闻传播和自然语言处理领域的热点议题。

常见的 4 类假新闻分别为：恶作剧型、诱导点击型、广告宣传型、讽刺型。假新闻检测的原始数据主要从开放式的在线社交媒体获取，随后通过假新闻在线校验网进行评分，得到新闻的可信度和对应标签。还可通过消息源的口碑，为其发布的新闻贴上对应标签。例如，政府网站、公认的权威媒体发布的新闻可默认为“真实”，辟谣网站鉴定的谣言、某些“无良媒体”渠道发布的文章则默认为“虚假”。

当前主流的假新闻检测技术可分为 4 类：基于机器学习的检测技术、基于深度学习的检测技术、基于自然语言处理的检测技术、基于图理论和数据挖掘的检测技术。这 4 类技术常共现于同一模型中，例如，语言注入的神经网络模型、基于图理论的深度马尔可夫链推理模型、基于自然语言处理的语义信息和用户行为的双层卷积神经网络模型等。针对谣言识别任务，假新闻检测一般有 4 个途径：新话题检测、话题追踪、用户立场检测、话题类别判断。

在假新闻检测方面，特别是中文假新闻检测方面，技术发展相对充分，在研究题材多样性和数据集方面仍有提升空间。中文假新闻检测目前主要存在以下问题。

① 中文假新闻检测的研究内容还局限于“谣言”，而对“半真半假”“标题和内容不一致”“事实错位”“讽刺性文章”等复杂情况的检测研究相对较少。

② 中文研究数据主要来自于微博，且受隐私保护影响，多数不予公开，其他来源（如公众号文章、时政评论、辟谣平台文章）的中文数据相对较少。

③ 中文假新闻检测的平台建设尚处于起步阶段。虽然果壳网的谣言粉碎机、微信的自动辟谣等功能值得称赞，但前者的假新闻相对陈旧，无法及时发现并辟谣实时出现的假新闻；后者局限于微信平台内部文章的辟谣，无法识别和处理整个网络中出现的假新闻。

因此，实现和谐的网络传播生态，建立面向多源头、多渠道的假新闻实时辟谣平台，仍任重道远。

（2）常识推理

常识推理是机器阅读理解领域的热门话题。从早期的文本传播任务到需要全面了解公众日常生活与社会常识的任务，常识推理越来越多地致力于从现有网络数据中提取常识性知识。例如，共指性问题是自然语言理解中的一个难题，即文本中的多个指称都指向同一个实体。共指消解过程极易受到数据偏差的影响，即使借助语料库或知识图谱，这个问题仍难彻底解决（类似的难题还有职业名词中的性别偏差）。而加入常识性知识，有助于消除共指性问题中的歧义。

近年来，涌现了大量旨在通过不断增长的基准任务来解决常识推理问题的研究。常识推理方法也从早期的符号和统计方法发展到基于深度神经网络的推理模型等。这些模型通常会增加外部数据或知识资源，如情感信息，并由此产生许多知识库。除了由领域专家、WordNet、众包方式创建的知识库外，通过自然语言处理自动提取信息（如事实和关系）及建立知识图谱正成为常识推理研究的热门课题。

（3）自动化新闻

数字新闻报道正在冲击传统新闻报道的地位，并由此带来了 3 个方面的问题：如何自动分析新闻结构、主题和叙事规则（新闻理解）；如何从海量数据中提取指定主题的新闻（新闻归类和检索）；如何优化自动新闻写作（新闻生成）。针对这 3 个方面的问题，卡尔森（Carlson）等人于 2015 年提出了“自动化新闻”（Automated Journalism）的概念，旨在探索如何在无人为干扰的情况下，通过新闻话题的自动检索、分析、处理，自动地生成新闻报道。由于语义是对数据对应的现实世界中的事物所蕴含意义的解释，理解语义是发挥新闻数据功能的必要前提，因此自然语言语义分析成了自动化新闻研究中不可或缺的技术。此外，基于自然语言生成（Natural Language Generation，NLG）技术，可进一步建立自动化新闻生成系统。

在新闻理解的研究中，新闻主题提取是基础问题，其研究相对成熟和丰富。最常用的主题模型是隐狄利克雷分配（Latent Dirichlet Allocation，LDA）与层次狄利克雷过程等。

基于这些模型，可构建语义框架及事件名词词典，实现从文本信息中自动提取新事件的主题。叙事规则分析和故事生成是自动化新闻最具潜力的研究方向，然而其目前的研究仍局限于用传统的认知语言学模型来分析新闻的叙事话语，或通过设计叙事原型数据库来将新闻知识编码为结构化的叙事，自然语言处理技术的应用研究相对稀缺。新闻题材自动归类是新闻检索研究中的基础课题。传统的新闻题材归类往往基于简单的规则，如按主题聚类、按元素存档、按作者分类等。近年来，通过内容组织结构进行归类，并创建新闻结构和叙事元素的数据集，有助于基于自然语言处理的新闻体裁自动归类。自然语言生成技术尽管在过去几年发展迅速，但仍然不足以实现通用的、智能化的新闻自动生成系统。一方面，相对成熟的新闻自动生成系统大多是服务于商业的或为私人公司所有，具体架构和操作并不对外开放，各系统之间存在技术屏障。另一方面，目前公开的新闻自动生成系统高度依赖于规则和模板，并不智能化。此外，多数自然语言生成系统只有在结构化数据充足、领域知识被充分理解的情况下才有效，这对知识数据库的建立提出了较大的挑战。

（4）攻击性话语界定

社交媒体和交互式信息发布平台为大众表达不同观点和态度提供了渠道，也为新闻发布者获取公众反馈提供了便利。然而，个人攻击、网络谩骂、种族主义、反社会言论等是新闻评论管理所面临的突出问题。网络上的攻击性话语会对使用者的心理健康产生极为负面的影响，很多人因此停止使用互联网的一些服务。快速检测网络上的攻击性话语成了社会传播学和自然语言处理的共同任务，该任务主要面临两方面的挑战。

其一，网络上对攻击性话语的界定并不明晰。不同的网络社区对所发布内容的宽容度也有所不同。在社会科学研究领域，这类话语往往被称为仇恨言论、亵渎性语言或贬低性话语。对自然语言处理研究来说，常将之看作包含不同类型的细粒度否定表达式的术语。如果仅通过表达方式确定其范围，否定表达的筛选并不难，但对一些模棱两可的隐喻和反讽话语的筛选就比较困难了。近期的研究显示，融合个人属性和社交网络结构开展研究能显著提高判别水平。然而，如何有效区分一般语言与讽刺性、幽默性话语仍是亟待解决的问题。

其二，随着时间的推移和主题的转移，会有新的攻击性话语产生。原来的话语情境和主题性质若发生变化，检测方法学习的内容特征将随着时间的推移变得不相关。这一问题也存在于跨领域的攻击性话语检测中。跨领域检测方案在对抗性多任务学习方法方面有一些实验性的成果。近年来，攻击性话语数据集方面已经有了很多的积累成果可用于分类模型的训练，但如何选择合适的数据集进行分类器训练，以及如何收录新出现的攻击性话语，仍有待深入研究。

（5）情感计算

情感计算，也被称为情绪感知、意见挖掘，主要探究人们对新闻报道、热点话题、突发事件的情感倾向（积极、中性、消极等粗粒度划分，或喜、怒、哀、乐等细粒度划分），以及由此产生的对特定主题的态度（支持、观望、反对等）。态度反映认知，认知决定行动，探究社会传播中用户的情感意见，对于预测舆情趋势有着重要价值。随着人工智能领域内研究者们的持续探索，基于自然语言处理的情感分析框架已经日趋成熟，基本形成了以下两种技术。

①“自顶向下”的情感编码技术。通过计算机识别、理解和表达人的情感体验，形成通用的和目标主题适应的情感字典。研究内容包括人工标注的情感字典、基于自然语言处理的个性化情感字典两种类型。目前，国际应用最广泛的人工标注的情感字典有 HowNet 知网情感词典、英文词典库 LIWC 等。相比人工标注的情感字典，基于自然语言处理的个性化情感字典能针对不同问题做出调整，更具研究价值。同时，依赖于非文本信息的情感推理网络成了一种新的情感编码方式，如用户与文本链接关系、文本与文本链接关系、用户互动网络、用户社交网络等。研究者继而借助网络聚类与推理算法界定单个文本的情感性质，随后通过自然语言处理技术辅助验证情感推理网络的有效性。

②“自底向上”的情感推理技术。情感推理技术可分为监督学习、半监督学习、无监督学习 3 种类型。它们都依赖于自然语言处理生成文本情感特征。

基于自然语言处理的情感计算已经成为大数据时代新闻传播学领域的重要研究工具，被广泛应用于政治、经济、社会问题的分析。它使得新闻事件中的发布者、传播者、评论者的情感能够得到精细化度量，可辅助推动新闻传播学从经验性分析过渡到实证性分析。未来，探索更为复杂的情感类别，并提升复杂类别下的情感划分准确度，是具有极大社会学意义的课题。

虽然人工智能研究领域的自然语言处理研究已经相对丰富，但其在社会传播领域的应用仍局限于文本分析、情感归类、主题词提取等基础数据分析工作，两个领域的结合只是基础、外围和浅层的。事实上，新闻传播学作为研究新闻信息阐释和互动关系的学科，与自然语言处理一样，都强调信息意义的建立和阐释。因此，新闻传播学领域众多实证性或阐释性理论分析框架，有助于拓宽自然语言处理的应用领域，同时促进理论本身的发展。

1.2 自然语言处理工具

自然语言处理不仅是一种新兴的商业技术，更是一种使用广泛的流行技术，几乎所有涉及自然语言处理的工具都包含自然语言处理算法。自然语言处理常用的处理工具包括编程语言和在线工具。

1.2.1 常用的自然语言处理工具

自然语言处理常用的处理工具主要包括 R 语言、Python、Java 等多种编程语言，以及腾讯、哈尔滨工业大学（简称哈工大）、百度等提供的多种在线工具。对各种工具的有效利用可以使研究者在进行自然语言处理时达到事半功倍的效果。

1. 编程语言

编程语言是实现自然语言处理不可或缺的一部分，灵活使用编程语言可以快速完成数据处理工作。在实际应用中应根据应用场景的不同选择使用的编程语言，常用的编程语言有 R 语言、Python、Java 等。

（1）R 语言

R 语言是用于统计分析、绘图的语言。R 是属于 GNU 系统的一个自由、免费、源代码开放的软件，它是一个用于统计计算和统计制图的优秀工具。R 在自然语言处理中可以使用 Snowball 包对英文进行词干化处理，使用 rmmseg4j 包进行中文分词处理，以及使用 tm 包进行文本挖掘处理等。

（2）Python

Python 以其清晰简洁的语法、易用和可扩展性强以及丰富庞大的库深受广大开发者喜爱。其内置的非常强大的机器学习代码库和数学库，使 Python 理所当然成为自然语言处理的开发工具。同时 Python 是开源的。

（3）Java

Java 是一门面向对象编程语言，不仅吸收了 C++的各种优点，还摒弃了 C++里令人难以理解的多继承、指针等概念，因此 Java 具有功能强大和简单易用两个特征。Java 作为静态面向对象编程语言的代表，可极好地实现面向对象理论，允许程序员以优雅的思维方式进行复杂的编程。LingPipe 是一个用于自然语言处理的 Java 开源工具包。LingPipe 目前已有很丰富的功能，包括主题分类、命名实体识别、词性标注、句题检测、查询拼写检查、兴趣短语检测、聚类、字符语言建模、医学文献下载/解析/索引、数据库文本挖掘、中文分词、情感分析、语言辨别等应用程序接口（Application Program Interface，API）。

2. 在线工具

在面对数据量极大的自然语言处理问题时，家用的计算机或一般的服务器可能无法满足程序的运行要求，而腾讯、哈工大、百度等提供的在线工具能够轻易地解决数据量巨大的问题，有效减少处理数据和训练模型的时间。

（1）腾讯

腾讯云自然语言处理，深度整合了腾讯内部（包括 AI Lab、信息安全团队和知文团队等）顶级的自然语言处理前沿技术，依托于海量中文语料累积，全面覆盖了从基础到高级的智能文本处理能力。

腾讯云自然语言处理的情感分析接口可以用于做用户的情感倾向分析，能够动态监测海量用户的舆情变化，为相关的舆情监控或内容社区的运营提供数据支持。腾讯云自然语言处理的敏感信息识别接口可以实时识别出文本是否含敏感信息，为文本数据的合法合规保驾护航，为流动信息的质量提供保障。腾讯云自然语言处理的关键词提取和文本分类接口可以快捷、高效地完成结构化数据的抽取，有效辅助人们进行文档整理、提炼、归档，降低人力成本。

（2）哈工大

语言技术平台（Language Technology Platform，LTP）是哈工大社会计算与信息检索研究中心历时十年开发的一整套中文语言处理系统。LTP 制定了基于可扩展标记语言（eXtensible Markup Language，XML）的语言处理结果表示，并在此基础上提供了一整套自底向上的丰富而且高效的中文语言处理模块（包括分词、词性标注、命名实体识别、依存句法分析、语义角色标注、语义依存分析 6 项中文处理核心技术），以及基于动态链接库（Dynamic Link Library，DLL）的 API、可视化工具、依存树库等语料资源，并且能够以网络服务（Web Service）的形式被使用。

从 2006 年 9 月 5 日开始该平台对外免费共享目标代码，截至 2011 年，已经有国内外 400 多家研究单位共享了 LTP，也有国内外多家商业公司购买了 LTP，用于实际的商业项目中。2010 年 12 月 LTP 获得中国中文信息学会颁发的行业最高奖项：“钱伟长中文信息处理科学技术奖”一等奖。2011 年 6 月 1 日，为了与业界同行共同研究和开发中文信息处理核心技术，哈工大社会计算与信息检索研究中心正式将 LTP 的源代码对外共享，LTP 由 C++开发而成，可运行于 Windows 和 Linux 操作系统。

（3）百度

自百度诞生之日起，自然语言处理技术就在其中起到了至关重要的作用。随着百度的快速发展，百度自然语言处理技术也在同步甚至更快地发展。百度自然语言处理技术包括语言处理基础技术和语言处理应用技术。

语言处理基础技术包括：词法分析、词法分析（定制版）、词向量表示、词义相似度、短文本相似度、依存句法分析、深度神经网络（Deep Neural Network，DNN）语言模型等。

语言处理应用技术包括：情感倾向分析、情感倾向分析（定制版）、评论观点抽取、评论观点抽取（定制版）、对话情绪识别、文本纠错、文章分类、文章标签等。

1.2.2 Python 与自然语言处理

Python 中常见的自然语言处理库如表 1-1 所示。

表 1-1 Python 中常见的自然语言处理库

库名	说明
NLTK	NLTK 是一个用于构建处理自然语言数据的 Python 应用开源平台，也是基于 Python 实现的自然语言处理库
jieba	jieba 库可提供精确模式、全模式、搜索引擎模式 3 种分词模式
sklearn-crfsuite	sklearn-crfsuite 是基于 CRFsuite 库的一款轻量级的条件随机场（Conditional Random Field，CRF）库。sklearn-crfsuite 不仅可提供 CRF 的训练和预测方法，还可提供评测方法
joblib	joblib 是一组在 Python 中提供轻量级管道的工具。例如，可提供函数的透明磁盘缓存和延迟重新计算（记忆模式）、简单并行计算
gensim	gensim 是一款开源的第三方 Python 工具包，用于从原始的非结构化的文本中，无监督地学习到文本隐藏层的主题向量表达。它支持包括词频-逆文档频率（Term Frequency-Inverse Document Frequency，TF-IDF）、潜在语义分析（Latent Semantic Analysis，LSA）、LDA 和 Word2Vec 在内的多种主题模型算法，支持流式训练，并可提供诸如相似度计算、信息检索等一些常用任务的 API

续表

库名	说明
imageio	imageio 可提供一个简单的接口来读取和写入大量的图像数据，包括动画图像、体积数据和科学格式数据

1.3 NLP 的开发环境

由于 Python 具有易用、可扩展性强和开源等特点，因此，采用 Python 进行自然语言处理是再好不过的选择。使用这种强大的编程语言对初学者来说往往会遇到设置环境变量的困扰，为此推荐已经集成 Python 开发环境且自带多种常用科学包的软件 Anaconda。

1.3.1 Anaconda 安装

Anaconda 是一个开源的 Python 发行版本，其包含 180 多个科学包及其依赖项。其中 conda 是一个开源的环境管理器，可以在同一台计算机上安装不同版本的软件包及其依赖，并能够在不同的环境之间切换。Anaconda 包含大量的科学包，下载文件比较大。如果只需要某些包，可以使用较小的发行版 Miniconda。

Anaconda 可以应用于多种操作系统，不管是 Windows、Linux 还是 macOS，都可以找到对应系统类型的版本。Anaconda 可以同时管理不同版本的 Python 环境，包括 Python 2 和 Python 3。本书推荐使用 Python 3，因为 Python 2 已停止更新维护，并且本书中所有的程序代码都是基于 Python 3 进行编写的。

在 Windows 环境下，Anaconda 的安装比较简单。按照默认选项进行安装，在选择完路径后，可勾选所示的“Add Anaconda3 to the system PATH environment variable”（添加 Anaconda3 至系统环境变量路径）复选框，如图 1-1 所示。勾选此复选框的好处是方便后续安装多种版本的 Python，坏处是可能会影响到其他程序的使用。

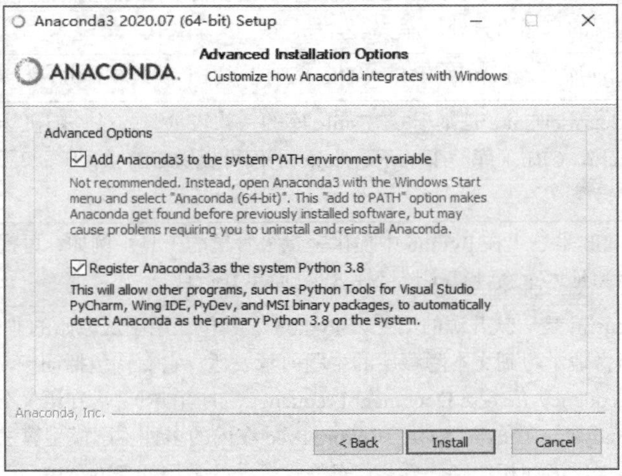

图 1-1　添加 Anaconda3 至系统环境变量路径

1.3.2 Anaconda 应用介绍

Anaconda 安装完成后在开始菜单栏中会出现几个应用，包括 Anaconda Navigator、Anaconda Prompt、Jupyter Notebook 和 Spyder 等。

1. Anaconda Navigator

Anaconda Navigator 是 Anaconda 包含的桌面图形界面，可以在不使用命令的条件下，方便地启动应用程序，管理 conda 包、环境和频道等。打开 Anaconda Navigator 页面后，页面上会出现 CMD.exe Prompt、JupyterLab、Jupyter Notebook、Powershell Prompt、Qt Console、Spyder、Glueviz、Orange 3、RStudio 等应用，如图 1-2 所示。如果要运行 Spyder，直接单击“Spyder”的“Launch”按钮即可。

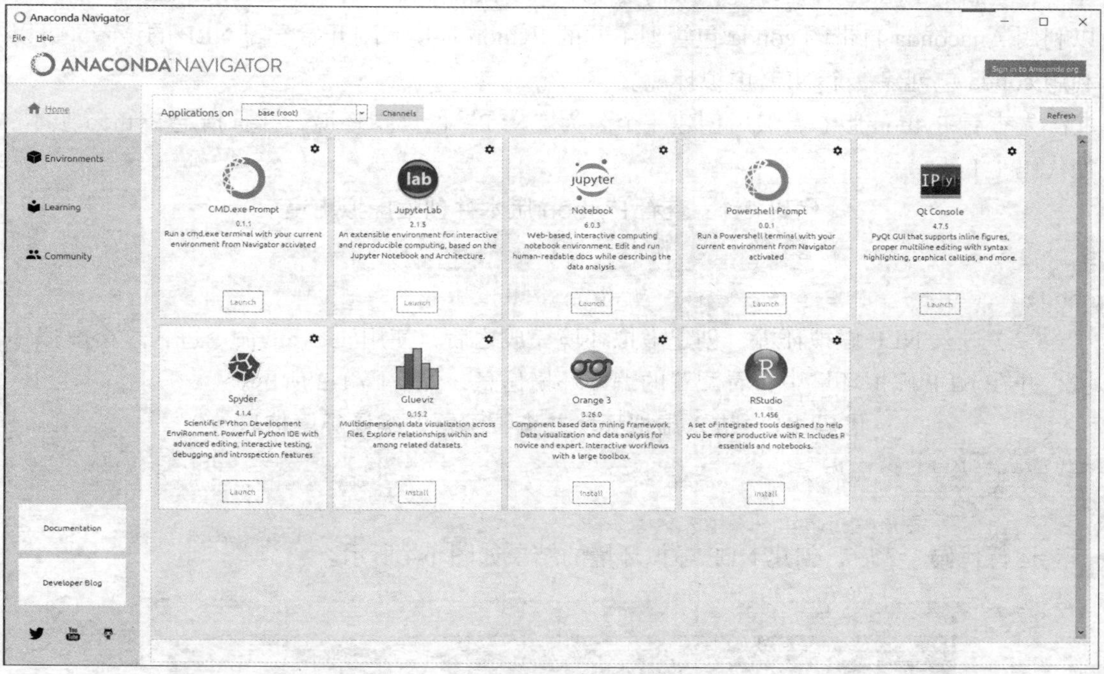

图 1-2 Anaconda Navigator 页面

2. Anaconda Prompt

Anaconda Prompt 相当于命令提示符窗口，与命令提示符窗口不同的是 Anaconda Prompt 已经配置好环境变量。初次安装 Anaconda 的包一般比较旧，为了避免之后使用报错，可以先单击“Anaconda Prompt”，然后执行“conda update –all”命令，更新所有包的版本，在提示是否更新的时候输入“y”（即 Yes）并按“Enter”键，然后等待更新完成即可。

在当前环境下可以直接运行 Python 文件（如输入“python hello.py”并按“Enter”键）或者在命令行执行“python”命令进入交互模式，如图 1-3 所示。

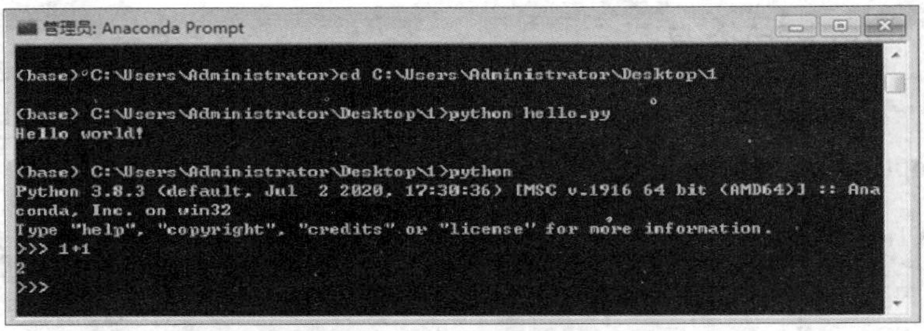

图 1-3　通过 Anaconda Prompt 运行 Python 文件或进入交互模式

（1）创建 NLP 虚拟环境。在开发过程中，很多时候不同的项目需要用到不同版本的包，甚至是不同版本的 Python，使用虚拟环境即可轻松解决这些问题。在虚拟环境中可通过创建一个全新的 Python 开发环境，从而实现不同项目的隔离。打开 Anaconda Prompt 后，可以利用 Anaconda 自带的 conda 包管理不同的 Python 环境。刚开始学习 NLP 的读者，可以利用 conda 包创建一个 NLP 虚拟环境。

先查看 Python 版本，然后创建一个名为“NLP”的虚拟环境，并且指定 Python 版本，如代码 1-1 所示。

代码 1-1　查看 Python 版本并创建虚拟环境

```
python --version  # 查看 Python 版本
conda create -n NLP python=3.8  # 指定 Python 版本为 3.8
```

（2）进入 NLP 虚拟环境。创建虚拟环境完成之后，使用 activate 命令进入这个虚拟环境，并在 NLP 虚拟环境中查看配置的编译环境信息，如代码 1-2 所示。

代码 1-2　进入虚拟环境并查看配置的编译环境信息

```
activate NLP
conda info -e
```

运行代码 1-2 后，创建 NLP 虚拟环境的结果如图 1-4 所示。

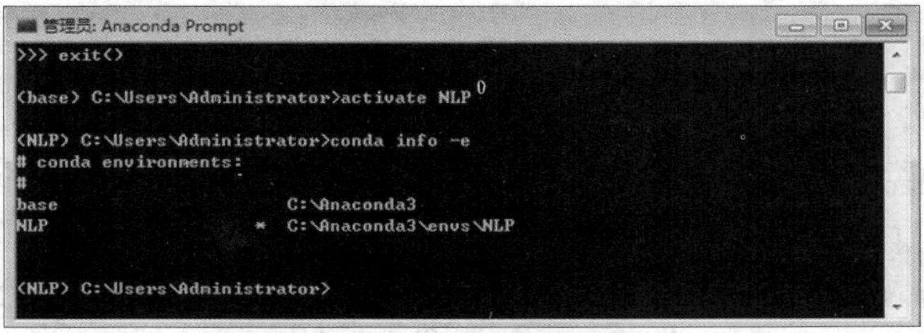

图 1-4　创建 NLP 虚拟环境的结果

代码 1-2 的运行结果中展示了刚创建的 NLP 虚拟环境所在的路径，路径显示该环境位于 Anaconda 安装路径下的 envs 文件夹中。在刚创建好的虚拟环境中，除了 Python 自带的包之外，没有其他的包。查看当前环境下的所有包，如代码 1-3 所示。

代码 1-3 查看当前环境下的所有包

```
conda env list  # 查看当前环境下的所有包
```

（3）在 NLP 虚拟环境中安装或卸载程序包。在学习过程中，可以根据需要安装不同的程序包。可通过 pip 命令或者 conda 命令两种方式安装程序包，即“pip install package_name”或者“conda install package_name”，其中“package_name”是指程序包的名称。在虚拟环境中，通过命令安装程序包的同时，还会自动安装这个包的依赖。在虚拟环境中安装程序包如代码 1-4 所示，升级和卸载程序包如代码 1-5 所示。

代码 1-4 安装程序包

```
conda install numpy  # 安装 numpy 包
conda install numpy=1.15.2  # 安装指定版本为 1.15.2 的 numpy 包
```

代码 1-5 升级和卸载程序包

```
conda update numpy  # 对现有的 numpy 包进行升级
conda remove numpy  # 卸载现有的 numpy 包
```

（4）退出编译环境。退出当前的编译环境，如代码 1-6 所示。

代码 1-6 退出当前的编译环境

```
conda deactivate  # 退出当前的编译环境，回到最开始的环境
```

（5）删除环境。删除创建的 NLP 虚拟环境，如代码 1-7 所示。

代码 1-7 删除创建的 NLP 虚拟环境

```
conda remove --name NLP --all  # 删除创建的 NLP 虚拟环境
```

Anaconda 能够管理不同环境下的包，使其在不同环境下互不影响。在 NLP 的学习过程中，会使用到很多的程序包，Anaconda 的这种功能无疑能为我们的学习提供很大的便利。

3. Jupyter Notebook

Jupyter Notebook 是一个在浏览器中使用的交互式的代码编辑器，可以将代码、文字结合起来，它的受众群体大多是从事数据科学领域相关工作（机器学习、数据分析等）的人员。在撰写含有程序的文章时，有时会有一大堆代码，这样不便于读者阅读，而使用 Jupyter Notebook 可以一边编写代码、一边解释代码，非常适合用于交互。

打开 Jupyter Notebook 有 3 种方式：第一种方式是直接在开始菜单栏中单击 Anaconda 下的“Jupyter Notebook”；第二种方式是在 Anaconda Prompt 中执行“jupyter notebook”命令，浏览器会自动打开并且显示当前的目录；第三种方式是首先进入某个文件夹，然后按住“Shift”键并单击鼠标右键，在弹出的快捷菜单中选择“在此处打开 Powershell 窗口”命令，如图 1-5 所示，这时会弹出命令窗口，接着执行“jupyter notebook”命令即可。待 Jupyter Notebook 打开后，单击右上角的“New”→“Python 3”，便可创建新笔记，如图 1-6 所示。使用 Jupyter Notebook 运行 Python 程序时的界面如图 1-7 所示。

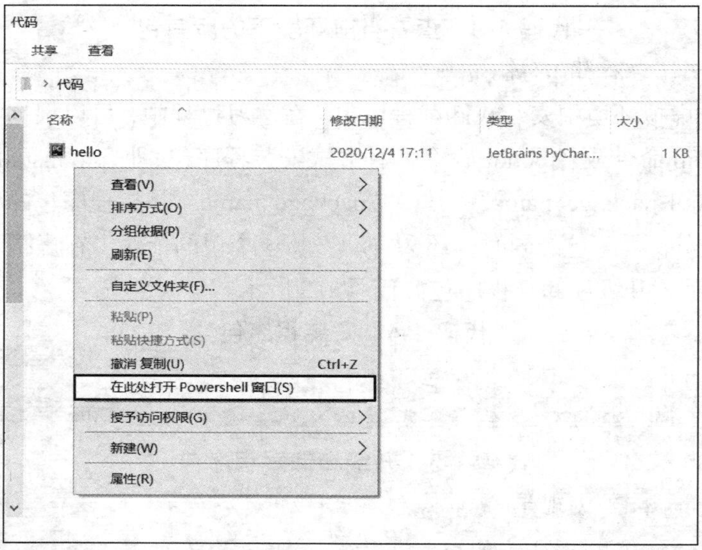

图 1-5　选择“在此处打开 Powershell 窗口”命令

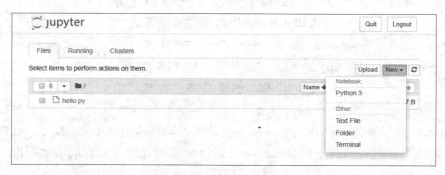

图 1-6　创建新笔记

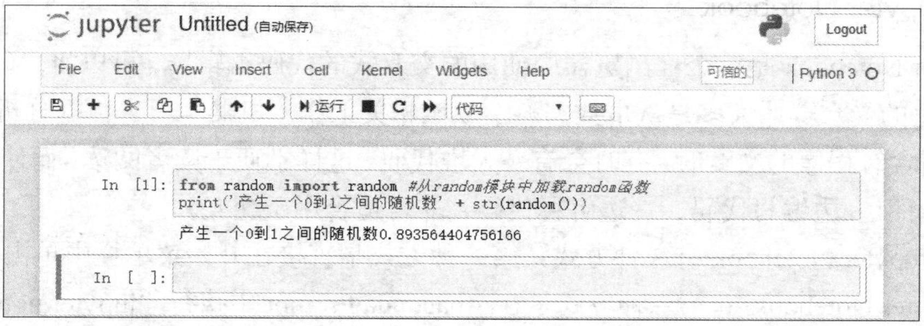

图 1-7　使用 Jupyter Notebook 运行 Python 程序时的界面

Jupyter Notebook 有编辑模式和命令模式两种输入模式。当单元框的边框线是绿色时，Jupyter Notebook 处于编辑模式，此时允许在单元框中输入代码或者文本，按“Esc”键可切换为命令模式。在命令模式中单元框的边框线是灰色的，可以用键盘输入运行程序的命令，按“Enter”键切换为编辑模式。在编辑文档时，都以 cell 为单元框。cell 有 3 种类型，不同的类型代表不同的意义。cell 的类型说明如表 1-2 所示。

表 1-2　cell 的类型说明

类型	说明
code	表示内容可以运行
heading	表示此单元框的内容是标题（如一级、二级、三级标题）
markdown	表示可以用 markdown 的语法编辑文本

代码编辑完成之后可按快捷键“Shift+Enter”或者单击页面上方的“运行”按钮，可执行 cell 中的命令。文档编辑完成后，保存文件默认为“.ipynb”格式，也可以保存为“.py”“.md”“.html”等格式。

4. Spyder

Spyder 是一款囊括代码编辑器、编译器、调试器和图形用户界面工具的集成开发环境（Integrated Development Environment，IDE），与 Jupyter Notebook 一样是用于编写代码的 IDE 工具。为了方便读者编写或修改代码，本书的代码使用 Spyder 进行编写和调试。Spyder 界面如图 1-8 所示。

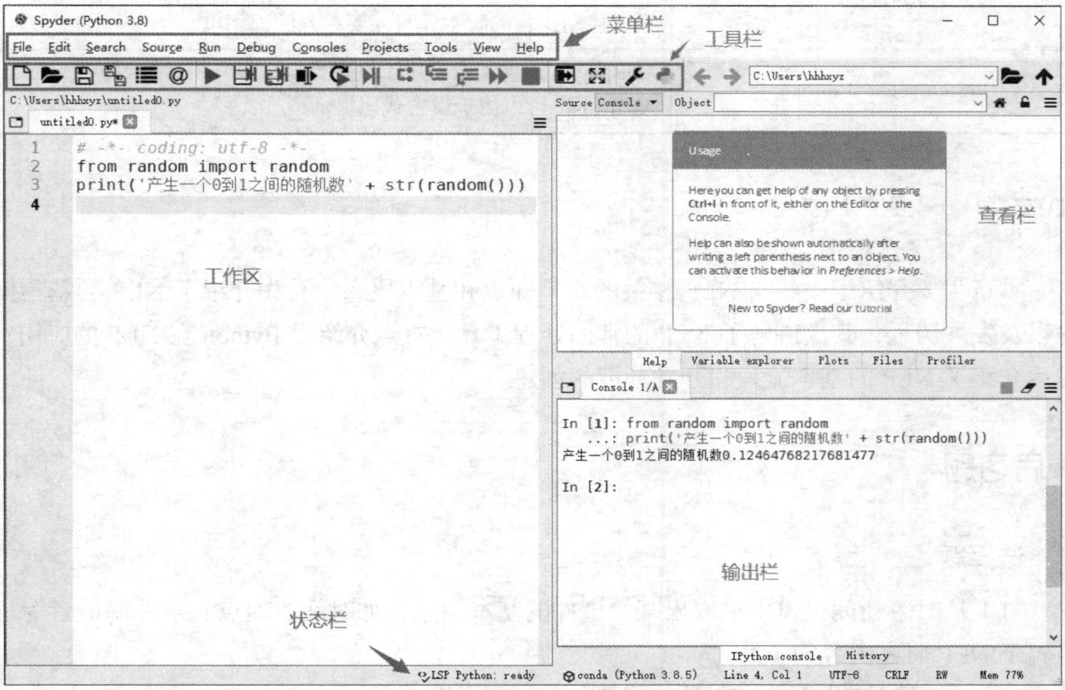

图 1-8　Spyder 界面

如图 1-8 所示的标注，Spyder 界面可分为菜单栏、查看栏、输出栏、状态栏及工作区等，菜单栏下一栏被称为工具栏。各个区域的功能介绍如下。

（1）菜单栏：放置所有功能和命令。

（2）工具栏：放置快捷菜单并可通过菜单栏的 View→Toolbars 进行选择。

（3）工作区：编写代码的区域。

（4）查看栏：可查看文件、调试时的对象及变量。

（5）输出栏：可查看程序的输出信息并可作为 Shell 终端输入 Python 语句。

（6）状态栏：用于显示当前文件权限、编码、光标位置和系统内存等信息。

菜单栏的常用命令与说明如表 1-3 所示。

表 1-3　菜单栏的常用命令与说明

命令	说明
File	文件的新建、打开、保存、关闭操作
Edit	文件内容的编辑，如撤销、重复、复制、剪切等操作
Run	运行，可选择分块运行或整个文件的运行
Consoles	可打开新的输出栏
Tools→Preferences→IPython console	“Display”选项卡用于调整字号和背景颜色；在“Graphic”选项卡勾选“Automatical load Pylab and NumPy modules”复选框后可在 IPython 界面直接编写 plot()作图；在“Startup”选项卡可设置启动执行的脚本，写入要导入的程序包
Tools→Preferences→Editor	“Display”选项卡主要用于设置背景、行号、高亮等；“Code Analysis”可以用于设置代码提示

小结

本章主要介绍了一些与 NLP 相关的基础知识和基本概念。首先介绍了 NLP 的基本概念以及发展历程；其次讲解了 NLP 的常用处理工具，重点介绍了 Python 在 NLP 的应用；最后介绍了 NLP 的基本流程和开发环境的创建。

课后习题

选择题

（1）从时事新闻报道中抽取出某一事件的基本信息，如时间、地点、事件制造者等，这属于 NLP 研究内容的（　　）。

A. 信息抽取　　B. 文本分类　　C. 信息过滤　　D. 舆情分析

（2）传统的新闻题材归类方法不包括（　　）。

A. 按主题聚类　　B. 按元素存档

C. 按作者分类　　D. 按内容组织结构归类

（3）对用户的情感倾向分析，动态监测海量用户的舆情变化可以使用腾讯云 NLP 的

(　　)接口。

A. 情感分析　　B. 敏感信息识别

C. 关键词提取　　D. 文本分类

(4)进入 NLP 虚拟环境的命令是(　　)。

A. pip install NLP　　B. activate NLP

C. conda info -e　　D. conda deactivate

(5)在 NLP 虚拟环境中安装需要安装的程序包，仅对包进行安装用到的命令是(　　)。

A. pip install package_name　　B. conda pip package_name

C. conda package_name　　D. pip package_name

第2章 文本数据爬取

在大数据时代下，新闻资讯的形式多种多样，且人们获取新闻的途径也变得更加多样化，人们可以随时随地获取自己想要的内容。面对杂乱的信息，如何在海量信息中挖掘到真实、有用的信息，并对人们的新闻喜好进行收集与分析，从而促进行业的不断发展，成为新闻传播工作者一直关注的问题。为获得与新闻传媒相关的数据，本章将介绍网页前端的基础知识、静态网页数据的爬取过程以及动态网页数据的爬取方法。

学习目标

（1）熟悉 HTTP 请求方法与过程。
（2）熟悉常见的 HTTP 状态码、头字段和 Cookie。
（3）掌握静态网页数据的爬取方法。
（4）了解静态网页和动态网页的区别。
（5）掌握逆向分析和使用 Selenium 库爬取动态网页的方法。

2.1 HTTP 通信基础

超文本传送协议（Hypertext Transfer Protocol，HTTP）是一个简单的请求-响应协议，通常运行在传输控制协议（Transmission Control Protocol，TCP）之上。客户端与服务器通过 HTTP 通信时，需要由客户端向服务器发起请求，服务器收到请求后再向客户端发送响应，响应中的状态码将显示相应通信的状态，不同类型的请求与响应可通过头字段实现。若需要维持客户端与服务器的通信状态，则需要用到 Cookie 机制。爬虫在爬取数据时将会作为客户端模拟整个 HTTP 通信过程，该过程也需要通过 HTTP 实现。

2.1.1 熟悉 HTTP 请求方法与过程

在通常情况下，HTTP 客户端会向服务器发起请求，创建到服务器指定端口（默认是 80 端口）的 TCP 连接。HTTP 服务器则从该端口监听客户端的请求，一旦收到请求，服务器会向客户端返回一个状态（如“HTTP/1.1 200 OK”），以及响应的内容（如请求的文件、错误消息或其他信息），如图 2-1 所示。

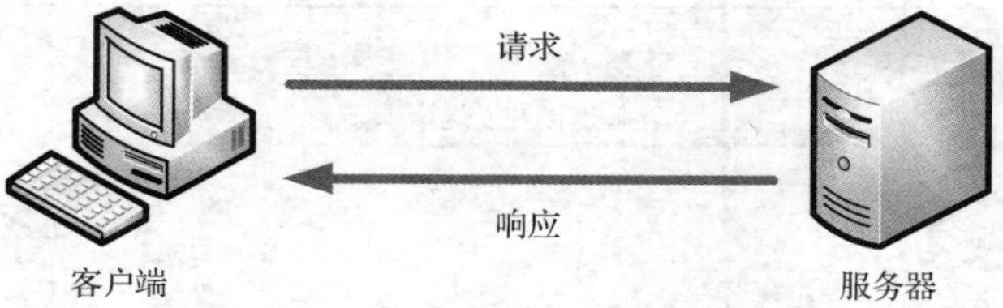

图 2-1　HTTP 响应过程

1. 请求方法

在 HTTP 1.1 中共定义有 8 种请求方法（也叫“动作”）来以不同方式操作指定的资源，如表 2-1 所示。

表 2-1　HTTP 请求方法

请求方法	方法描述
GET	请求指定的页面信息，并返回实体主体
HEAD	与 GET 方法一样，都是向服务器发出指定资源的请求，只不过服务器将不传回具体的内容。使用这个方法可以在不必传输全部内容的情况下，获取其中该资源的相关信息（元信息或称元数据）
POST	向指定资源提交数据，请求服务器进行处理（例如提交表单或上传文件）。数据会被包含在请求中，这个请求可能会创建新的资源或修改现有资源，或二者皆有
PUT	从客户端上传指定资源的最新内容，即更新服务器的指定资源
DELETE	请求服务器删除标识的指定资源
TRACE	回显服务器收到的请求，主要用于测试或诊断
OPTIONS	允许客户端查看服务器上指定资源所支持的所有 HTTP 请求方法。用“*”来代替资源名称，向服务器发送 OPTIONS 请求，可以测试服务器是否正常运作
CONNECT	HTTP 1.1 中预留给能够将连接改为管道方式的代理服务器

需要注意的一点是，方法名称是区分大小写的，且当某个请求所指定的资源不支持对应的请求方法时，服务器会返回状态码 405（Method Not Allowed）；当服务器不认识或不支持对应的请求方法时，会返回状态码 501（Not Implemented）。

一般情况下，HTTP 服务器至少需要支持 GET 和 HEAD 方法，其他方法为可选项。所有的方法支持的实现方式都应当匹配方法各自的使用格式。除上述方法外，特定的 HTTP 服务器还能够扩展自定义的方法。

2. 请求与响应

HTTP 采用请求（Request）/响应（Response）模型。客户端向服务器发送一个请求报文，请求报文包含请求的方法、统一资源定位符（Uniform Resource Locator，URL）、协议版本、请求头部和请求数据。服务器以一个状态行作为响应，响应的内容包括协议版本、响应状态、服务器信息、响应头部和响应数据。请求与响应过程如图 2-2 所示。

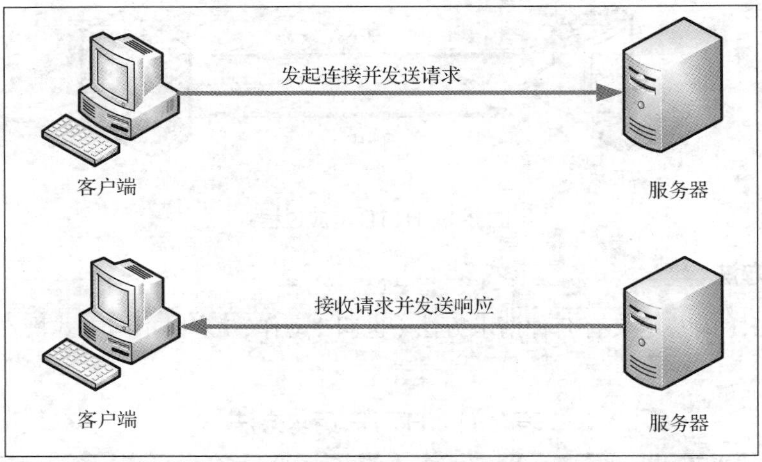

图 2-2　请求与响应过程

客户端与服务器间的请求与响应的具体步骤如下。

（1）连接 Web 服务器。由 HTTP 客户端（通常为浏览器）发起连接，与 Web 服务器的 HTTP 端口（默认为 80）建立 TCP 套接字连接。

（2）发送 HTTP 请求。客户端经 TCP 套接字向 Web 服务器发送文本的请求报文，一个请求报文由请求行、请求头部、空行和请求数据 4 部分组成。

（3）服务器接收请求并返回 HTTP 响应。Web 服务器可解析请求，定位该次的请求资源。之后将资源副本写至 TCP 套接字，由客户端进行读取。一个响应与一个请求对应，由状态行、响应头部、空行和响应数据 4 部分组成。

（4）释放 TCP 连接。若某连接的 Connection 模式为 Close，则由服务器主动关闭 TCP 连接，客户端将被动关闭连接，释放 TCP 连接；若某连接的 Connection 模式为 Keep-Alive，则该连接会保持一段时间，在相应时间内可以继续接收请求与回传响应。

（5）客户端解析超文本标记语言（Hypertext Markup Language，HTML）内容。客户端首先会对状态行中的内容进行解析，查看返回的状态代码是否能表明该次请求是成功的。之后解析每一个响应头部，响应头部告知以下内容为若干字节的 HTML 文档和文档的字符集。最后由客户端读取响应数据，根据 HTML 的语法对其进行格式化，并在窗口中对其进行显示。

2.1.2　熟悉常见 HTTP 状态码

当用户访问一个网页时，用户的浏览器会向网页所在服务器发出请求。在浏览器接收并显示网页前，此网页所在的服务器会返回一个包含 HTTP 状态码的信息头用以响应浏览器的请求。HTTP 状态码是用以表示网页服务器 HTTP 响应状态的 3 位数字代码。

1. HTTP 状态码类型

HTTP 状态码按首位数字的不同分为 5 类，如表 2-2 所示。

表 2-2 5 类 HTTP 状态码

状态码类型	状态码意义
1XX	表示请求已被接收，需接后续处理。这类响应是临时响应，只包含状态行和某些可选的响应头信息，并以空行结束
2XX	表示请求已成功被服务器接收、理解并接受
3XX	表示需要客户端采取进一步的操作才能完成请求。通常用来重定向，重定向目标需在本次响应中指明
4XX	表示客户端可能发生错误，妨碍服务器的处理。该错误可能是语法错误或请求无效。除 HEAD 请求外，服务器都将返回一个解释当前错误状态，以及该状态只是临时发生还是永久存在的解释信息实体。这种状态码适用于任何请求方法。浏览器应当向用户显示任何包含在此类错误响应中的实体内容
5XX	表示服务器在处理请求的过程中有错误或异常状态发生，也有可能表示服务器以当前的软硬件资源无法完成对请求的处理。除 HEAD 请求外，服务器都将返回一个解释当前错误状态，以及这个状态只是临时发生还是永久存在的解释信息实体。浏览器应当向用户展示任何在当前响应中的实体内容，这种状态码适用于任何响应方法

2. 常见的 HTTP 状态码

HTTP 状态码共有 67 种，常见的 HTTP 状态码如表 2-3 所示。

表 2-3 常见的 HTTP 状态码

常见状态码	状态码含义
200 OK	请求成功，请求所希望的响应头或数据体将随此响应返回
400 Bad Request	由于客户端的语法错误、无效的请求或欺骗性路由请求，服务器不会处理该请求
403 Forbidden	服务器已经理解该请求，但是拒绝执行，将在返回的实体内描述拒绝的原因，也可以不描述，仅返回 404 响应
404 Not Found	请求失败，请求所希望得到的资源未在服务器上被发现，但允许用户的后续请求。将不返回该状况是临时性的还是永久性的。被广泛应用于当服务器不想揭示为何请求被拒绝或没有其他适合的响应可用的情况下
500 Internal Server Error	通用错误消息，服务器遇到未曾预料的状况，导致它无法完成对请求的处理，不会给出具体错误信息
503 Service Unavailable	由于临时的服务器维护或过载，服务器当前无法处理请求。这个状况是暂时的，并且将在一段时间以后恢复

2.1.3 熟悉 HTTP 头字段

HTTP 头字段（HTTP Header Fields）是指在 HTTP 的请求和响应消息中的 HTTP 信息头部部分，在头字段中定义了某个 HTTP 事务中的操作参数。在爬虫中需要使用头字段向服务器发送模拟信息，并通过发送模拟的头字段将自己“伪装”成一般的客户端。某网页的请求头字段和响应头字段分别如图 2-3 和图 2-4 所示。

```
Request Headers
Accept: text/html,application/xhtml+xml,application/xml;q=0.9,image/webp,image/apng,*/*;q=0.8
Accept-Encoding: gzip, deflate
Accept-Language: zh-CN,zh;q=0.9,ja;q=0.8,zh-TW;q=0.7
Cache-Control: max-age=0
Connection: keep-alive
Cookie:_site_id_cookie=3;_site_id_cookie=3;clientlanguage=zh_CN;__qc_wId=255;pgv_pvid=781410047
4; JSESSIONID=8DEE62987173CDDAA96384CED7FAF793
Host: www.tipdm.com
If-Modified-Since: Tue, 04 Sep 2018 02:35:18 GMT
If-None-Match: W/"17642-1536028518042"
Upgrade-Insecure-Requests: 1
User-Agent: Mozilla/5.0 (Windows NT 6.1; Win64; x64) AppleWebKit/537.36 (KHTML, like Gecko)
Chrome/69.0.3497.92 Safari/537.36
```

图 2-3　请求头字段

```
Response Headers
Date: Thu, 13 Sep 2018 10:31:13 GMT
ETag: W/"17642-1536028518042"
Server: Apache-Coyote/1.1
```

图 2-4　响应头字段

HTTP 头部类型按用途的不同可分为通用头、请求头、响应头、实体头。HTTP 头字段被对应地分为 4 种类型：通用头字段（General Header Fields）、请求头字段（Request Header Fields）、响应头字段（Response Header Fields）和实体头字段（Entity Header Fields）。

HTTP 头字段类型及其说明如表 2-4 所示。

表 2-4　HTTP 头字段类型及其说明

类型	说明
通用头字段	通用头字段既适用于客户端的请求头字段，也适用于服务器端的响应头字段。其与 HTTP 消息体内最终传输的数据是无关的，只适用于要发送的消息，常用的标准通用头字段有 Connection、Date、Cache-Control、Pragma 等
请求头字段	请求头字段可提供更为精确的描述信息，其对象为所请求的资源或请求本身。新版增加的请求头字段不能在更低版本的 HTTP 中使用，但服务器和客户端若都能对相关头字段进行处理，则可以在请求中使用。在这种情况下，客户端不应该假定服务器有对相关头字段的处理能力，而未知的请求头字段将被处理为实体头字段，常用的标准请求头字段有 Accept-Language、Accept-Charset、User-Agent 等

续表

类型	说明
响应头字段	响应头字段能为响应消息提供更多信息，与请求头字段类似，新版增加的响应头字段也不能在更低版本的 HTTP 中使用。但是，如果服务器和客户端都能对相关头字段进行处理，那么即可在响应中使用。在这种情况下，服务器也不应该假定客户端有对相关头字段的处理能力，未知的响应头字段也将被处理为实体头字段，常用响应头字段有 Location、Server 等
实体头字段	实体头字段可提供关于消息体的描述，如消息体的长度 Content-Length、消息体的多用途互联网邮件扩展（Multipurpose Internet Mail Extentions，MIME）类型 Content-Type。新版的实体头字段可以在更低版本的 HTTP 中使用，常用的实体头字段有 Content-Encoding、Content-Language、Expires 等

2.1.4 熟悉 Cookie

由于 HTTP 是一种无状态的协议，因此在客户端与服务器间的数据传输完成后，相应的连接将会关闭，并不会留存相关记录。再次交互数据需要建立新的连接，因此，服务器无法依据连接来跟踪会话，也无法从连接上知晓用户的历史操作。这会严重阻碍基于 Web 应用程序的交互，也会影响用户的交互体验。例如，某些网站需要用户登录才能进行下一步操作，用户在输入账号和密码登录后，才能浏览页面。对服务器而言，由于 HTTP 的无状态性，服务器并不知道用户有没有登录过，当用户退出当前页面访问其他页面时，用户又需重新输入账号及密码。

1. Cookie 机制

为解决 HTTP 的无状态性带来的负面作用问题，Cookie 机制应运而生。Cookie 本质上是一段文本信息。当客户端请求服务器时，若服务器需要记录用户状态，就在响应用户请求时发送一段 Cookie。客户端浏览器会保存该 Cookie，当用户再次访问该网站时，浏览器会将 Cookie 作为请求信息的一部分提交给服务器。服务器对 Cookie 进行验证，以此来判断用户状态，当且仅当该 Cookie 合法且未过期时，用户才可直接登录网站。服务器还会对 Cookie 进行维护，必要时会对 Cookie 内容进行修改。

爬虫也可使用 Cookie 机制与服务器保持会话或登录网站，通过使用 Cookie，爬虫可以绕过服务器的验证过程，从而实现模拟登录。

2. Cookie 的存储方式

Cookie 由客户端浏览器进行保存，按其存储位置的不同可分为内存式存储 Cookie 和硬盘式存储 Cookie。

内存式存储 Cookie 将 Cookie 保存在内存中，在浏览器关闭后就会消失，由于其存储时间较短，因此也被称为非持久 Cookie 或会话 Cookie。

硬盘式存储 Cookie 保存在硬盘中，其不会随浏览器的关闭而消失，除非用户手动清理或 Cookie 已经过期。由于硬盘式存储 Cookie 的存储时间是长期的，因此也被称为持久 Cookie。

3. Cookie 的实现过程

客户端请求服务器后，如果服务器需要记录用户状态，那么服务器会在响应信息中包含一个 Set-Cookie 的响应头，客户端会根据这个响应头存储 Cookie。再次请求服务器时，客户端会在请求信息中包含一个 Cookie 请求头，而服务器会根据这个请求头进行用户身份、状态等校验。整个 Cookie 的实现过程如图 2-5 所示。

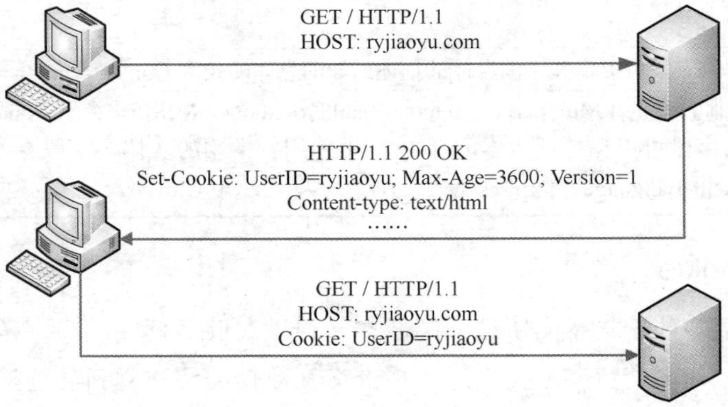

图 2-5　Cookie 的实现过程

客户端与服务器间的 Cookie 实现的具体步骤如下。

（1）客户端请求服务器。客户端请求网站页面，请求头如下。

```
GET / HTTP/1.1
HOST: ryjiaoyu.com
```

（2）服务器响应请求。Cookie 是一种字符串，为“key=value”形式，服务器需要记录客户端请求的状态，因此在响应头中增加一个 Set-Cookie 字段。响应头示例格式如下。

```
HTTP/1.1 200 OK
Set-Cookie: UserID=ryjiaoyu; Max-Age=3600; Version=1
Content-type: text/html
……
```

（3）客户端再次请求服务器。客户端会对服务器响应的 Set-Cookie 字段进行存储。当再次请求时，将会在请求头中包含服务器响应的 Cookie。请求头示例格式如下。

```
GET / HTTP/1.1
HOST: ryjiaoyu.com
Cookie: UserID=ryjiaoyu
```

2.2 静态网页爬取

静态网页是网站建设的基础。静态网页通常为纯粹的 HTML 格式，也可以包含一部分动态效果，如 GIF 格式的动画、Flash、滚动字幕等，该类网页文件的扩展名为.htm、.html。

静态网页通常没有后台数据库，页面不含有程序并且无法交互。静态网页无法实时更新，更新页面时需重新发布，通常适用于更新较少的展示型网站。早期的网站基本都是由静态网页构成的，这也是新闻网站常用的一种方式。

爬取静态网页通常包括 3 个步骤：发送 HTTP 请求建立连接、解析网页内容、存储解析的内容。

常用于发送 HTTP 请求的库有 Requests 库和 urllib 库，两者的对比如表 2-5 所示。

表 2-5 Requests 库与 urllib 库的对比情况

对比项目	Requests 库	urllib 库
构建参数	直接构建参数	构建参数时，需要使用 urlencode()方法进行编码预处理
请求方法	直接使用 get()方法	使用 urlopen()方法打开 URL
请求数据	按顺序将 Get 请求的 URL 和参数写好即可	按照 URL 格式拼接 URL 字符串
处理响应	处理消息头部、响应状态码和响应正文时分别使用.headers()方法、.status_code()方法、.text()方法，方法名称与功能本身相对应	处理消息头部、响应状态码和响应正文时分别使用.info()方法、.getcode()方法、.read()方法
编码方式	Requests 库的编码方式更全	urllib 库比 Requests 库的编码方式少

由表 2-5 可知，Requests 库相比于 urllib 库，更容易让读者理解和使用。本节将介绍使用 Requests 库向人民网大学教育网站发送 HTTP 请求并获取响应内容，再使用 Beautiful Soup 库解析获取的特定节点下的链接和文本内容，最后将解析后的结果用 PyMySQL 库进行存储。

2.2.1 实现 HTTP 请求

Requests 库可发送原生的 HTTP 1.1 请求，无须手动为 URL 添加查询字串，也不需要对 POST 数据进行表单编码。相较于 urllib 库，Requests 库拥有完全自动化的 Keep-Alive 和 HTTP 连接池的功能。Requests 库的连接特性如表 2-6 所示。

表 2-6 Requests 库的连接特性

连接特性	连接特性	连接特性
Keep-Alive 和 HTTP 连接池	基本/摘要式的身份认证	文件分块上传
国际化域名和 URL	优雅的 key/value Cookie	流下载
带持久 Cookie 的会话	自动解压	连接超时
浏览器式的 SSL 认证	Unicode 响应体	分块请求
自动内容解码	HTTP(S)代理支持	支持.netrc

1. 生成请求

用 Requests 库生成请求代码的方法非常简便，其中，实现 GET 请求的为 get 函数，其使用格式如下。

```
requests.get(url,**kwargs)
```

get 函数常用的参数及其说明如表 2-7 所示。

表 2-7 get 函数常用的参数及其说明

参数名称	说明
url	接收 str。表示字符串形式的网址。无默认值
**kwargs	接收 dict 或其他 Python 中的数据类型的数据。依据具体需要及请求的类型可添加的参数，通常参数赋值为字典类型或具体数据

向网站发送 GET 请求，并查看返回的结果类型、状态码、编码和响应头，如代码 2-1 所示。

代码 2-1 发送 GET 请求并查看返回结果

```
import requests
url = 'http://***'
# 生成 GET 请求
rqg = requests.get(url)
print('结果类型：', type(rqg))  # 查看结果类型
print('状态码：', rqg.status_code)  # 查看状态码
print('编码：', rqg.encoding)  # 查看编码
print('响应头：', rqg.headers)  # 查看响应头
```

运行代码 2-1 得到的返回结果如下。

```
结果类型： <class 'requests.models.Response'>
状态码： 200
编码： ISO-8859-1
响应头： {'Date': 'Mon, 22 Feb 2021 02:18:22 GMT', 'Content-Type': 'text/html',
'Transfer-Encoding': 'chunked', 'Connection': 'keep-alive', 'Last-Modified':
'Sat, 20 Feb 2021 00:48:24 GMT', 'ETag': 'W/"60305c58-582d"', 'Content-Encoding':
'gzip', 'Accept-Ranges': 'bytes', 'X-Via': '1.1 PSjlbswt4gy38:0 (Cdn Cache
Server V2.0), 1.1 PS-SWA-01tH6108:16 (Cdn Cache Server V2.0)', 'X-Ws-Request-Id':
'6033146e_PS-SWA-01bMX67_46097-23005'}
```

在代码 2-1 中，Requests 库仅用一行代码便可生成 GET 请求。生成其他类型的请求时也可采用类似的格式，只要选取对应的类型即可。

2. 查看状态码与编码

在代码 2-1 中，使用 rqg.status_code 可查看服务器返回的状态码，而使用 rqg.encoding 可通过服务器返回的 HTTP 头字段来检测网页编码。需要注意的是，当 Requests 库检测错误时，需要手动指定 encoding 编码，避免返回的网页内容解析出现乱码。

向网站发送 GET 请求，查看返回的状态码和编码，将编码手动指定为 utf-8，如代码 2-2 所示。

代码 2-2　发送 GET 请求并手动指定编码

```
url = 'http://***'
rqg = requests.get(url)
print('状态码：', rqg.status_code)  # 查看状态码
print('编码：', rqg.encoding)  # 查看编码
rqg.encoding  = 'utf-8'  # 手动指定编码
print('修改后的编码：', rqg.encoding)  # 查看修改后的编码
```

运行代码 2-2 得到的返回结果如下。

```
状态码： 200
编码： ISO-8859-1
修改后的编码： utf-8
```

手动指定的方法并不灵活，无法自适应爬取过程中不同网页的编码，而使用 chardet 库的方法比较简便灵活。chardet 库是一个非常优秀的字符编码检测器。

chardet 库的 detect()方法可以用于检测给定字符串的编码，其使用格式如下。

```
chardet.detect(byte_str)
```

detect()方法常用的参数及其说明如表 2-8 所示。

表 2-8　detect()方法常用的参数及其说明

参数名称	说明
byte_str	接收 str。表示需要检测编码的字符串。无默认值

detect()方法可返回一个字典，该字典中的 confidence 参数为检测精确度，encoding 参数为编码形式，字典的形式如下。

```
{'encoding': 'utf-8', 'confidence': 0.99, 'language': ''}
```

将请求的编码指定为 detect()方法检测到的编码，可以避免编码错误造成乱码，如代码 2-3 所示。

代码 2-3　使用 detect()方法检测编码并指定编码

```
url = 'http://***'
rqg = requests.get(url)
print('编码：', rqg.encoding)  # 查看编码
```

```
print('detect()方法检测结果：', chardet.detect(rqg.content))
rqg.encoding = chardet.detect(rqg.content)['encoding']  # 将检测到的编码赋值给
rqg.encoding
print('改变后的编码：', rqg.encoding)  # 查看改变后的编码
```

运行代码 2-3 得到的返回结果如下。

```
编码： ISO-8859-1
detect()方法检测结果： {'encoding': 'GB2312', 'confidence': 0.99, 'language':
'Chinese'}
改变后的编码： GB2312
```

3. 请求头与响应头处理

Requests 库中使用 get 函数的 headers 参数在 GET 请求中上传参数实现对请求头的处理，参数形式为字典。使用 rqg.headers 可查看服务器返回的响应头，通常响应头返回的结果会与上传的请求参数对应。

定义一个 User-Agent 字典作为 headers 参数，向网站发送带有该 headers 参数的 GET 请求，并查看返回的响应头，如代码 2-4 所示。

代码 2-4　发送带有 headers 参数的 GET 请求并查看响应头

```
# 请求头和响应头处理
url = 'http://***'
# 设置请求头
headers = {'User-Agent' : 'Mozilla/5.0 (Windows NT 6.1; Win64; x64)
Chrome/65.0.3325.181'}
rqg = requests.get(url, headers=headers)
print('响应头：', rqg.headers)  # 查看响应头
```

运行代码 2-4 得到的返回结果如下。

```
响应头： {'Date': 'Mon, 22 Feb 2021 02:19:50 GMT', 'Content-Type': 'text/html',
'Transfer-Encoding': 'chunked', 'Connection': 'keep-alive', 'Last-Modified':
'Sat, 20 Feb 2021 00:48:24 GMT', 'ETag': 'W/"60305c58-582d"', 'Content-Encoding':
'gzip', 'Accept-Ranges': 'bytes', 'Age': '20', 'X-Via': '1.1 PSjlbswt4gy38:0
(Cdn Cache Server V2.0), 1.1 PS-SWA-01tH6108:16 (Cdn Cache Server V2.0)',
'X-Ws-Request-Id': '603314c6_PS-SWA-01bMX67_45980-27551'}
```

4. 生成完整 HTTP 请求

向网站发送一个完整的 GET 请求，该请求包含链接、请求头、响应头、超时时间和状态码，并查看、修改编码，如代码 2-5 所示。

代码 2-5　发送一个完整的 GET 请求并查看、修改编码

```
import chardet
```

```
# 设置 url
url = 'http://***'
# 设置请求头
headers = {'User-Agent' : 'Mozilla/5.0 (Windows NT 6.1; Win64; x64)
Chrome/65.0.3325.181'}
# 生成 GET 请求
rqg = requests.get(url, headers=headers, timeout=2)
print('状态码：', rqg.status_code)  # 查看状态码
print('编码：', rqg.encoding)  # 查看编码
# 修改编码
rqg.encoding = chardet.detect(rqg.content)['encoding']
print('修改后的编码：', rqg.encoding)  # 查看修改后的编码
print('响应头：', rqg.headers)  # 查看响应头
```

运行代码 2-5 得到的返回结果如下。

```
状态码： 200
编码： ISO-8859-1
修改后的编码： GB2312
响应头： {'Date': 'Mon, 22 Feb 2021 02:20:11 GMT', 'Content-Type': 'text/html',
'Transfer-Encoding': 'chunked', 'Connection': 'keep-alive', 'Last-Modified':
'Sat, 20 Feb 2021 00:48:24 GMT', 'ETag': 'W/"60305c58-582d"', 'Content-Encoding':
'gzip', 'Accept-Ranges': 'bytes', 'Age': '41', 'X-Via': '1.1 PSjlbswt4gy38:0
(Cdn Cache Server V2.0), 1.1 PS-SWA-01tH6108:16 (Cdn Cache Server V2.0)',
'X-Ws-Request-Id': '603314db_PS-SWA-01bMX67_46097-36563'}
```

2.2.2 网页解析

Beautiful Soup 是一个可以从 HTML 或 XML 文件中提取数据的 Python 库。它可提供一些简单的函数用于实现导航、搜索、修改分析树等功能，通过解析文档十分简便地为用户提供需要抓取的数据，仅需少量代码便可以写出一个完整的应用程序。

目前 Beautiful Soup 3 已经停止开发，大部分的爬虫选择使用 Beautiful Soup 4 开发。Beautiful Soup 不仅支持 Python 标准库中的 HTML 解析器，还支持一些第三方的解析器。Beautiful Soup HTML 解析器对比如表 2-9 所示。

表 2-9 Beautiful Soup HTML 解析器对比

解析器	使用格式	优点	缺点
Python 标准库	BeautifulSoup(markup, "html.parser")	Python 的内置标准库；执行速度适中；文档容错能力强	Python 2.7.3 或 3.2.2 前的版本中文档容错能力弱

续表

解析器	使用格式	优点	缺点
lxml HTML 解析器	BeautifulSoup(markup, "lxml")	速度快；文档容错能力强	需要安装 C 语言库
lxml XML 解析器	BeautifulSoup(markup, ["lxml-xml"]) BeautifulSoup(markup, "xml")	速度快；唯一支持 XML 的解析器	需要安装 C 语言库
html5lib	BeautifulSoup(markup, "html5lib")	最好的容错性；以浏览器的方式解析文档；生成 HTML5 格式的文档	速度慢；不依赖外部扩展

本书将使用 lxml HTML 解析器，介绍如何使用 Beautiful Soup 定位并获取 title 节点中的文本内容，以及 body 节点下 div 节点中的全部标题文本和对应链接。

1．创建 BeautifulSoup 对象

要使用 Beautiful Soup 库解析网页，首先需要创建 BeautifulSoup 对象。将字符串或 HTML 文件传入 Beautiful Soup 库的构造方法，可以创建一个 BeautifulSoup 对象，其使用格式如下。

```
BeautifulSoup("<html>data</html>")  # 通过字符串创建
BeautifulSoup(open("index.html"))  # 通过 HTML 文件创建
```

生成的 BeautifulSoup 对象可通过 prettify()方法进行格式化输出，其使用格式如下。

```
BeautifulSoup.prettify(encoding=None, formatter='minimal')
```

prettify()方法常用的参数及其说明如表 2-10 所示。

表 2-10　prettify()方法常用的参数及其说明

参数名称	说明
encoding	接收 str。表示格式化时使用的编码。默认为 None
formatter	接收 str。表示格式化的模式。默认为 minimal（表示按最简化的格式将字符串处理成有效的 HTML/XML）

将网页内容转化为 BeautifulSoup 对象并格式化输出，如代码 2-6 所示。

代码 2-6　将网页内容转化为 BeautifulSoup 对象并格式化输出

```
from bs4 import BeautifulSoup
# 调用网页内容
import requests
import chardet
url = 'http://***'
ua = {'User-Agent' : 'Mozilla/5.0 (Windows NT 6.1; Win64; x64) Chrome/65.0.3325.181'}
```

```
rqg = requests.get(url=url, headers=ua)
rqg.encoding = chardet.detect(rqg.content)['encoding']
# 初始化 HTML 文件
html = rqg.content.decode('gbk')
soup = BeautifulSoup(html, 'lxml')  # 生成 BeautifulSoup 对象
# 输出格式化的 BeautifulSoup 对象
print('输出格式化的 BeautifulSoup 对象：', soup.prettify())
```

运行代码 2-6 得到的结果如下。

```
输出格式化的 BeautifulSoup 对象：
<html xmlns="http://***/xhtml"><head>
<meta http-equiv="content-type" content="text/html;charset=GB2312">
<meta http-equiv="Content-Language" content="utf-8">
<meta content="all" name="robots">
<title>大学--教育--人民网</title>
……
  </script>
 </body>
</html>
```

2. 对象类型

Beautiful Soup 库将 HTML 文档转换成复杂的树形结构，每个节点都是 Python 对象，所有对象类型可以归纳为 4 种：Tag、NavigableString、BeautifulSoup、Comment。

（1）Tag

Tag 对象为 HTML 文档中的标签及其中包含的内容。形如“<title>The Dormouse's story</title>”或“<p class="title"><b>The Dormouse's story</b></p>”等 HTML 标签，再加上其中包含的内容便是 Beautiful Soup 库中的 Tag 对象。

通过 Tag 名称可以很方便地在文档树中获取需要的 Tag 对象，使用 Tag 名称查找的方法只能获取文档树中第一个同名的 Tag 对象，而通过多次调用可获取某个 Tag 对象下的分支 Tag 对象。通过 find_all()方法可以获取文档树中的全部同名 Tag 对象，如代码 2-7 所示。

代码 2-7　通过 find_all()方法获取全部同名 Tag 对象

```
print('获取 head 标签：', soup.head)
print('获取 title 标签：', soup.title)
print('获取 body 标签中的第一个 a 标签：', soup.body.a)
print('获取所有名称为 a 的标签的个数：', len(soup.find_all('a')))
```

运行代码 2-7 得到的结果如下。

```
获取 head 标签： <head>
```

```
<meta content="text/html;charset=utf-8" http-equiv="content-type"/>
<meta content="utf-8" http-equiv="Content-Language"/>
<meta content="all" name="robots"/>
<title>大学--教育--人民网</title>
<meta content="" name="description"/>
……
</head>
获取 title 标签： <title>大学--教育--人民网</title>
获取body标签中的第一个a标签：<a href="http://***.cn/" target="_blank">网站首页</a>
获取所有名称为 a 的标签的个数： 149
Tag 对象有两个非常重要的属性：name 和 attributes。
```

name 属性可通过.name 方法来获取和修改，修改过后的 name 属性将会应用至 BeautifulSoup 对象生成的 HTML 文档。获取 Tag 对象的 name 属性并修改属性值，如代码 2-8 所示。

代码 2-8　获取 Tag 对象的 name 属性并修改属性值

```
print('获取 soup 的 name 属性：', soup.name)
print('获取 a 标签的 name 属性：', soup.a.name)
print('获取 a 标签的内容：', soup.a)
tag = soup.a
tag.name = 'b'  # 修改 Tag 对象的 name 属性值
print('查看修改 name 属性值后 Tag 对象的内容：', tag)
```

运行代码 2-8 得到的结果如下。

```
获取 soup 的 name 属性： [document]
获取 a 标签的 name 属性： a
获取 a 标签的内容： <a href="http://***.cn/" target="_blank">网站首页</a>
查看修改 name 属性值后 Tag 对象的内容： <b href="http://***.cn/" target="_blank">网站
首页</b>
```

attributes 属性表示 Tag 对象标签中 HTML 文本的属性，通过.attrs 方法可获取 Tag 对象的全部 attributes 属性，返回的值为字典，修改或增加等操作的方法与字典的相同。获取 Tag 对象的 attributes 属性中的 target 属性并修改属性值，如代码 2-9 所示。

代码 2-9　获取 Tag 对象的 attributes 属性中的 target 属性并修改属性值

```
print('获取 Tag 对象的全部属性：', tag.attrs)
print('获取 target 属性的值：', tag['target'])
tag['target'] = 'Logo'  # 修改 target 属性的值
print('修改后 Tag 对象的属性：', tag.attrs)
tag['id'] = 'logo'  # 新增属性 id，赋值为 logo
```

```
del tag['target']  # 删除target属性
print('修改后Tag对象的内容：', tag)
```

运行代码 2-9 得到的结果如下。

```
获取Tag对象的全部属性： {'href': 'http://***.cn/', 'target': '_blank'}
获取target属性的值： _blank
修改后Tag对象的属性： {'href': 'http://***.cn/', 'target': 'Logo'}
修改后Tag对象的内容： <b href="http://***.cn/" id="logo">网站首页</b>
```

（2）NavigableString

NavigableString 对象为包含在 Tag 对象中的文本字符串内容，如“<title>The Dormouse's story</title>”中的“The Dormouse's story”，可使用 string()方法获取。NavigableString 对象无法被编辑，但可以使用 replace_with()方法进行替换。获取 title 标签中的 NavigableString 对象并替换内容，如代码 2-10 所示。

代码 2-10 获取 title 标签中的 NavigableString 对象并替换内容

```
tag1 = soup.title
print('获取tag1对象中包含的字符串：', tag1.string)
print('查看tag1.string的类型：', type(tag1.string))
tag1.string.replace_with('人民网--教育')  # 替换字符串内容
print('替换后的内容：', tag1.string)
```

运行代码 2-10 得到的结果如下。

```
获取tag1对象中包含的字符串： 大学--教育--人民网
查看tag1.string的类型： <class 'bs4.element.NavigableString'>
替换后的内容： 人民网--教育
```

（3）BeautifulSoup

BeautifulSoup 对象表示的是一个文档的全部内容。大部分时候，可以将它当作 Tag 对象。BeautifulSoup 对象并不是真正的 HTML 或 XML 的 Tag 对象，所以并没有 Tag 对象的 name 和 attributes 属性，但其包含一个值为“[document]”的特殊 name 属性。查看 BeautifulSoup 对象的类型和相关属性，如代码 2-11 所示。

代码 2-11 查看 BeautifulSoup 对象的类型和相关属性

```
print('soup的类型：', type(soup))
print('BeautifulSoup对象的特殊name属性：', soup.name)
print('soup.name的类型：', type(soup.name))
print('BeautifulSoup对象的attributes属性：', soup.attrs)
```

运行代码 2-11 得到的结果如下。

```
soup的类型： <class 'bs4.BeautifulSoup'>
BeautifulSoup对象的特殊name属性： [document]
soup.name的类型： <class 'str'>
```

```
BeautifulSoup 对象的 attributes 属性： {}
```

（4）Comment

Tag 对象、NavigableString 对象、BeautifulSoup 对象几乎覆盖了 HTML 和 XML 文档中的所有内容，但是还有一些特殊对象。文档的注释部分是最容易与 Tag 对象中的文本字符串混淆的部分，Beautiful Soup 库将文档的注释部分识别为 Comment 对象。Comment 对象是一种特殊类型的 NavigableString 对象，但是当其出现在 HTML 文档中时，Comment 对象会使用特殊的格式输出，需调用 prettify 函数。获取节点的 Comment 对象并输出内容，如代码 2-12 所示。

代码 2-12　获取节点的 Comment 对象并输出内容

```
markup = '<c><!--This is a comment--></c>'
soup_comment = BeautifulSoup(markup, 'lxml')
comment = soup_comment.c.string  # Comment 对象也由 string()方法获取
print('注释的内容：', comment)  # 直接输出时与一般 NavigableString 对象一致
print('注释的类型：', type(comment))  # 查看类型
```

运行代码 2-12 得到的结果如下。

```
注释的内容： This is a comment
注释的类型： <class 'bs4.element.Comment'>
```

3. 搜索特定节点并获取其中的链接及文本

Beautiful Soup 库中定义了很多搜索方法，其中常用的有 find()方法和 find_all()方法，两者的参数一致，区别为 find_all()方法的返回结果是一个包含元素的列表，而 find()方法返回的是结果对象。

用 find_all()方法搜索文档树中的 Tag 对象十分方便，其使用格式如下。

```
BeautifulSoup.find_all(name, attrs, recursive, string, limit, **kwargs)
```

find_all()方法常用的参数及其说明如表 2-11 所示。

表 2-11　find_all()方法常用的参数及其说明

参数名称	说明
name	接收 str。表示查找所有名字为 name 的 Tag 对象，字符串对象会被自动忽略。搜索本参数的值时，可以使用任一类型的过滤器：字符串、正则表达式、列表、方法或 True。默认为 None
attrs	接收 str。表示查找符合 CSS 类名的 Tag 对象，使用 class 作为参数会导致语法错误。从 Beautiful Soup 库的 4.1.1 版本开始，可以通过 class_参数搜索有指定 CSS 类名的 Tag 对象。默认为 None
recursive	接收 bool。表示是否检索当前 Tag 对象的所有子孙节点，若只想搜索 Tag 对象的直接子节点，可将该参数设为 False。默认为 True

续表

参数名称	说明
string	接收 str。表示搜索文档中匹配传入的字符串的内容，与 name 参数的可选值一样，string 参数也接收多种过滤器。无默认值
**kwargs	若一个指定名字的参数不是搜索内置的参数名，搜索时会将该参数当作指定名字的 Tag 对象的属性来搜索

find_all()方法可通过以下多种参数遍历搜索文档树中符合条件的所有子节点。

（1）可通过 name 参数搜索同名的全部子节点，并接收多种过滤器。

（2）按照 CSS 类名可模糊匹配或完全匹配。完全匹配 class 的值时，如果 CSS 类名的顺序与实际不符，那么将搜索不到结果。

（3）若 Tag 对象的 class 属性是多值属性，可以分别搜索 Tag 对象中的每个 CSS 类名。

（4）通过字符串内容搜索符合条件的全部子节点，可通过过滤器操作。

（5）查通过传入关键字参数，搜索匹配关键字的子节点。

使用 find_all()方法搜索到指定节点后，使用 get()方法可获取列表中的节点所包含的链接，而使用 get_text()方法可获取其中的文本内容。

可先通过 BeautifulSoup 函数将网页内容转换为 BeautifulSoup 对象，之后使用 find_all()方法定位 title 节点，分别使用 string 属性和 get_text()方法获取 title 节点内的标题文本，再使用 find_all()方法定位 body 节点下的 div 节点，最后分别使用 get()方法、get_text()方法获取其每个子孙节点 a 的链接和文本内容，如代码 2-13 所示。

代码 2-13　定位节点并获取节点的链接和文本

```
# 通过 name 参数搜索名为 title 的全部子节点
print('名为 title 的全部子节点：', soup.find_all('title'))
print('title 子节点的文本内容：', soup.title.string)
print('使用 get_text()获取的文本内容：', soup.title.get_text())
target = soup.find_all('div', class_='fl')  # 按照 CSS 类名完全匹配
print('CSS 类名匹配获取的节点：', target)
target = soup.find_all(id='rwb_nav')  # 传入关键字 id，按符合的条件搜索
print('关键字 id 匹配的节点：', target)
for k in soup.find_all(id='rwb_nav'):
    # 将第一步搜索出来的值再进行搜索，获得所有 a 节点
    cont = k.find_all('a', target='_blank')
    print(cont)
# 创建两个空列表用于存放链接及文本
urls = []
text = []
```

```
# 分别提取链接和文本
for tag in cont:
    urls.append(tag.get('href'))
    text.append(tag.get_text())
```

运行代码 2-13 得到的结果如下。

```
名为 title 的全部子节点： [<title>人民网-教育</title>]
title 子节点的文本内容： 人民网-教育
使用 get_text()获取的文本内容： 人民网-教育
```

2.2.3 数据存储

PyMySQL 与 MySQLdb 都是 Python 中用于操作 MySQL 的库，两者的使用方法基本一致。区别在于，PyMySQL 支持 Python 3.x，而 MySQLdb 不支持。

1. 连接方法

PyMySQL 库使用 connect 函数连接数据库，connect 函数的使用格式如下。

```
pymysql.connect(host,port,user,passwd,db,charset,connect_timeout,use_unicode)
```

connect 函数有很多参数可供使用，常用的参数及其说明如表 2-12 所示。

表 2-12 connect 函数常用的参数及其说明

参数名称	说明
host	接收 str。表示数据库地址，本机地址通常为 127.0.0.1。默认为 None
port	接收 str。表示数据库端口，通常为 3306。默认为 0
user	接收 str。表示数据库用户名，管理员用户为 root。默认为 None
passwd	接收 str。表示数据库密码。默认为 None
db	接收 str。表示数据库名。无默认值
charset	接收 str。表示插入数据库的编码。默认为 None
connect_timeout	接收 int。表示连接超时时间，以秒为单位。默认为 10
use_unicode	接收 str。表示结果以 unicode 字符串的格式返回。默认为 None

使用 connect 函数时可以不添加参数名，但参数的位置需要对应，参数按顺序分别是主机、用户、密码和初始连接的数据库名，且不能互换位置。通常更推荐带参数名的连接方式，如代码 2-14 所示。

代码 2-14 使用 connect 函数连接数据库

```
import pymysql
# 使用参数名创建连接
conn = pymysql.connect(host='127.0.0.1', port=3306, user='root',
```

```
                    passwd='123456', db='test', charset='utf8',
                    connect_timeout=1000)
# 不使用参数名创建连接
conn = pymysql.connect('127.0.0.1', 'root', '123456', 'test')
```

2. 数据库操作函数

在 PyMySQL 库中，可以使用 pymysql.connect()方法与数据库建立连接，同时可以使用方法返回的 connect 对象操作数据库。常用的 connect 对象的操作方法如表 2-13 所示。

表 2-13 常用的 connect 对象的操作方法

方法名称	说明
commit	提交事务。对支持事务的数据库或表，若提交修改操作后不使用该方法，则不会写入数据库中
rollback	事务回滚。在没有 commit 的前提下，执行此方法会回滚当前事务
cursor	创建一个游标对象。所有的 SQL 语句的执行都需要在游标对象下进行

在 Python 操作数据库的过程中，通常使用 pymysql.connect.cursor()方法获取游标，或使用 pymysql.cursor.execute()方法对数据库进行操作。如创建数据库及数据表，通常使用更多的为增、删、改、查等基本操作。

游标对象也提供了很多种方法，常用的方法如表 2-14 所示。

表 2-14 游标对象常用的方法

方法名称	说明	使用格式
close	关闭游标	cursor.close()
execute	执行 SQL 语句	cursor.execute(sql)
excutemany	执行多条 SQL 语句	cursor.excutemany(sql)
fetchone	获取执行结果中的第一条记录	cursor.fetchone()
fetchmany	获取执行结果中的 *n* 条记录	cursor.fetchmany(n)
fetchall	获取执行结果的全部记录	cursor.fetchall()
scroll	用于游标滚动	cursor.scroll()

游标对象的创建基于连接对象 connect，创建游标对象后即可通过语句对数据库进行增、删、改、查等操作。

在连接的 MySQL 数据库中创建一个表名为 class 的数据表，该表包含 id、name、text 这 3 个字段。使用 id 列作为主键，之后将 Beautiful Soup 库获取的标题文本存入该表中，如代码 2-15 所示。

代码 2-15　创建 class 表并存入获取的标题文本

```
# 创建游标
cursor = conn.cursor()
# 创建表
sql = '''create table if not exists class (id int(10) primary key auto_increment,
name varchar(20) not null,text varchar(20) not null)'''
cursor.execute(sql)  # 执行创建表的 SQL 语句
cursor.execute('show tables')  # 查看创建的表
# 数据准备
import requests
import chardet
from bs4 import BeautifulSoup
url = 'http://***'
ua  =  {'User-Agent'  :  'Mozilla/5.0  (Windows  NT  6.1;  Win64;  x64)
Chrome/65.0.3325.181'}
rqg = requests.get(url, headers=ua)
rqg.encoding = chardet.detect(rqg.content)['encoding']
html = rqg.content.decode('gbk')
soup = BeautifulSoup(html, 'lxml')
target = soup.title.string
print('标题的内容：', target)
# 插入数据
title = 'tipdm'
sql = 'insert into class (name,text)values(%s,%s)'
cursor.execute(sql, (title,target))  # 执行插入语句
conn.commit()  # 提交事务
# 查询数据
data = cursor.execute('select * from class')
# 使用 fetchall()方法获取操作结果
data = cursor.fetchall()
print('查询获取的结果：', data)
conn.close()
```

运行代码 2-15 得到的结果如下。

```
标题的内容：  大学--教育--人民网
查询获取的结果：  ((1, 'tipdm', '大学--教育--人民网'),)
```

2.3 动态网页爬取

动态网页爬取是相对静态网页爬取而言的。动态网页是新闻网页的另一种常用方式，由于新闻具有时效性，动态网页具有实时更新的特点，所以通常会使用动态技术设计网站，如博客论坛、新浪微博、人民网的领导留言板等均使用了动态技术。在某些网站，使用静态下载器与解析器对页面目标信息进行解析时，如果没有发现任何数据，多数原因是该网站的部分元素是由 JavaScript 代码动态生成的。此时，使用 2.2 节介绍的爬取方法进行爬取会比较困难，因此需要寻求新的爬取方法，即动态页面爬取方法。

目前流行的动态页面爬取方法一般分为两种：逆向分析爬取动态网页，手动分析网络面板的 AJAX 请求来进行 HTML 信息采集；在 Chrome 浏览器中使用 Selenium 库模拟动态网页动作，直接从浏览器中采集已经加载好的 HTML 信息。

本节将介绍使用逆向分析实现爬取人民邮电出版社动态网页的新书书名、作者、价格等信息，并使用 Selenium 库实现爬取书籍信息和书籍图片。

2.3.1 逆向分析爬取

进行动态页面的爬取实质是对页面进行逆向分析，其核心是跟踪页面的交互行为使 JavaScript 代码触发调度，从而分析出有价值、有意义的核心调用（一般都是通过 JavaScript 代码发起 HTTP 请求），然后使用 Python 代码直接访问逆向分析得到的链接获取价值数据。

1. 了解静态网页和动态网页的区别

在 2.2 节爬取的网页中，很多是 HTML 源代码生成的静态内容，直接从 HTML 源代码中就能找到。然而并非所有的网页都是如此，很多网页通常会用到 AJAX 技术和动态 HTML 技术，因而使用基于静态页面的爬取方法是行不通的。

一般含有类似“查看更多”字样或打开网页时下拉才会加载出内容的网页，基本都是动态的。区分网页是静态网页还是动态网页的比较简便的方法是，在浏览器中查看页面相应的内容，如果在查看页面源代码时找不到该内容，即可确定该页面使用了动态技术。

有一些网页的内容是由前端的 JavaScript 代码动态生成的，所以能够在浏览器上看得见网页的内容，但是在 HTML 源代码中却发现不了。

通过分析人民网大学教育网页和人民邮电出版社网页的结构，可了解静态网页和动态网页的区别。

（1）判断静态网页

在 Chrome 浏览器中打开人民网大学教育网页，按“F12”键调出 Chrome 开发者工具，或单击“更多工具”→“开发者工具”。Chrome 开发者工具中的元素（Elements）面板上显示的是浏览器执行 JavaScript 代码之后生成的 HTML 源代码。找到第一条新闻对应的 HTML 源代码，如图 2-6 所示。

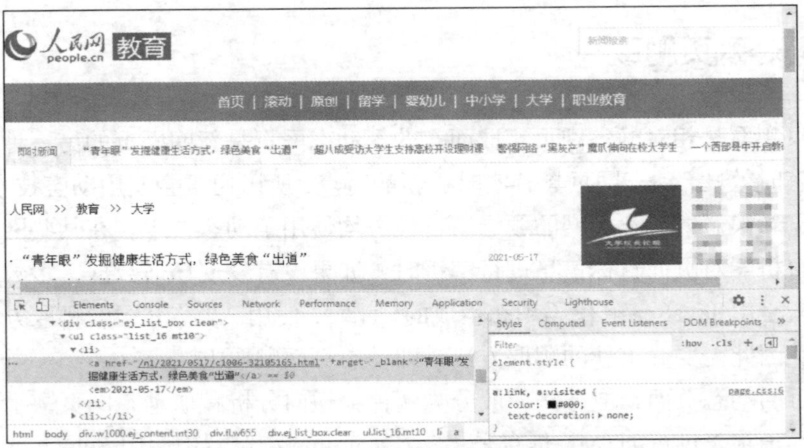

图 2-6　第一条新闻对应的 HTML 源代码

还有另一种查看源代码的方法，即右键单击页面，在弹出的快捷菜单中选择“查看网页源代码”，如图 2-7 所示。

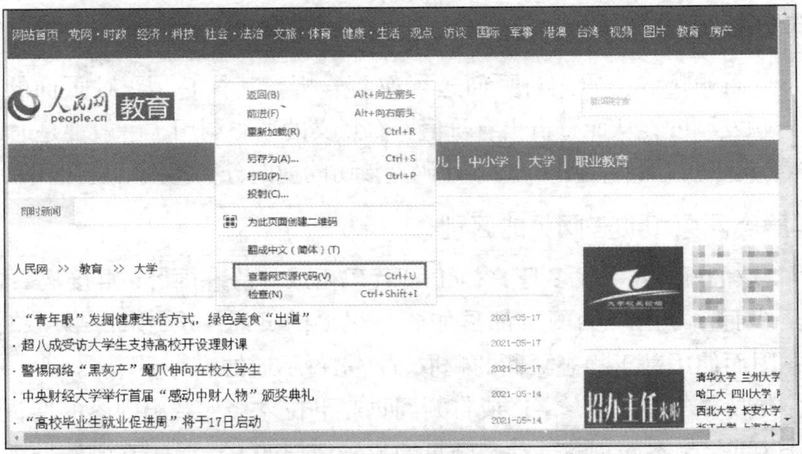

图 2-7　右键单击人民网大学教育网页后呈现的页面

得到服务器直接返回的 HTML 源代码，找到第一条新闻的信息，如图 2-8 所示。

```
</marquee></div>
</div>
</div>
<!--二级列表-->
<div class=" w1000 ej_content mt30">
  <div class="fl w655">
    <div class="lujing"><a href="http://www.people.com.cn/">人民网</a> &gt;&gt; <a
href="http://edu.people.com.cn/">教育</a> &gt;&gt; <a href="http://edu.people.com.cn/GB/227065/">
大学</a></div>
      <div class="ej_list_box clear">
        <ul class="list_16 mt10"><li><a href='/n1/2021/0517/c1006-32105165.html'
target=_blank>"青年眼"发掘健康生活方式，绿色美食"出道"</a> <em>2021-05-17</em></li>
<li><a href='/n1/2021/0517/c1006-32105157.html' target=_blank>超八成受访大学生支持高校开设理财课
</a> <em>2021-05-17</em></li>
<li><a href='/n1/2021/0517/c1006-32105141.html' target=_blank>警惕网络"黑灰产"魔爪伸向在校大学
生</a> <em>2021-05-17</em></li>
<li><a href='/n1/2021/0514/c1006-32103648.html' target=_blank>中央财经大学举行首届"感动中财人
物"颁奖典礼</a> <em>2021-05-14</em></li>
<li><a href='/n1/2021/0514/c1053-32103231.html' target=_blank>"高校毕业生就业促进周"将于17日启
动</a> <em>2021-05-14</em></li>
```

图 2-8　人民网大学教育网页的 HTML 源代码

对比通过“F12”键调出 Chrome 开发者工具查看的源代码可知，两者的 HTML 内容完全一致。因此可以判断人民网大学教育网页是静态网页。

（2）判断动态网页

在浏览器中打开人民邮电出版社网页，按“F12”键调出 Chrome 开发者工具，找到“互联网+智慧城市 核心技术及行业应用”的 HTML 信息，如图 2-9 所示。

图 2-9 找到相应 HTML 信息

在浏览器呈现的网页中，右键单击页面，在弹出的快捷菜单中单击“查看网页源代码”，在弹出的 HTML 源代码中查找“互联网+智慧城市 核心技术及行业应用”关键字，如图 2-10 所示。

图 2-10 人民邮电出版社网页的 HTML 源代码

网页的新闻标题“互联网+智慧城市 核心技术及行业应用”在 HTML 源代码中找不到，因此可以确定人民邮电出版社网页是由 JavaScript 代码生成的动态网页。

2. 逆向分析爬取动态网页

在确认网页是动态网页后，需要获取在网页响应中由 JavaScript 动态生成的信息。在 Chrome 浏览器中爬取人民邮电出版社网页的信息的步骤如下。

（1）按“F12”键打开 Chrome 开发者工具，如图 2-11 所示。

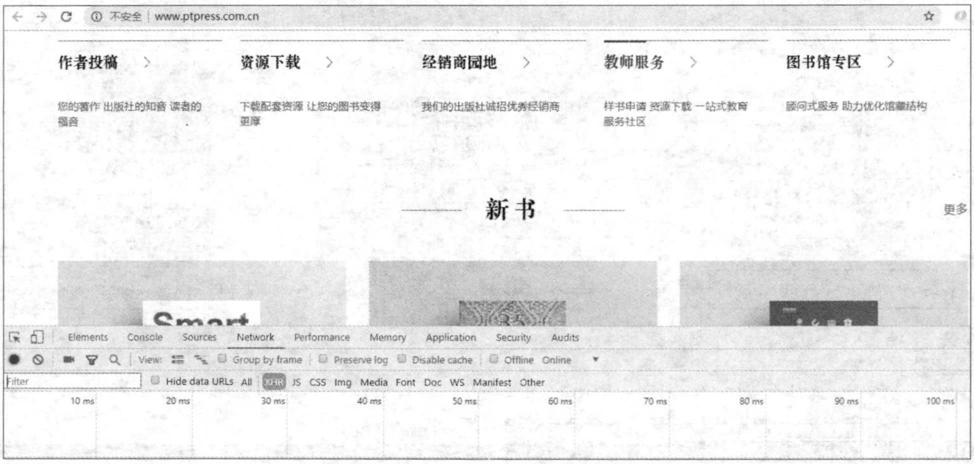

图 2-11　打开 Chrome 开发者工具

（2）打开“网络”（Network）面板后，会发现有很多响应。在“网络”面板中，XHR 是 AJAX 中的概念，表示 XML-HTTP-Request，一般 JavaScript 加载的文件隐藏在 JS 或 XHR 中。通过查找可发现，人民邮电出版社网页的 JavaScript 加载的文件在 XHR 中。

（3）“新书”模块的信息在 XHR 的“Preview”选项卡中有需要的信息。在网络面板的 XHR 中查看“/bookinfo”资源的 Preview 信息，可以看到网页新书的 HTML 信息，如图 2-12 所示。

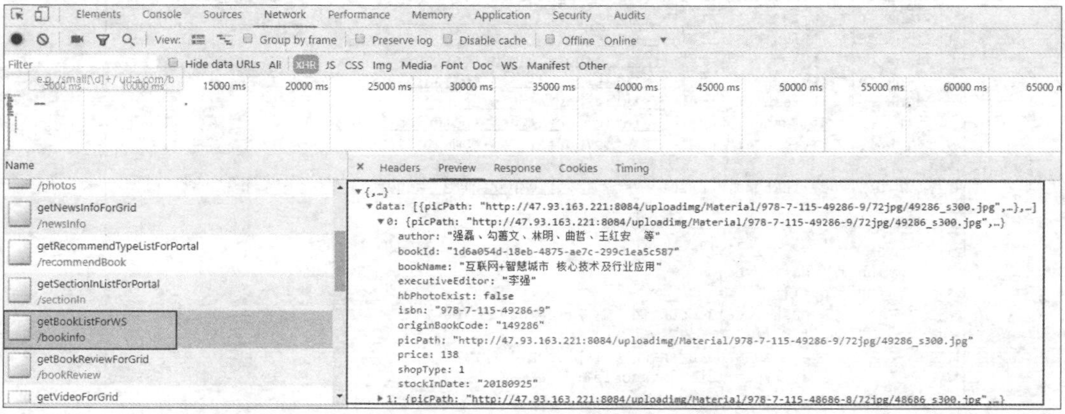

图 2-12　人民邮电出版社网页新书的 HTML 信息

若需要爬取人民邮电出版社网页“新书”模块的新书书名、作者和价格信息，则步骤如下。

（1）单击“/bookinfo”资源的“Headers”标签，找到“Request URL”信息，如图 2-13 所示。

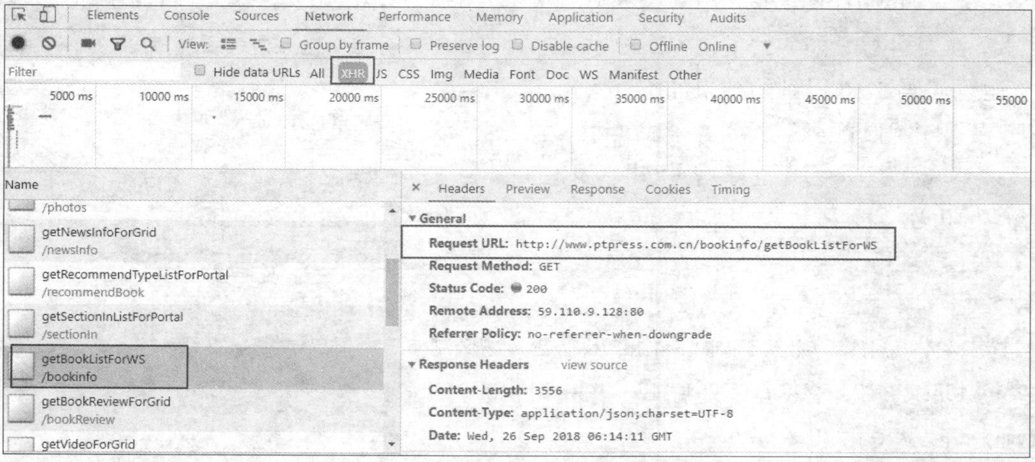

图 2-13 “Request URL”信息

（2）打开“Request URL”信息对应的网址，找到需要爬取的信息，如图 2-14 所示。

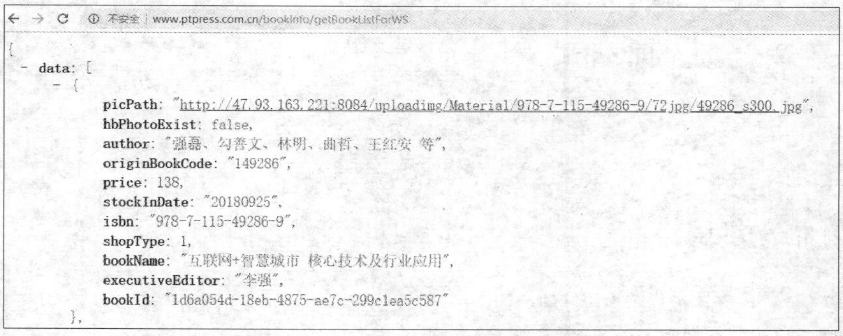

图 2-14 需要爬取的信息

（3）爬取人民邮电出版社网页“新书”模块的新书书名、作者和价格信息，如代码 2-16 所示。

代码 2-16 爬取人民邮电出版社网页新书的信息

```
import requests
import json
url = 'http://***'
return_data = requests.get(url).text  # 在需要爬取的 URL 网页进行 HTTP 请求
data = json.loads(return_data)  # 将 HTTP 响应的数据 JSON 化
news = data['data']  # 得到需要爬取的信息
```

```
for n in news:  # 对得到的 JSON 数据进行遍历和提取
        bookName = n['bookName']
        author = n['author']
        price = n['price']
        print('新书书名：', bookName, '\n', '作者：', author, '\n', '价格：', price)
        print('\n')
```

运行代码 2-16 得到的结果如下。

```
新书书名： 独具匠心 做最小可行性产品（MVP）方法与实践
 作者： 张乐飞
 价格： 108


新书书名： 淘宝天猫网店美工：商品拍摄 店铺装修 视频制作（视频指导版 第 2 版）
 作者： 何叶 马小红 李淑君
 价格： 69.8


新书书名： 采购谈判 高效赢得谈判的实战指南
 作者： 姜珏
 价格： 59.8

……

新书书名： 跳箱与栏架训练全书
 作者： 刘也
 价格： 59.8
```

注意：由于页面是动态的，信息会不停地更新，所以不同时间的爬取结果会不同。

2.3.2 使用 Selenium 库爬取

爬取动态网页还可以使用 Selenium 库。Selenium 是一种自动化测试工具，能模拟浏览器的行为，它支持各种浏览器，包括 Chrome、Firefox 等浏览器。在浏览器里面安装一个 Selenium 的插件，即可方便地实现 Web 页面的测试。

1. 安装 Selenium 库及下载浏览器补丁

本章使用的是 Selenium 3.9.0。使用 Selenium 3.9.0 调用浏览器时，必须下载并安装一个类似补丁的文件，例如，Firefox 浏览器对应的文件为 geckodriver.exe，Chrome 浏览器对应的文件为 chromedriver.exe。以 Chrome 浏览器的 chromedriver.exe 文件为例，在安装好 Selenium 3.9.0 之后，下载并安装 chromedriver.exe 文件的步骤如下。

（1）在 Selenium 官网下载对应版本的文件。下载图 2-15 所示的“Google Chrome Driver 2.36”文件，根据操作系统选择 chromedriver.exe 文件。

Browser					
Mozilla GeckoDriver	0.20.0	change log	issue tracker	Implementation Status	Released 2018-03-08
Google Chrome Driver	2.36	change log	issue tracker	selenium wiki page	Released 2018-03-02
Opera	2.29		issue tracker	selenium wiki page	Released 2017-06-27
Microsoft Edge Driver			issue tracker	Implementation Status	
GhostDriver	(PhantomJS)		issue tracker	SeConf talk	
HtmlUnitDriver	2.28.1		issue tracker		Released 2017-11-19
SafariDriver			issue tracker		
Windows Phone			issue tracker		
Windows Phone	4.14.028.10		issue tracker		Released 2013-11-23
Selendroid - Selenium for Android			issue tracker		

图 2-15 在 Selenium 官网下载对应版本的文件

（2）将下载好的 chromedriver.exe 文件存放至安装 Python 的根目录（与 python.exe 文件同一目录）即可。

2. 打开浏览器并访问网页

使用 Selenium 打开 Chrome 浏览器，并访问网页，如代码 2-17 所示。

代码 2-17 打开浏览器并访问网页

```
from selenium import webdriver
driver = webdriver.Chrome()
driver.get('http://***')
data = driver.page_source
```

3. 页面等待

目前，大多数的 Web 应用都使用 AJAX 技术。当浏览器加载一个页面时，页面中的元素可能会以不同的时间间隔加载，这使得定位元素比较困难，使用页面等待可以解决这个问题。页面等待可在执行的操作之间提供一些间隙，主要用于定位一个元素或任何其他带有该元素的操作。

Selenium WebDriver 可提供两种类型的等待——隐式等待和显式等待。显式等待使 WebDriver 在继续执行之前等待某个条件的发生；隐式等待使 WebDriver 在尝试定位一个元素时，在一定的时间内轮询文档对象模型（Document Object Model，DOM）。在爬取网页搜索“Python 编程”关键词的过程中，会用到显式等待，本小节主要介绍显式等待。

WebDriverWait 函数默认每 500ms 调用一次 ExpectedCondition 接口，直到成功返回。

ExpectedCondition 的成功返回类型是 bool，对于所有其他 ExpectedCondition 类型，则返回 True 或非 Null。如果 WebDriverWait 在 10s 内没有发现元素返回，那么就会抛出 TimeoutException 异常。

WebDriverWait 函数的使用格式如下。

```
WebDriverWait(driver,time)
```

WebDriverWait 函数常用的参数及其说明如表 2-15 所示。

表 2-15　WebDriverWait 函数常用的参数及其说明

参数名称	说明
driver	接收 str。表示打开的网页。无默认值
time	接收 int。表示等待时间的参数，单位为秒。无默认值

使用 WebDriverWait 函数设置显式等待，其中设置网页等待 10s，如代码 2-18 所示。

代码 2-18　设置显式等待

```
from selenium.webdriver.support.ui import WebDriverWait
from selenium.webdriver.support import expected_conditions as EC
from selenium.webdriver.common.by import By
driver = webdriver.Chrome()
driver.get('http://***')
wait = WebDriverWait(driver, 10)
# 确认元素是否可单击
confirm_btn = wait.until(EC.element_to_be_clickable((By.CSS_SELECTOR, '#app > div:nth-child(1) > div > div > div > button > i')))
driver.close()
```

4. 页面操作

（1）填充表单

在浏览器操作中，通常需要打开多个浏览器页面。如果不使用 switch_to.window()方法，程序会每次都打开最初始的那个页面以便寻找元素，此时将会导致程序找不到新页面中的元素。通过 switch_to.window()方法来对浏览器页面进行切换，如代码 2-19 所示。

代码 2-19　通过 switch_to.window()方法实现页面切换

```
import time
driver= webdriver.Chrome()
driver.get('http://***')
driver.execute_script('window.open()')
driver.switch_to_window(driver.window_handles[1])
driver.get('http://***2')
```

```
time.sleep(1)
driver.switch_to_window(driver.window_handles[0])
driver.get('http://***3')
```

HTML 表单包含表单元素，而表单元素指的是不同类型的输入元素、复选框、单选按钮、提交按钮等。填写完表单后，需要提交表单。定位“搜索”按钮并复制相应元素的 selector，如图 2-16 所示。

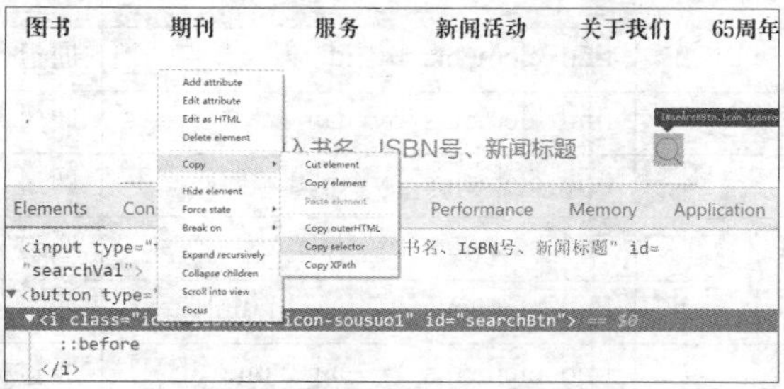

图 2-16　定位“搜索”按钮并复制相应元素的 selector

在浏览器中自动单击“搜索”按钮，如代码 2-20 所示。

代码 2-20　自动单击“搜索”按钮

```
driver= webdriver.Chrome()
driver.get('http://***')
driver.execute_script('window.open()')
wait = WebDriverWait(driver,10)
# 等待“确认”按钮加载完成
confirm_btn = wait.until(EC.element_to_be_clickable((By.CSS_SELECTOR, '#app >
div:nth-child(1) > div > div > div > button > i')))
# 单击“搜索”按钮
confirm_btn.click()
```

（2）执行 JavaScript 代码

Selenium 库中的 execute_script()方法能够直接调用 JavaScript 代码来实现翻页到底部、弹框等操作。例如，在网页中通过 JavaScript 代码翻页到底部并弹框提示爬虫，如代码 2-21 所示。

代码 2-21　翻页到底部并弹框提示爬虫

```
driver= webdriver.Chrome()
driver.get('http://***')
# 翻页到底部
driver.execute_script('window.scrollTo(0, document.body.scrollHeight)')
# 弹窗提示爬虫
driver.execute_script('alert("Python 爬虫")')
```

5. 定位元素

在页面中定位元素有多种策略。Selenium 库提供了多种方式用于定位页面中的元素，如表 2-16 所示。一个元素可通过元素 ID、XPath 表达式、CSS 选择器等进行定位。多个元素可通过 CSS 选择器等进行定位。

表 2-16　定位页面元素的方式

定位一个元素	定位多个元素	含义
find_element_by_id	find_elements_by_id	通过元素 ID 进行定位
find_element_by_name	find_elements_by_name	通过元素名称进行定位
find_element_by_xpath	find_elements_by_xpath	通过 XPath 表达式进行定位
find_element_by_link_text	find_elements_by_link_text	通过完整超链接文本进行定位
find_element_by_partial_link_text	find_elements_by_partial_link_text	通过部分超链接文本进行定位
find_element_by_tag_name	find_elements_by_tag_name	通过标记名称进行定位
find_element_by_class_name	find_elements_by_class_name	通过类名进行定位
find_element_by_css_selector	find_elements_by_css_selector	通过 CSS 选择器进行定位

表 2-16 所示方法的使用格式基本一致，其中 find_element_by_id()方法的使用格式如下。

```
driver.find_element_by_id(By.method, 'selector_url')
```

find_element_by_id()方法常用的参数及其说明如表 2-17 所示。

表 2-17　find_element_by_id()方法常用的参数及其说明

参数名称	说明
method	接收 str。表示请求的类型。无默认值
selector_url	接收 str。表示查找元素的位置。无默认值

（1）定位一个元素

查找网页响应的搜索框架的元素，如图 2-17 所示。

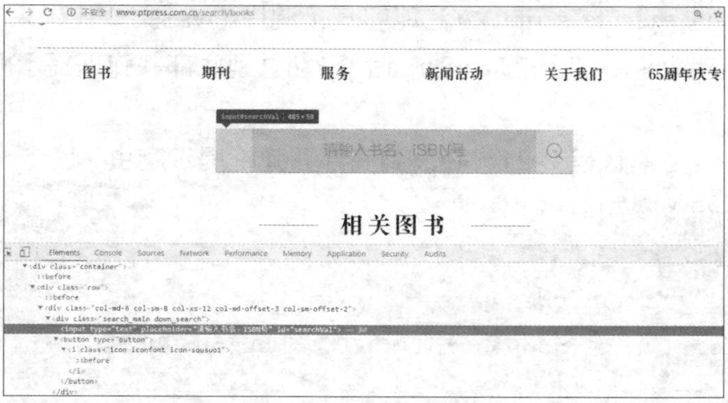

图 2-17　搜索框架

分别通过元素 ID、CSS 选择器、XPath 表达式来定位搜索框架的元素，如代码 2-22 所示，得到的结果都是相同的。

代码 2-22 定位一个元素

```
driver= webdriver.Chrome()
driver.get('http://***')
input_first = driver.find_element_by_id('searchVal')
input_second = driver.find_element_by_css_selector('#searchVal')
input_third = driver.find_element_by_xpath('//*[@id="searchVal"]')
print(input_first)
print(input_second)
print(input_third)
driver.close()
```

运行代码 2-22 得到的结果如下。

```
<selenium.webdriver.remote.webelement.WebElement (session="8fc2d15fa6b4faae67d0be39d65d90b8", element="5a30eb0d-ff03-4f6c-b5eb-6bc932e8e884")>
<selenium.webdriver.remote.webelement.WebElement (session="8fc2d15fa6b4faae67d0be39d65d90b8", element="5a30eb0d-ff03-4f6c-b5eb-6bc932e8e884")>
<selenium.webdriver.remote.webelement.WebElement (session="8fc2d15fa6b4faae67d0be39d65d90b8", element="5a30eb0d-ff03-4f6c-b5eb-6bc932e8e884")>
```

此外，还可以通过 By 类来定位网页的搜索框架的元素，如代码 2-23 所示。

代码 2-23 通过 By 类来定位搜索框架的元素

```
driver = webdriver.Chrome()
driver.get('http://***')
input_first = driver.find_element(By.ID, 'searchVal')
print(input_first)
driver.close()
```

运行代码 2-23 得到的结果如下。

```
<selenium.webdriver.remote.webelement.WebElement
(session="999648079533f213a6c04f3d0d2f2c22",
element="34a60401-1160-4300-9093-57cd3643e479")>
```

（2）定位多个元素

查找网页元素第一行中的多个信息，复制到的 selector 的信息是“#nav”，如图 2-18 所示。

定位多个元素的方法与定位一个元素的方法类似，同样可以使用 find_elements 定位多个元素，如代码 2-24 所示。

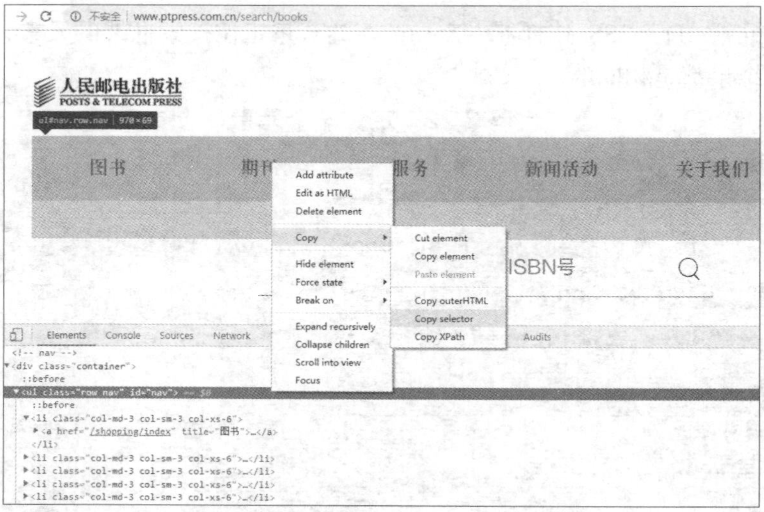

图 2-18　网页元素第一行中的多个信息

代码 2-24　定位多个元素

```
driver = webdriver.Chrome()
driver.get('http://***')
lis = driver.find_elements_by_css_selector('#nav')
driver.close()
```

与定位一个元素相同，定位多个元素也可以通过 By 类来实现，如代码 2-25 所示。

代码 2-25　通过 By 类实现定位多个元素

```
driver = webdriver.Chrome()
driver.get('http://***')
lis = driver.find_elements(By.CSS_SELECTOR, '#nav')
driver.close()
```

6. 预期的条件

在自动化 Web 浏览器时，不需要手动编写期望的条件类，Selenium 库可提供一些常用的较为便利的判断方法，如表 2-18 所示。在要爬取的网页搜索“Python 编程”关键词的过程中，会用到 element_to_be_clickable（元素是否可单击）等判断方法。

表 2-18　常用的判断方法

方法名称	说明
title_is	标题是某内容
title_contains	标题包含某内容
presence_of_element_located	元素加载出，传入定位元组，如(By.ID, 'p')
visibility_of_element_located	元素可见，传入定位元组

续表

方法名称	说明
visibility_of	传入元素对象
presence_of_all_elements_located	所有元素加载出
text_to_be_present_in_element	某个元素文本包含某文字
text_to_be_present_in_element_value	某个元素值包含某文字
frame_to_be_available_and_switch_to_it frame	加载并切换
invisibility_of_element_located	元素不可见
element_to_be_clickable	元素可单击
staleness_of	判断一个元素是否仍在 DOM 中，可判断页面是否已经刷新
element_to_be_selected	元素可选择，传入元素对象
element_located_to_be_selected	元素可选择，传入定位元组
element_selection_state_to_be	传入元素对象及状态，相等返回 True，否则返回 False
element_located_selection_state_to_be	传入定位元组及状态，相等返回 True，否则返回 False
alert_is_present	是否出现 Alert

在要爬取的网页，搜索“Python 编程”关键词，创建 PythonMessage.py 脚本，脚本信息如代码 2-26 所示。

代码 2-26　PythonMessage.py 脚本信息

```
from selenium import webdriver
from selenium.webdriver.common.by import By
from selenium.webdriver.support.ui import WebDriverWait
from selenium.webdriver.support import expected_conditions as EC
from bs4 import BeautifulSoup
import re
import time
# 创建 WebDriver 对象
driver = webdriver.Chrome()
# 等待变量
wait = WebDriverWait(driver, 10)
# 模拟搜索“Python 编程”
# 打开网页
driver.get('http://***')
# 等待“搜索”按钮加载完成
search_btn = driver.find_element_by_id('searchVal')
```

```
# 在搜索框填写“Python 编程”
search_btn.send_keys('Python 编程')
# 确认元素是否已经出现
# input = wait.until(EC.presence_of_element_located((By.ID, 'searchVal'))
# 等待“确认”按钮加载完成
confirm_btn = wait.until(
        EC.element_to_be_clickable((
            By.CSS_SELECTOR, '#app > div:nth-child(1) > div > div > div > button
> i'))
    )
# 单击“确认”按钮
confirm_btn.click()
# 等待 5s
time.sleep(5)
html = driver.page_source
# 找到书籍信息的模块
soup = BeautifulSoup(html, 'lxml')
a = soup.select('.rows')
# 使用正则表达式解析书籍图片信息
ls1 = '<img src="(.*?)"/></div>'
pattern = re.compile(ls1, re.S)
res_img = re.findall(pattern, str(a))
# 使用正则表达式解析书籍文字信息
ls2 = '<img src=".*?"/></div>.*?<p>(.*?)</p></a>'
pattern1 = re.compile(ls2, re.S)
res_test = re.findall(pattern1, str(a))
print(res_test, res_img)
driver.close()
```

运行代码 2-26 得到的结果如下。

```
['Python 编程 从入门到实践 第 2 版', 'Python 编程与数据分析应用（微课版）', 'Python 编程：从入门到精通（微课版）', 'Python 编程完全入门教程', 'Python 编程基础教程', 'Python 编程基础（视频讲解版）', '计算思维与 Python 编程', '青少年 Python 编程入门', 'Python 编程基础与应用']
['https://cdn.ptpress.cn/uploadimg/Material/978-7-115-54608-1/72jpg/54608_s
300.jpg',
'https://cdn.ptpress.cn/uploadimg/Material/978-7-115-53429-3/72jpg/53429_s300.jpg',
'https://cdn.ptpress.cn/uploadimg/Material/978-7-115-53798-0/72jpg/53798_s300.jpg',
```

```
'https://cdn.ptpress.cn/uploadimg/Material/978-7-115-53114-8/72jpg/53114_s300.jpg',
'https://cdn.ptpress.cn/uploadimg/Material/978-7-115-53391-3/72jpg/53391_s300.jpg',
'https://cdn.ptpress.cn/uploadimg/Material/978-7-115-52438-6/72jpg/52438_s300.jpg',
'https://cdn.ptpress.cn/uploadimg/Material/978-7-115-53221-3/72jpg/53221_s300.jpg',
'https://cdn.ptpress.cn/uploadimg/Material/978-7-115-51014-3/72jpg/51014_s300.jpg',
'https://cdn.ptpress.cn/uploadimg/Material/978-7-115-50346-6/72jpg/50346_s300.jpg']
```

小结

本章主要介绍了 HTTP 通信的基础知识，包括 HTTP 客户端与服务器间的通信过程（即由客户端发起请求、服务器进行应答），以及常见的 HTTP 状态码、HTTP 字段和 Cookie 机制；同时介绍了爬取静态网页的 3 个主要步骤，包括发送 HTTP 请求建立连接、解析网页内容和存储解析的内容；还介绍了分别通过逆向分析爬取和通过 Selenium 库爬取两种方法对动态网页进行爬取的过程。

课后习题

选择题

（1）下面关于 HTTP 请求方法的描述中错误的是（　　）。

A. GET 方法用于请求指定页面信息

B. POST 方法从客户端上传指定资源

C. TRACE 方法通常用于测试或诊断

D. HEAD 方法与 GET 方法的作用完全一样

（2）下列关于 HTTP 状态码类型的描述中错误的是（　　）。

A. 1XX 表示请求已被接收，需接后续处理

B. 2XX 表示请求已成功被服务器接收、理解并接受

C. 5XX 表示服务器可能发生错误

D. 4XX 表示客户端可能发生错误，妨碍客户端的处理

（3）下列关于实现 HTTP 请求的描述中错误的是（　　）。

A. 检测字符串的编码可以使用 detect()方法

B. 完整的 GET 请求仅包含请求头、响应头、状态码

C. Requests 库对请求头的处理与 urllib3 库的类似

D. 在请求过程中可以手动指定编码

（4）下列关于 Chrome 开发者工具的描述中错误的是（　　）。

A. 元素面板可查看 HTML 源码

B. 网络面板可查看 HTTP 头字段

C. 源代码面板可查看 HTML 源码

D. 网络面板无法查看 HTML 源码

（5）下列说法正确的是（　　）。

A. ExpectedCondition 的成功返回的类型是数值型

B. 一个元素仅能通过元素 ID 进行定位

C. visibility_of( )方法表示传入元素对象

D. 多个元素的方法与定位一个元素的方法完全相同

第3章 文本基础处理

20 世纪 80 年代以来，随着计算机应用技术的不断发展，世界上的主要语言都建立了许多对应的不同规模、不同类型的语料库。词是中文语言理解中最小的能独立运用的语言单位。中文的词与词之间没有明确分隔标志，因而在分词技术领域里，中文分词的实现要比英文困难，但是面对困难，务必敢于斗争，善于斗争。命名实体识别是信息抽取、信息检索、机器翻译、问答系统等 NLP 技术的重要组成部分，常常需要从海量的文档当中提取关键词，这些词能在一定程度上体现文档的核心内容，从而帮助用户寻找到所需的内容。以上所述的文本基础处理技术对新闻传媒行业的发展都起到了一定的促进作用，使得新闻传媒更加适应这个“信息爆炸”的时代。本章主要介绍文本基础处理中的语料库的获取、构建与应用，常用分词方法与词性标注规范，以及命名实体识别和关键词提取的常用方法。

学习目标

（1）了解语料库的基本概念、用途、类型和构建原则。
（2）了解中文分词的基本概念和常用方法。
（3）掌握中文分词工具 jieba 库的使用方法。
（4）了解词性标注和命名实体识别的基本概念。
（5）熟悉 jieba 词性标注的流程和命名实体识别的实现流程。
（6）了解关键词提取的基本概念。
（7）掌握关键词提取的方法。

3.1 语料库

语料库的加工程度越来越深，应用范围也越来越广，并且在 NLP 中发挥出越来越重要的作用。语料库已经成为 NLP 的重要基础。构建关于新闻传媒的语料库有助于提高新闻的处理速度。

3.1.1 语料库概述

语料库是为某一个或多个应用而专门收集的，有一定结构的、有代表性的、可以被计算机程序检索的、具有一定规模的语料集合。

1. 语料库简介

语料库的实质是经过科学取样和加工的大规模电子文本库。语料库具备以下 3 个显著的特征。

（1）语料库中存放的是真实出现过的语言材料。

（2）语料库是以计算机为载体，承载语言知识的基础资源。

（3）语料库是对真实语料进行加工、分析和处理的资源。

语料库不仅仅是原始语料的集合，而且是有结构的并且标注了语法、语义、语音、语用等语言信息的语料集合。

任何一个信息处理系统都离不开数据和知识库的支持，这对于使用 NLP 技术的系统自然也不例外。在 NLP 的实际项目中，通常要使用大量的语言数据或者语料。语料作为最基本的资源，尽管在不同的 NLP 系统中所起到的作用不同，但是在不同层面上共同构成了各种 NLP 方法赖以实现的基础。

2. 语料库的用途

语料库的产生起始于语言研究，后来随着语料库功能的增强，它的用途变得越来越广。下面将从 4 个方面阐述语料库的用途。

（1）用于语言研究。语料库可为语言学的研究提供丰富真实的语言材料，在句法分析、词法分析、语言理论和语言史研究中都能起到强大的作用。如今，人们对语料库内的语料进行了更深层次的加工处理，可为语义学、语用学、会话分析、言语变体、语音科学和心理学等方面的研究提供大量支持。

（2）用于编纂工具参考书籍。一些对语言教学有重要影响的词典和语法书均是在语料库的基础上编写的。例如，《朗曼当代英语词典》（第 3 版）的编写利用了 3 个大型的语料库，分别是上亿词的 BNC 语料库、3000 万词的朗曼兰开斯特语料库和朗曼学习者语料库。该词典中最常用词及频率、成语、搭配和例句等都是根据这三大语料库统计出来的。

（3）用于语言教学。在语言教学中，语料库可以帮助减小课堂上学习的语言与实际使用的语言之间的差异，发现过去被忽略的语言规律，能够更准确地理解一些词语在实际交际中的意义和用法，发现学习者使用语言时的一些问题。此外，语料库还可以用于语言测试、分析语言错误等。

（4）用于 NLP。语料库按照一定的要求加工处理后可以应用到 NLP 的各个层面的研究中。语料库在词层面上进行分词、词性标注后，可以用于词法分析、拼写检查、全文检索、词频统计、名词短语的辨识和逐词机器翻译等。语料库在句子层面上进行句法标注、语义标注后，可以用于语法检查、词义排歧、名词短语辨识的改进、机器翻译等。语料库在语篇层面上进行语用层的处理后，可以用于解决指代问题、时态分析、目的识别、文本摘要和文本生成等。

语料库包含的语言词汇、语法结构、语义和语用信息可为语言学研究和NLP研究提供大量的资料来源。语料库既是时代的产物，也是科技进步的成果，让处于大数据时代的人们得以拥有和享受语料库带来的便利。语料库的产生，既丰富了语言研究中词汇的数量、语法的形态和语句的结构，又让学习和研究语言的方式产生了巨大的变化。各种随时代而兴起的技术也有了更为准确的语言研究基础。

3.1.2 语料库类型与原则

语料库的类型主要依据它的研究目的和用途进行划分。根据不同的划分标准，语料库可以分为多种类型。例如，按照语种划分，语料库可以分为单语种语料库和多语种语料库；按照记载媒体的不同划分，语料库可以分为单媒体语料库和多媒体语料库；按照地域区别划分，语料库可以分为国家语料库和国际语料库等。

1. 语料库类型

将语料库以语料库结构进行划分可分为平衡结构语料库与自然随机结构语料库，以语料库用途进行划分可分为通用语料库与专用语料库，以语料选取时间进行划分可分为共时语料库与历时语料库。

（1）平衡结构语料库与自然随机结构语料库

平衡结构语料库的着重点是语料的代表性和平衡性，需要预先设计语料库中语料的类型，定义好每种类型语料所占的比例并按这种比例去采集语料。例如，历史上第一个机读语料库——布朗语料库就是一个平衡结构语料库的典型代表，它的语料按3层分类，严格设计了每一类语料所占的比例。自然随机结构语料库则按照某个原则随机去收集语料，如狄更斯著作语料库、英国著名作家语料库、北京大学开发的《人民日报》语料库等。

（2）通用语料库与专用语料库

所谓的通用语料库与专用语料库是从不同的用途角度看问题得来的结果。通用语料库不做特殊限定，而专用语料库的选材可以只限于某一领域，为了达到某种专门的目的而采集。只采集某一特定领域、特定地区、特定时间、特定类型的语料所构成的语料库即为专用语料库，如新闻语料库、科技语料库、中小学语料库、北京口语语料库等。通用领域与专用领域只是相对的概念。

（3）共时语料库与历时语料库

共时语料库是为了对语言进行共时研究而建立的语料库，即无论所采集语料的时间段有多长，只要研究的是一个时间平面上的元素或元素的关系，就是共时研究。共时研究所建立的语料库就是共时语料库，如中文地区汉语共时语料库（Linguistic Variation in Chinese

Speech Communities，LiVac），采用共时性视窗模式，剖析来自中文地区有代表性的定量中文媒体语料，是一个典型的共时语料库。所谓的历时语料库是为了对语言进行历时研究而建立的语料库，即研究一个历时切面中元素与元素关系的演化。例如，国家语言文字工作委员会建设的国家现代汉语语料库，收录的是 1919 年至今的现代汉语的代表性语料，是一个典型的历时语料库。根据历时语料库得到的统计结果是依据时间轴的等距离抽样得到的若干频次变化形成的走势图。

2. 语料库的构建原则

从事语言研究和机器翻译研究的学者逐渐认识到了语料库的重要性，国内外很多研究机构都致力于各种语料库的建设。各种语料库正朝着不断扩大库容量、深化加工和不断拓展新的领域等方向继续发展。建设或研究语料库的时候，一般需要保证语料库具有如下 4 个特性。

（1）代表性。在一定的抽样框架范围内采集的样本语料尽可能多地反映无限的真实语言现象和特征。

（2）结构性。收集的语料必须是计算机可读的电子文本形式的语料集合。语料集合结构包括语料库中语料记录的代码、元数据项、数据类型、数据宽度、取值范围、完整性约束等。

（3）平衡性。平衡性是指语料库中的语料要考虑不同内容或指标的平衡性，如学科、年代、文体、地域，使用者的年龄、性别、文化背景、阅历，语料的用途（公函、私信、广告）等指标。一般建立语料库时，需要根据实际情况选取其中的一个或者几个重要的指标作为平衡因子。

（4）规模性。大规模的语料库对于语言研究，特别是对 NLP 研究具有不可替代的作用。但随着语料库的增大，“垃圾”语料带来的统计垃圾问题也越来越严重。而且当语料库达到一定的规模后，语料库的功能不能随之增强。因此在使用时，应根据实际的需要决定语料库的规模。

3.1.3 NLTK 库

NLTK（Natural Language Toolkit）既是一个用于处理自然语言数据的开源平台，也是一个基于 Python 编程语言实现的 NLP 库。

1. NLTK 简介

NLTK 可提供超过 50 个素材库和词库资源的接口，涵盖分词、词性标注、命名实体识别、句法分析等各项 NLP 领域的功能。NLTK 支持 NLP 和教学研究，它收集的大量公开数据集和文本处理库，可用于文本分类、符号化、提取词根、贴标签、解析和语义推理等。NLTK 也是当前最为流行的自然语言编程与开发工具，在进行 NLP 研究和应用时，利用 NLTK 中提供的函数可以大幅度地提高效率。NLTK 的部分模块及其功能和描述如表 3-1 所示。

表 3-1 NLTK 的部分模块及其功能和描述

模块	功能	描述
nltk.corpus	获取语料库	语料库和词典的标准化接口
nltk.tokenize、nltk.stem	字符串处理	分词、分句和提取主干
nltk.tag	词性标注	HMM、n-gram、backoff
nltk.classify、nltk.cluster	分类、聚类	朴素贝叶斯（Naive Bayes）、决策树、k-means
nltk.chunk	分块	正则表达式、命名实体、n-gram
nltk.metrics	指标评测	准确率、召回率和协议系数
nltk.probability	概率与评估	频率分布

2. 安装步骤

本书 1.3 节已经介绍了 Python 开发环境的安装和环境变量的配置，以及如何在 Anaconda Prompt 里创建一个名为 NLP 的虚拟环境，本节不再重复介绍。在成功安装 Python 开发环境和成功创建 NLP 虚拟环境的条件下，NLTK 的安装步骤如下。

（1）进入 NLP 虚拟环境。在 Anaconda Prompt 命令行激活 NLP 虚拟环境，如代码 3-1 所示。

代码 3-1 激活 NLP 虚拟环境

```
activate NLP
```

若路径显示根目录由<base>转变为<NLP>，说明成功进入 NLP 虚拟环境。

（2）安装 NLTK 库。在 Anaconda Prompt 的 NLP 虚拟环境里安装 NLTK 库，如代码 3-2 所示。

代码 3-2 安装 NLTK 库

```
conda install nltk
```

若 Anaconda Prompt 界面显示 Successfully built nltk，说明 NLTK 库安装完成。

（3）检查是否存在 NLTK 库，如代码 3-3 所示。

代码 3-3 检查是否存在 NLTK 库

```
conda list
```

在显示列表中检查是否存在“nltk”，若存在，则说明已成功安装。

（4）下载 NLTK 数据包。在成功安装 NLTK 库后，打开 Spyder，新建一个文件，编写代码，下载 NLTK 数据包，如代码 3-4 所示。

代码 3-4 下载 NLTK 数据包

```
import nltk
nltk.download()
```

执行代码 3-4，会显示可供下载的 NLTK 数据包，如图 3-1 所示。

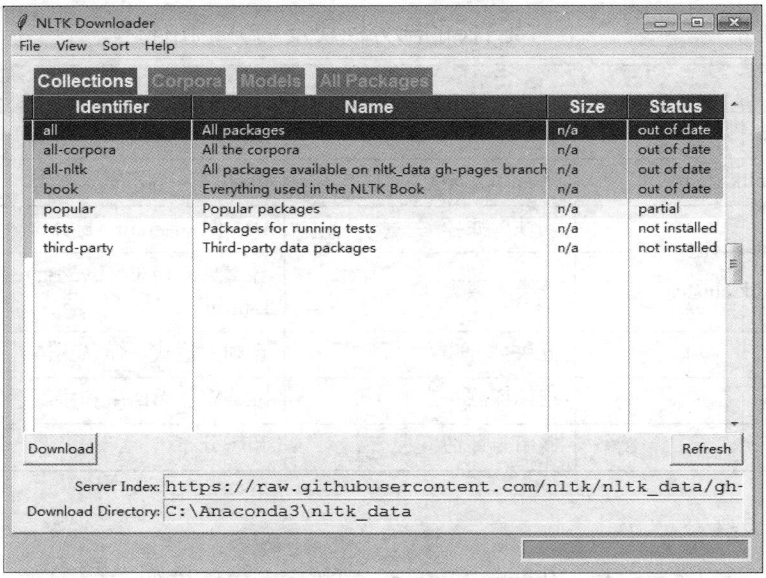

图 3-1　可供下载的 NLTK 数据包

首先选择需要下载的数据包，如 all、all-corpora、all-nltk、book、popular、tests、third-party，然后在“Download Directory”修改下载路径。下载路径可选择为 Anaconda 的安装位置，将 NLTK 数据包放置于 Anaconda 的下级目录，如“C:\Anaconda3\nltk_data”（注意需要先在“C:\Anaconda3”目录下新建一个名为“nltk_data”的文件夹）。然后单击“Download”按钮（下载需要一些时间，需耐心等待）。

下载完数据包以后，还需要进行环境变量的配置，具体步骤为：在桌面右键单击“此电脑”，在弹出的快捷菜单中单击“属性”，在弹出的窗口中单击“高级系统设置”，然后单击“高级”选项卡中的“环境变量”，在“系统变量”里双击“Path”，单击“新建”，在输入框中输入下载路径“C:\Anaconda3\nltk_data”，一直单击“确定”至完成设置。

（5）最后检查 NLTK 数据包是否安装成功，如代码 3-5 所示。

代码 3-5　检查 NLTK 数据包是否安装成功

```
from nltk.book import *
```

运行代码 3-5 后，若输出结果中出现如下内容，则表示 NLTK 的数据包安装成功。

```
*** Introductory Examples for the NLTK Book ***
Loading text1, ..., text9 and sent1, ..., sent9
Type the name of the text or sentence to view it.
Type: 'texts()' or 'sents()' to list the materials.
text1: Moby Dick by Herman Melville 1851
......
```

在成功安装 NLTK 数据包之后，界面会显示 NLTK 中 book 数据包的示例文本，其中 text1 的中文名为《白鲸记》。

3.1.4 语料库的获取

除了自行构建语料库之外，还有许多已经构建好的语料库可以直接获取使用。NLTK 中就集成了多个文本语料库，除此之外还有许多在线语料库被共享出来以供人们使用。

NLTK 中有多个文本语料库，包含古腾堡项目（数字图书馆）电子文本档案的一小部分文本、网络和聊天文本、即时消息聊天会话语料库、布朗语料库、路透社语料库、就职演说语料库、标注文本语料库和其他语言语料库等。NLTK 中定义了许多基本语料库函数或方法，如表 3-2 所示。

表 3-2 基本语料库函数或方法

函数或方法	说明
fileids()	获取语料库中的文件
fileids([categories])	分类对应的语料库中的文件
categories()	语料库中的分类
categories([fileids])	文件对应的语料库中的分类
raw()	语料库的原始内容
raw([fileids=[f1, f2, f3])	指定文件的原始内容
raw(categories=[c1, c2])	指定分类的原始内容
words()	查找整个语料库中的词汇
words(fileids=[f1, f2, f3])	指定文件中的词汇
words(categories=[c1, c2])	指定分类中的词汇
sents()	查找整个语料库中的句子
sents(fileids=[f1, f2, f3])	指定文件中的句子
sents(categories=[c1, c2])	指定分类中的句子
abspath(fileid)	指定文件在磁盘上的位置
encoding(fileid)	文件编码
open(fileid)	打开指定语料库文件的文件流
root()	到本地安装的语料库根目录的路径
readme()	语料库中的 README 文件的内容

NLTK 包含网络语料库的文本文件，获取这些文本文件需要先加载 NLTK，然后调用 fileids()方法，如代码 3-6 所示。

代码 3-6 获取网络语料库的文本文件

```
import nltk
nltk.corpus.webtext.fileids()  # 获取网络语料库的所有文本文件
```

运行代码 3-6 后，输出结果如下。

```
['firefox.txt',
 'grail.txt',
```

```
'overheard.txt',
'pirates.txt',
'singles.txt',
'wine.txt']
```

输出结果显示的是 NLTK 包含的网络语料库的文本文件，可以对其中的任意文本文件进行如下操作。

（1）查找某个文本文件，统计词数，如代码 3-7 所示。

代码 3-7　查找文本文件并统计词数

```
word = nltk.corpus.webtext.words('firefox.txt')  # 打开网络语料库的一个文本文件
print(word)
len(word)  # 统计词数
```

运行代码 3-7 后，输出结果如下。

```
['Cookie', 'Manager', ':', '"', 'Don', "'", 't', ...]
102457
```

（2）索引文本，如代码 3-8 所示。

代码 3-8　索引文本

```
emma = nltk.Text(nltk.corpus.webtext.words('firefox.txt'))
emma.concordance('opposite')  # 展示全文所有出现 opposite 的位置及其上下文
```

运行代码 3-8 后，输出结果如下。

```
Displaying 2 of 2 matches:
and then scrolling the wheel in an opposite direction does not cancel original
- wheel magnification direction is opposite of normal convention Menu bars on
```

（3）获取文本的标识符、词、句。使用 nltk.corpus.webtext.fileids()方法获取网络语料库的所有文本文件，然后获取这些文本文件的统计信息，如代码 3-9 所示。

代码 3-9　获取网络语料库中文本文件的统计信息

```
from nltk.corpus import webtext  # 加载网络语料库
for fileid in webtext.fileids():
    raw = webtext.raw(fileid)  # 给出原始内容
    num_chars = len(raw)  # 计算文本长度
    words = webtext.words(fileid)  # 获取文本的词
    num_words = len(words)  # 计算词数量
    sents = webtext.sents(fileid)  # 获取文本的句子
    num_sents = len(sents)  # 计算句子数量
    vocab = set([w.lower() for w in webtext.words(fileid)])
    num_vocab = len(vocab)
    print('%d %d %d %s' % (num_chars, num_words, num_sents, fileid))
```

运行代码 3-9 后，输出结果如下。

```
564601 102457 1142 firefox.txt
65003 16967 1881 grail.txt
830118 218413 17936 overheard.txt
95368 22679 1469 pirates.txt
21302 4867 316 singles.txt
149772 31350 2984 wine.txt
```

3.1.5 语料库的构建与分析

本节将演练如何构建影视作品集语料库，以及读取本地的新闻语料库并对新闻语料库进行简单的分析。

1. 构建影视作品集语料库

因新闻语料库变动频繁，影视作品集语料库相对稳定，因此这里下载一些影视作品文件来构建影视作品集语料库，完成数据采集和预处理工作，获取保存的文件列表，如代码 3-10 所示。

代码 3-10 获取保存的文件列表

```
import nltk
from nltk.book import *
from nltk.corpus import PlaintextCorpusReader
corpus_root = '../data'  # 本地存放影视作品文件的目录
wordlists = PlaintextCorpusReader(corpus_root, '.*')  # 获取语料库中的文本标识列表
wordlists.fileids()  # 获取文件列表
```

运行代码 3-10 后，输出的结果如下。

```
['庆余年.txt', '琅琊榜.txt', '甄嬛传.txt', '红楼梦.txt', '聊斋志异.txt', '西游记.txt']
```

构建完语料库之后，可以利用 NLTK 的基本函数进行搜索相似词语、指定内容、搭配词语、查询文本词汇频数分布等相应操作。

2. 读取新闻语料库并分析

读取本地的新闻语料库并进行分析，具体实现步骤如下。

（1）读取新闻语料库。导入本地的新闻语料库，在不重复词的条件下统计新闻语料的总用词量和平均每个词的使用次数，如代码 3-11 所示。

代码 3-11 统计新闻语料的总用词量和平均每个词的使用次数

```
with open('../data/news.txt', 'r',encoding='utf-8') as f:  # 打开文本文件
    fiction = f.read()  # 读取文本
    len(set(fiction))  # 统计用词量
    len(fiction)/len(set(fiction))  # 平均每个词的使用次数
```

```
print(len(set(fiction)))  # 输出用词量
print(len(fiction)/len(set(fiction)))  # 输出平均每个词的使用次数
```

运行代码 3-11 后，输出的结果如下。

```
680
4.495588235294117
```

可看到新闻语料总共使用了 680 个词，平均每个词使用了约 4 次。

（2）查询词频。分别查看新闻文本中的“机器人”“领域”“市场”等词的使用次数，如代码 3-12 所示。

代码 3-12　查看新闻文本中的“机器人”“领域”“市场”等词的使用次数

```
print(fiction.count('机器人'))  # “机器人”使用次数
print(fiction.count('领域'))  # “领域”使用次数
print(fiction.count('市场'))  # “市场”使用次数
```

运行代码 3-12 后，输出的结果如下。

```
62
11
16
```

（3）查看新闻部分文本。查看新闻部分文本，如代码 3-13 所示。

代码 3-13　查看新闻部分文本

```
fiction[125:135]  # 查看新闻部分文本
```

运行代码 3-13，部分输出的结果如下。

```
'让无触摸服务成为刚需'
```

（4）统计高频词次数。统计高频词的使用次数并输出使用次数最多的前 30 个高频词，如代码 3-14 所示。

代码 3-14　统计高频词的使用次数并输出使用次数最多的前 30 个高频词

```
fdist = FreqDist(fiction)
print(fdist.most_common(30))  # 统计使用次数最多的前 30 个高频词
```

运行代码 3-14，输出的结果如下。

```
[('，', 120), ('人', 92), ('\n', 81), ('的', 80), ('机', 77), ('器', 68), ('。', 65), ('业', 52), ('、', 42), ('“', 33), ('”', 33), ('在', 32), ('产', 30), ('工', 26), ('0', 26), ('有', 26), ('发', 23), ('能', 20), ('场', 20), ('大', 20), ('成', 18), ('为', 18), ('国', 18), ('中', 18), ('展', 17), ('市', 17), ('现', 16), ('下', 16), ('生', 15), ('智', 14)]
```

（5）查询词频在指定区间内的词量。查询词频在指定区间内的词量，如代码 3-15 所示。

代码 3-15　查询词频在指定区间内的词量

```
from collections import Counter
W = Counter(fiction)
```

```
# 查询词频在 0～5 的词量
print(len([w for w in W.values() if w <= 5]))
# 查询词频在 6～10 的词量
print(len([w for w in W.values() if w > 5 and w <= 10]))
# 查询词频在 11～15 的词量
print(len([w for w in W.values() if w > 10 and w <= 15]))
# 查询词频在 15 以上的词量
print(len([w for w in W.values() if w > 15]))
```

运行代码 3-15，输出的结果如下。

```
558
70
24
28
```

（6）使用 lcut 函数进行分词。NLTK 虽自带很多统计的功能，但是部分函数只能处理英文语料，对中文语料并不通用。为了使用这些 NLTK 中的函数，需要对中文进行预处理。首先对中文进行分词，然后将分词的文本封装成 NLTK 的“text”对象，最后再使用 NLTK 中的函数进行处理。分词的目的是为 NLTK 的“text”对象提供封装的语料，这里使用 jieba 库的 lcut 函数进行分词（jieba 库的使用将在后文介绍），如代码 3-16 所示。

代码 3-16　使用 lcut 函数进行分词

```
import re
import jieba
# \u4e00-\u9fa5 是用于判断是不是中文的一个条件
cleaned_data = ''.join(re.findall('[\u4e00-\u9fa5]', fiction))
wordlist = jieba.lcut(cleaned_data)  # 分词处理
text = nltk.Text(wordlist)  # 封装成“text”对象
print(text)
```

运行代码 3-16，输出的结果如下。

```
<Text: 送餐 机器人 迎宾 机器人 测温 机器人 随着 人工智能...>
```

（7）查看指定词上下文。查看指定词的上下文，如代码 3-17 所示。

代码 3-17　查看指定词的上下文

```
text.concordance(word='领域', width=25, lines=3)
```

运行代码 3-17，输出的结果如下。

```
Displaying 3 of 10 matches:
 而 在 生活 服务 领域 机器人 的 出现 更
 则 在 餐饮 康养 领域 实现 了 较大 突破
绍 在 气动 元器件 领域 的 全球 份额 中国
```

（8）搜索相似词语。搜索相似词语，如代码 3-18 所示。

代码 3-18　搜索相似词语

```
text.similar(word='机器人')
```

运行代码 3-18，输出的结果如下。

```
技术
```

（9）绘制词汇离散图。绘制词汇离散图，如代码 3-19 所示。

代码 3-19　绘制词汇离散图

```
import matplotlib as mpl
mpl.rcParams['font.sans-serif'] = ['SimHei']
words = ['机器人', '领域', '市场']
nltk.draw.dispersion.dispersion_plot(text, words, title='词汇离散图')
```

运行代码 3-19，得到词汇离散图，如图 3-2 所示。

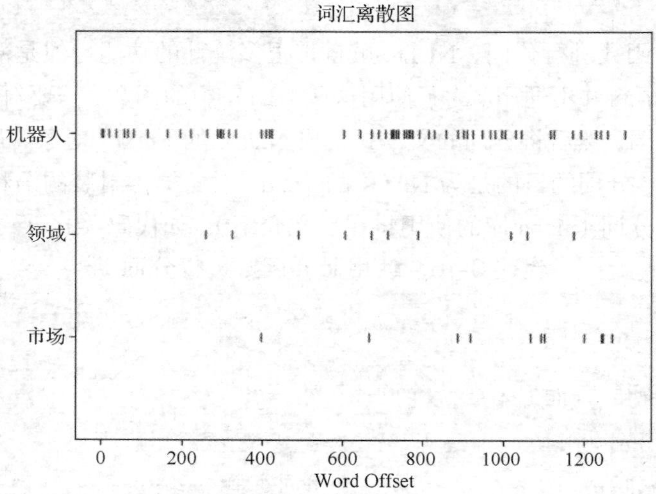

图 3-2　词汇离散图

3.2 分词与词性标注

本节将介绍基于规则分词和基于统计分词的基本理论和方法，以及中文分词工具 jieba 库的使用方法，并通过实例演示基于隐马尔可夫模型分词和基于 jieba 分词实现中文分词。词性标注和命名实体识别是 NLP 中的关键性基础任务。词性标注是很多 NLP 任务中的预处理步骤，经过词性标注后的文本，会给信息抽取带来很大的便利，方便新闻的快速收集和整合数据。

3.2.1　中文分词简介

中文分词是指将汉字序列按照一定规范逐个切分为词序列的过程。在英文中，单词之间以空格为自然分隔符，分词自然地以空格为分隔符进行切分，而中文分词则需要依靠一定技术和方法寻找类似英文中空格作用的分隔符。

3.2.2 基于规则的分词

基于规则的分词（又称基于词典的分词）方法是一种较为机械的分词方法，其基本思想是将待分词语句中的字符串和词典逐个匹配，找到匹配的字符串则切分，不匹配则减去边缘的某些字符，从头再次匹配，直至匹配完毕或者没有找到词典的字符串而结束。

基于规则的分词主要有正向最大匹配法（Maximum Match Method，MM 法）、逆向最大匹配法（Reverse Maximum Match Method，RMM 法）和双向最大匹配法（Bi-direction Matching Method，BMM 法）这 3 种方法。

1. 正向最大匹配法

假设有一个待分词中文文本和一个分词词典，词典中最长的字符串长度为 l。从左至右切分待分词文本的前 l 个字符，得到一个字符串，然后匹配这个字符串，查找是否有和词典一致的字符串。若匹配失败，则删去该字符串的最后一个字符，仅留下前 l-1 个字符，继续匹配这个字符串，以此类推。如果匹配成功，那么被切分下来的第二个文本成为新的待分词文本，重复以上操作直至匹配完毕。如果一个字符串全部匹配失败，那么逐次删去第一个字符，并重复上述操作。

例如，假设待分词文本为“应届毕业生人数增加”，词典为“{"应届毕业","生","应届","毕业生","人数","增加"}”。可知词典最长字符串的长度为 4，具体分词步骤如下。

（1）切分待分词文本“应届毕业生人数增加”前 4 个字符，得到“应届毕业”，在词典中寻找与之匹配的字符串，匹配成功，将文本划分为“应届毕业”“生人数增加”。

（2）切分分词后的第二个文本“生人数增加”前 4 个字符，得到“生人数增”，在词典中寻找与之匹配的字符串，匹配失败，删去“生人数增”的最后一个字符，得到“生人数”，匹配失败；逐次删去字符串的最后一个字符至剩余“生”，匹配成功，将文本划分为“应届毕业”“生”“人数增加”。

（3）将分词后的第三个文本“人数增加”作为待分词文本，在词典中寻找与之匹配的字符串，匹配失败；逐次删去字符串的最后一个字符至剩余“人数”，匹配成功，将文本划分为“应届毕业”“生”“人数”“增加”。

综上所述，用正向最大匹配法分词，得到的结果是“应届毕业”“生”“人数”“增加”。

2. 逆向最大匹配法

逆向最大匹配法与正向最大匹配法原理相似。它从右至左匹配待分词文本的后 l 个字符串，得到一个字符串，然后匹配这个字符串，查找是否有和词典一致的字符串。若匹配失败，仅留下待分词文本的后 l-1 个词，继续匹配这个字符串，以此类推。如果匹配成功，则被切分下来的第一个文本成为新的待分词文本，重复以上操作直至匹配完毕。如果一个字符串全部匹配失败，则逐次删去最后一个字符，并重复上述操作。

同样以待分词文本“应届毕业生人数增加”为例说明逆向最大匹配法，具体分词步骤如下。

（1）切分待分词文本“应届毕业生人数增加”后 4 个字符，得到“人数增加”，在词典中寻找与之匹配的字符串，匹配不成功；逐次删去“人数增加”的第一个字符至剩余“增加”，匹配成功，将文本划分为“应届毕业生人数”“增加”。

（2）切分分词后的第一个文本“应届毕业生人数”后 4 个字符，得到“业生人数”，在词典中寻找与之匹配的字符串，匹配不成功；逐次删去“业生人数”的第一个字符至剩余“人数”，匹配成功，将文本划分为“应届毕业生”“人数”“增加”。

（3）切分分词后的第一个文本“应届毕业生”后 4 个字符，得到“届毕业生”，在词典中寻找与之匹配的字符串，匹配不成功；删去“届毕业生”的第一个字符得到“毕业生”，匹配成功，将文本划分为“应届”“毕业生”“人数”“增加”。

综上所述，用逆向最大匹配法分词，得到的结果是“应届”“毕业生”“人数”“增加”。

3. 双向最大匹配法

双向最大匹配法基本思想是将正向最大匹配法和逆向最大匹配法的结果进行对比，选取两种方法中切分次数较少的方法的结果作为切分结果。当切分次数相同时，选取切分结果中存在单字数较少的为切分结果。

用正向最大匹配法和逆向最大匹配法对“应届毕业生人数增加”进行分词，结果分别为“应届毕业”“生”“人数”“增加”和“应届”“毕业生”“人数”“增加”。选取单字数较少的结果为“应届”“毕业生”“人数”“增加”。

研究表明，利用正向最大匹配法和逆向最大匹配法分词，有大约 90%的句子完全重合且正确，有 9%左右的句子得到的结果不一样，但其中有一个是正确的。剩下大约 1%的句子使用两种方法进行分词的结果都是错误的。因而，双向最大匹配法在中文分词领域中得到了广泛运用。

3.2.3 基于统计的分词

基于规则的中文分词常常会遇到歧义问题和未登录词问题。中文歧义主要包括交集型切分歧义和组合型切分歧义两大类。交集型切分歧义是指一个字符串中的某个字或词，不管切分到哪一边都能独立成词，如“打折扣”一词，“打折”和“折扣”可以是两个独立的词。组合型切分歧义是指一个字符串中每个字单独切开或者不切开都能成词，如“将来”一词，可以单独成词，也可以切分为单个字。

未登录词也称为生词，即词典中没有出现的词。未登录词可以分为四大类，第一类是日常生活出现的普通新词汇，尤其是网络热门词语，这类词语更新换代快，且不一定符合现代汉语的语法规定；第二类是专有名词，主要指人名、地名和组织机构名，它还包括时间和数字表达等；第三类是研究领域的专业名词，如化学试剂的名称等；第四类是其他专用名词，如新上映的电影名称、新出版的文学作品名称等。遇到未登录词时，分词技术往往束手无策。

基于统计的分词方法能有效解决中文分词遇到的歧义问题和未登录词问题。基于统计的分词方法的基本思想是中文语句中相连的字出现的次数越多，作为词单独使用的次数也越多，语句拆分的可靠性越高，分词的准确率越高。实现基于统计的分词方法通常需要两个步骤：建立统计语言模型；运用模型划分语句，计算被划分语句的概率，选取最大概率的划分方式进行分词。常见的基于统计的分词方法包括 *n* 元语法模型和隐马尔可夫模型。

1. *n* 元语法模型

（1）概念

n 元语法（*n*-gram）指文本中连续出现的 *n* 个词语。*n* 元语法模型是基于 *n*-1 阶马尔可夫链的一种概率语言模型，通过 *n* 个词语出现的概率来推断语句的结构。这一模型被广泛应用于概率论、通信理论、计算语言学（如基于统计的自然语言处理）、计算生物学（如序列分析）、数据压缩等领域。*n* 元语法模型的基本思想是将文本里面的内容进行大小为 *n* 字节的滑动窗口操作，形成长度是 *n* 字节的字节片段序列。每一个字节片段称为 gram，对所有 gram 的出现频度进行统计，并且按照事先设定好的阈值进行过滤，形成关键 gram 列表，也就是这个文本的特征向量空间，列表中的每一种 gram 就是一个特征向量维度。

（2）类型

当 *n* 分别为 1、2、3 时，又分别称为一元语法（Unigram）、二元语法（Bigram）与三元语法（Trigram）。

一元语法模型（Unigram Model)：把句子分成一个个的汉字。

二元语法模型（Bigram Model)：把句子从头到尾按每两个字组成一个词语。

三元语法模型（Trigram Model）：把句子从头到尾按每 3 个字组成一个词语。

（3）中文分词与 *n* 元语法模型

假设语句序列为 s={小孩，喜欢，在家，观看，动画片}，估计语句“小孩喜欢在家观看动画片”在当前语料库中出现的概率。以二元语法模型为例，需要检索语料库中每一个词及其和相邻词同时出现的概率。假设语料库中总词数为 7542，每个词出现的次数如图 3-3 所示。

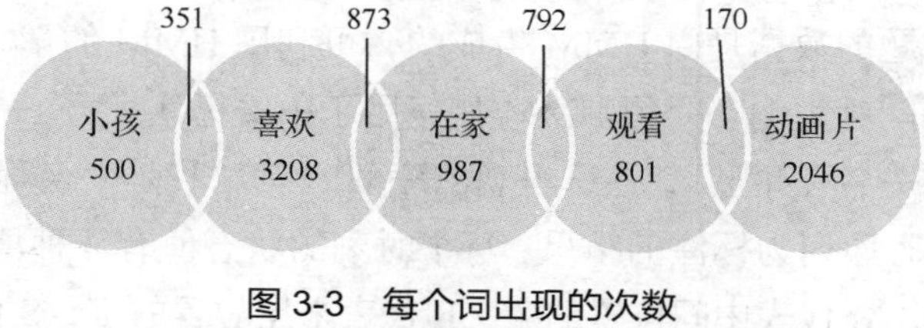

图 3-3　每个词出现的次数

语句“小孩喜欢在家观看动画片”在当前语料库中出现的概率的计算过程如式（3-1）所示。

$$
\begin{aligned}
p(s) &= p(\text{小孩, 喜欢, 在家, 观看, 动画片}) \\
&= p(\text{小孩})\, p(\text{喜欢}|\text{小孩})\, p(\text{在家}|\text{喜欢})\, p(\text{观看}|\text{在家})\, p(\text{动画片}|\text{观看}) \\
&= \frac{500}{7542}\times\frac{351}{500}\times\frac{873}{3208}\times\frac{792}{987}\times\frac{170}{801}\approx 0.0021569
\end{aligned} \tag{3-1}
$$

因此，该语句在当前语料库下出现的概率约为 0.0021569。

2. 隐马尔可夫模型相关概念

隐马尔可夫模型（Hidden Markov Model，HMM）是一种概率模型，用于解决序列预测问题，可以对序列数据中的上下文信息进行建模。HMM 用于描述含有隐含未知参数的马尔可夫过程。在 HMM 中，有两种类型的节点，分别为观测序列与状态序列。状态序列是不可见的，它们的值需要通过从观测序列进行推断而得到。很多现实问题可以抽象为此类问题，如语音识别、NLP 中的分词、词性标注、计算机视觉中的动作识别等。HMM 在这些问题中均得到了成功的应用。

（1）马尔可夫模型

马尔可夫过程（Markov Process）是一类随机过程。它的原始模型马尔可夫链于 1907 年由俄国数学家安德雷·马尔可夫提出。该过程具有如下特性：在已知目前状态（现在）的条件下，它未来的演变（将来）不依赖于它以往的演变（过去）。例如，森林中动物数量的变化过程即为马尔可夫过程。在现实世界中，有很多过程都是马尔可夫过程，如液体中微粒所做的布朗运动、车站的候车人数变化等。

每个状态的转移只依赖于之前的 n 个状态，这个过程被称为 1 个 n 阶的模型，其中 n 是影响转移状态的数目。最简单的马尔可夫过程就是一阶过程，每一个状态的转移只依赖于其之前的那一个状态，这也叫作马尔可夫性质。

（2）HMM

马尔可夫模型中的状态是可见的，而 HMM 的状态则是部分可见的。HMM 描述了观测变量和状态变量之间的概率关系。与马尔可夫模型相比，HMM 不仅可对状态建模，而且可对观测值建模。不同时刻的状态值之间，同一时刻的状态值和观测值之间，都存在概率关系。

（3）中文分词与 HMM

中文分词问题可以看作中文的标注问题。标注问题是指给定观测序列预测其对应的标记序列。假设标注问题的数据是由 HMM 生成的，可利用 HMM 的学习与预测算法进行标注。下面以中文分词问题为例，介绍 HMM 如何用于中文标注。

对于句子“我是一名程序员”，在这里观测序列 O 为“我是一名程序员”，每个字为每个时刻的观测值。状态序列为标注的结果，每个时刻的状态值有 4 种情况{B,M,E,S}，其中 B 代表起始位置的字，M 代表中间位置的字，E 代表末尾位置的字，S 代表能够单独成词的字。对待分词语句进行序列标注，如果得到状态序列 Q 为{S, S, B, E, B, M, E }，则有“我/S 是/S 一/B 名/E 程/B 序/M 员/E”。得到了这个标注结果后，即可得到分词结果。这样句子“我是一名程序员”的分词结果为“我/是/一名/程序员”。

（4）维特比算法

维特比算法（Viterbi Algorithm）是机器学习中应用非常广泛的动态规划算法，在求解 HMM 预测问题中经常用到该算法。实际上，维特比算法不仅是很多 NLP 的解码算法，也是现代数字通信中使用最频繁的算法。中文分词问题可以利用维特比算法求解，得到标注的状态序列。

3.2.4　中文分词工具 jieba 库

jieba 支持精确模式、全模式和搜索引擎 3 种分词模式。

（1）精确模式采用最精确的方式将语句切开，适用于文本分析。

（2）全模式可以快速地扫描语句中所有可以成词的部分，但无法解决歧义问题。

（3）搜索引擎模式在精确模式的基础上再切分长词，适用于搜索引擎的分词。

下面通过对一句话分别采用 3 种模式进行分词，介绍 jieba 的分词模式。

首先进入 NLP 虚拟环境，执行“conda install jieba”或“pip install jieba”命令安装 jieba，安装成功后检查安装列表中是否出现 jieba，若出现，则表示安装成功。

打开 Spyder，分别使用 3 种模式进行分词，如代码 3-20 所示。

代码 3-20　分别使用 3 种模式进行分词

```
import jieba
text = '中国武术太极拳成功列入人类非物质文化遗产代表作名录'
seg_list = jieba.cut(text, cut_all=True)
print('全模式：', '/ ' .join(seg_list))
seg_list = jieba.cut(text, cut_all=False)
print('精确模式：', '/ '.join(seg_list))
seg_list = jieba.cut_for_search(text)
print('搜索引擎模式', '/ '.join(seg_list))
```

运行代码 3-20 后，分别使用 3 种分词模式的分词结果如下。

```
全模式： 中国/ 中国武术/ 武术/ 太极/ 太极拳/ 成功/ 列入/ 人类/ 非/ 物质/ 文化/ 文化遗产/ 遗产/ 代表/ 代表作/ 名录
精确模式： 中国武术/ 太极拳/ 成功/ 列入/ 人类/ 非/ 物质/ 文化遗产/ 代表作/ 名录
搜索引擎模式 中国/ 武术/ 中国武术/ 太极/ 太极拳/ 成功/ 列入/ 人类/ 非/ 物质/ 文化/ 遗产/ 文化遗产/ 代表/ 代表作/ 名录
```

全模式和搜索引擎模式会输出所有可能的分词结果，精确模式仅输出一种分词结果。除了一些适合全模式和搜索引擎模式的场合，一般情况下会较多地使用精确模式。

这 3 种模式的分词主要使用 jieba.cut 函数和 jieba.cut_for_search 函数实现。jieba.cut 函数可输入 3 个参数，待分词字符串、用于选择是否采用全模式（默认为精确模式）的 cut_all 参数、用于控制是否使用 HMM 的 HMM 参数。而 jieba.cut_for_search 函数可输入两个参数，待分词字符串、用于控制是否使用 HMM 的 HMM 参数。

3.2.5 词性标注简介

中文词性标注与英文词性标注相比有一定的难度，因为中文不像英文可以通过词的形态变化判断词的词性。此外，一个中文词可能有多种词性，在不同的句子中表达的意思也可能不相同。例如，“学习能使我进步”这句话中的“学习”是名词，而“我要好好学习”这句话中的“学习”是动词。

词性标注主要有基于规则和基于统计两种标注方法。基于规则的标注方法是较早的一种词性标注方法，这种方法需要获取能表达一定的上下文关系及其相关语境的规则库。获取一个好的规则库是比较困难的，主要的获取方式是人工编制包含繁杂的语法或语义信息的词典和规则系统，这比较费时费力，并且难以保证规则的准确性。

20 世纪 70 年代末到 20 世纪 80 年代初，基于统计的标注方法开始得到应用。其中具有代表性的是基于统计模型（*n* 元语法模型和马尔可夫转移矩阵）的词性标注系统，它们通过概率统计的方法进行自动词性标注。基于统计的标注方法主要包括基于最大熵的词性标注方法、基于统计最大概率输出的词性标注方法和基于 HMM 的词性标注方法。基于统计的标注方法能够抑制小概率事件的发生，但会受到长距离搭配上下文的限制，有时基于规则的标注方法更容易实现。

基于规则的标注方法和基于统计的标注方法在使用的过程中各有所长，但也都存在一些缺陷。因此，就有了将基于规则与基于统计相结合的词性标注方法——jieba 词性标注方法，此方法具有效率高、处理能力强等特点。

3.2.6 词性标注规范

现代汉语中的词可分为实词和虚词，共有 12 种词性。实词有名词、动词、形容词、代词、数词、量词；虚词有副词、介词、连词、助词、拟声词、叹词。名词是表示人和事物的名称的实词，动词表示人或事物的动作、行为、发展、变化，形容词表示事物的形状、性质、状态等。通常会通过一些简单字母编码对词性进行标注，如动词、名词、形容词分别用“v”“n”“adj”表示。事实上，中文的词性标注至今还没有统一的标准，使用较为广泛的有中文宾州树库和北大词性标注规范。本书采用北大词性标注规范，如表 3-3 所示。

表 3-3　词性标注规范表

编码	词性名称	注解
Ag	形语素	形容词性语素。形容词编码为 a，语素编码 g 前面置以 A
a	形容词	取英语形容词（adjective）的第 1 个字母
ad	副形词	直接作状语的形容词。形容词编码 a 和副词编码 d 并在一起
an	名形词	具有名词功能的形容词。形容词编码 a 和名词编码 n 并在一起
b	区别词	取汉字“别”的声母

续表

编码	词性名称	注解
c	连词	取英语连词（conjunction）的第 1 个字母
Dg	副语素	副词性语素。副词编码为 d，语素编码 g 前面置以 D
d	副词	取英语副词（adverb）的第 2 个字母，因其第 1 个字母已用于形容词
e	叹词	取英语叹词（exclamation）的第 1 个字母
f	方位词	取汉字“方”的声母
g	语素	绝大多数语素都能作为合成词的“词根”，取汉字“根”的声母
h	前接成分	取 head 的第 1 个字母
i	成语	取英语成语（idiom）的第 1 个字母
j	简称略语	取汉字“简”的声母
k	后接成分	当后接成分前面为较长的短语或句子时，单独标注为“k”
l	习用语	习用语尚未成为成语，有点儿“临时性”，取“临”的声母
m	数词	取 numeral 的第 3 个字母，n 和 u 已有他用
Ng	名语素	名词性语素。名词编码为 n，语素编码 g 前面置以 N
n	名词	取英语名词（noun）的第 1 个字母
nr	人名	名词编码 n 和“人”的声母并在一起
ns	地名	名词编码 n 和处所词编码 s 并在一起
nt	机构团体	“团”的声母为 t，名词编码 n 和 t 并在一起
nz	其他专名	“专”的声母的第 1 个字母为 z，名词编码 n 和 z 并在一起
o	拟声词	取英语拟声词（onomatopoeia）的第 1 个字母
p	介词	取英语介词（preposition）的第 1 个字母
q	量词	取英语量词（quantity）的第 1 个字母
r	代词	取英语代词（pronoun）的第 2 个字母，因 p 已用于介词
s	处所词	取 space 的第 1 个字母
Tg	时语素	时间词性语素。时间词编码为 t，在语素的编码 g 前面置以 T
t	时间词	取 time 的第 1 个字母
u	助词	取 auxiliary 的第 1 个字母
Vg	动语素	动词性语素。动词编码为 v。在语素的编码 g 前面置以 V
v	动词	取英语动词（verb）的第 1 个字母
vd	副动词	直接作状语的动词。动词和副词的编码并在一起
vn	名动词	指具有名词功能的动词。动词和名词的编码并在一起
w	标点符号	所有的标点符号
x	非语素字	非语素字只是一个符号，字母 x 通常用于代表未知数、符号
y	语气词	取汉字“语”的声母
z	状态词	取汉字“状”的声母的第 1 个字母

表 3-3 所示为部分词性标注的编码及其注解，通过这个标准可以对一些句子段落进行词性标注。如句子“元旦来临，安徽省合肥市长江路悬挂起 3300 盏大红灯笼，为节日营造出‘千盏灯笼凌空舞，十里长街别样红’的欢乐祥和气氛。”的标注结果如下。

```
19980101-01-005-002/m 元旦/t 来临/v ，/w 安徽省/ns 合肥市/ns 长江路/ns 悬挂/v
起/v ３３００/m 盏/q 大/a 红灯笼/n ，/w 为/p 节日/n 营造/v 出/v “/w 千/m 盏/q
灯笼/n 凌空/v 舞/v ，/w 十/m 里/q 长街/n 别样/r 红/a ”/w 的/u 欢乐/a 祥和/a
气氛/n 。/w
```

3.2.7 jieba 词性标注

jieba 词性标注是基于规则与统计相结合的词性标注方法。jieba 词性标注与其分词的过程类似，即利用词典匹配与 HMM 共同合作实现。jieba 词性标注流程可概括为以下两个步骤。

（1）通过正则表达式判断是否为汉字。如果是汉字，那么基于前缀词典构建有向无环图，对有向无环图计算最大概率路径，同时在前缀字典中查找所分词的词性。如果没有找到，那么将其标注为“x”（表示词性未知）；如果在标注过程中标注为未知，并且该词为未登录词，那么通过 HMM 进行词性标注。

（2）如果不是汉字，则赋予对应的词性，其中“x”表示未知词性，“m”表示数字，“eng”表示英文词。

jieba 词性标注流程图如图 3-4 所示。

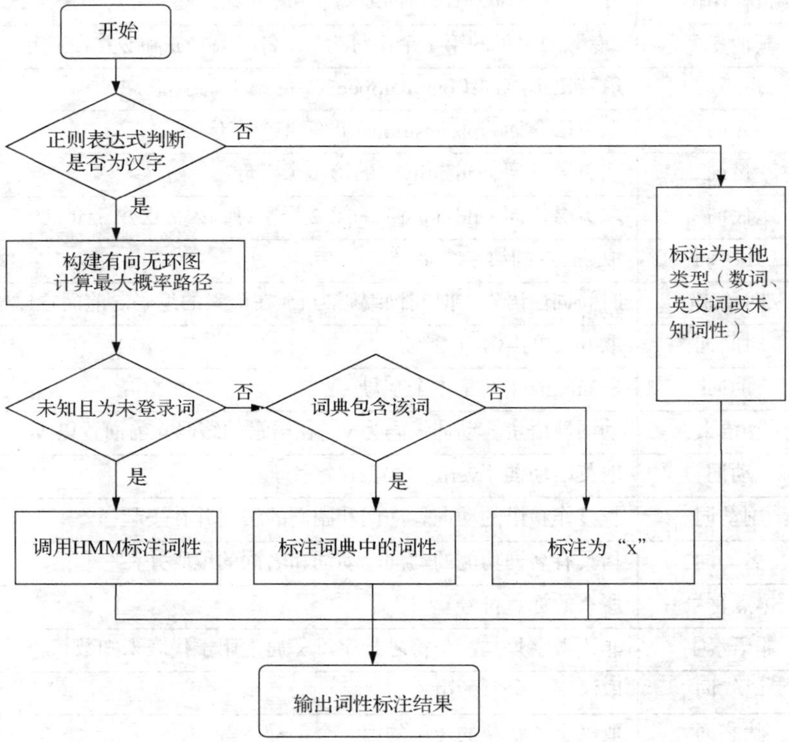

图 3-4 jieba 词性标注流程图

下面以“去森林公园爬山”为例，介绍 jieba 词性标注的流程。

（1）加载离线统计词典

将离线统计词典放在 chapte\data 文件夹下。词典的每一行有 3 列，第一列是词，第二列是词频，第三列是词性，如表 3-4 所示。

表 3-4 统计词典

词	词频	词性
1 号店	3	n
4S 店	3	n
A 型	3	n
……	……	……
BB 机	3	n
……	……	……

（2）构建前缀词典

通过离线统计词典构建前缀词典。如统计词典中的词“森林公园”的前缀分别是“森”“森林”“森林公”；“公园”的前缀是“公”；“爬山”的前缀是“爬”。统计词典中所有的词形成的前缀词典如表 3-5 所示。

表 3-5 前缀词典

前缀	词频	词性
去	123402	v
森	742	n
林	8581	ng
公	5628	n
园	1914	zg
爬	4046	v
山	23539	n
森林	5024	n
森林公园	3	n
爬山	117	n

（3）构建有向无环图

首先基于前缀词典对输入文本“去森林公园爬山”进行切分。对于“去”，没有前缀，没有其他匹配词，划分为单个词；对于“森”，则有“森”“森林”和“森林公园”3 种方式；对于“林”，也只有一种划分方式；对于“公”，则有“公”“公园”两种划分方式。依次类推，可以得到每个字开始的前缀词的切分方式。

然后，构建字的映射列表。在 jieba 分词中，每个字都在文本中有位置标记，因此可以以每个字开始位置与相应切分的末尾位置构建映射列表，如表 3-6 所示。

表 3-6 映射列表

位置	字	映射	注解
0	去	0: [0]	表示 0→0 映射，即开始位置为 0，末尾位置为 0 对应的词，就是“去”
1	森	1: [1,2,4]	表示 1→1，1→2，1→4 的映射，即开始位置为 1，末尾位置为分别为 1、2、4 的词，则有“森”“森林”和“森林公园”这 3 个词
2	林	2: [2]	2→2，“林”
3	公	3: [3,4]	3→3，3→4，“公”“公园”
4	园	4: [4]	4→4，“园”
5	爬	5: [5,6]	5→5，5→6，“爬”“爬山”
6	山	6: [6]	6→6，“山”

最后，根据表 3-6 构建有向无环图。对于每一种切分，将相应的首尾位置相连。例如，对于位置 1，映射为 1:[1,2,4]，将位置 1 与位置 1、位置 2、位置 4 相连，最终构成一个有向无环图，如图 3-5 所示。

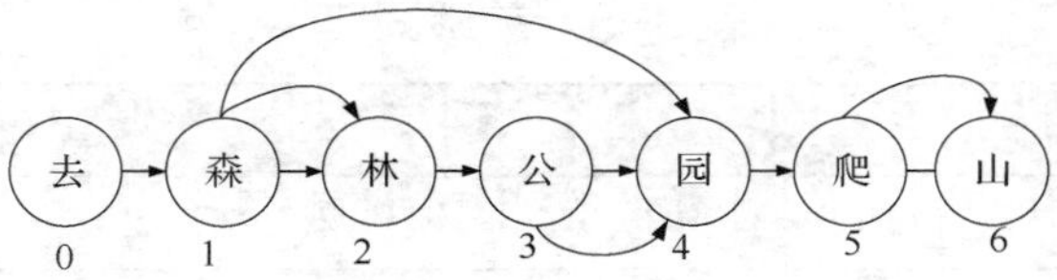

图 3-5 有向无环图

（4）计算最大概率路径

得到有向无环图后，每条有向边的权重（用概率值表示）可以通过前缀词典的词频获得。图 3-5 中从起点到终点存在多条路径，每一条路径代表一种分词结果。例如“去/森/林/公/园/爬/山”“去/森林/公园/爬山”“去/森林公园/爬山”。在所有的路径中，需要计算一条概率最大的路径，也就是在所有切分结果中选取概率最大的一种切分。jieba 利用动态规划算法计算概率最大路径，通过从句子的最后一个字开始倒序遍历句子的每个字的方式，计算不同分词结果的概率对数得分。得到概率最大路径后，就可获得分词的结果，同时可在前缀字典中查找所分词的词性，得到分词后的词性标注。

jieba 词性标注在实际应用中使用 psg.cut 函数实现，不需要另外编写命令。对“去森林公园爬山”进行词性标注，如代码 3-21 所示。

代码 3-21 对“去森林公园爬山”进行词性标注

```
import jieba.posseg as psg  # 加载jieba库中的分词函数
```

```
sent = '去森林公园爬山。'
for w, t in psg.cut(sent):
    print(w, '/', t)
```

运行代码 3-21，输出结果如下。

```
去 / v
森林公园 / n
爬山 / n
。 / x
```

词性标注结果中“。”被标注为 x。因为句号是标点符号的一种，所以被标注为未知词性。在实际应用，一些字典中不存在的词被标注为未知词性“x”，这对词性统计等处理结果会有一定的影响，因此在使用 jieba 自定义词典时，要尽可能完善词典信息。

3.3 命名实体识别

中文命名实体与新闻传媒可以说是相辅相成的，对文本中具有特别意义或指代性非常强的时间、人名、地名和组织机构名 4 种类型名词进行识别，这 4 种名词正是新闻描述一起事件所需的。

3.3.1 命名实体识别简介

命名实体可分为实体类、时间类和数字类 3 大类，以及人名、机构名、地名、时间、日期、货币和百分比 7 小类。命名实体识别在 NLP 中占有重要地位，它是信息提取、机器翻译和问答系统等应用领域里的基础工具。

命名实体识别的任务就是识别出文本中的命名实体，通常分为实体边界识别和实体类别识别两个过程。中文文本中没有类似英文文本中空格的显式标示词的边界标示符，也没有英文文本中较为明显的首字母大写标志的词，这使得中文的实体边界识别变得更加有挑战性。中文实体边界识别的挑战性主要表现在以下 3 个方面。

（1）中文词灵活多变。有些词语在不同语境下可能是不同的实体类型，如我国有个城市叫“沈阳”，也有一些人叫“沈阳”，同一个词“沈阳”在不同语境下可以是地名或人名。有些词语在脱离上下文语境的情况下无法判断是否为命名实体，特别是一些带有特殊意义的名称，如“柠檬”在某些情况下会被认为是一个现代流行的形容词。

（2）中文词的嵌套情况复杂。一些中文的命名实体中常常嵌套另外一个命名实体。例如，“北京大学附属中学”这一组织机构名中还嵌套着同样可以作为组织机构名的“北京大学”，以及地名“北京”。命名实体的互相嵌套情况，对命名实体识别会造成一定的困难。

（3）中文词存在简化表达现象。有时会对一些较长的命名实体词进行简化表达，如“北京大学”通常简化为“北大”、“北京大学附属中学”通常简化为“北大附中”，这无疑会对命名实体识别造成一定负担。

命名实体识别问题实际上是序列标注问题。命名实体识别领域常用的 3 种标注符号 B、I、O 分别代表实体首部、实体内部、其他。在字一级的识别任务中，对人名（Person）、地名（Location）、机构名（Organization）的 3 种命名实体 PER、LOC、ORG，定义 7 种标注符号的集合 L={B-PER，I-PER，B-LOC，I-LOC，B-ORG，I-ORG，O}，分别代表的是人名首部、人名内部、地名首部、地名内部、机构名首部、机构名内部和其他。如“尼克松是出身于加利福尼亚的政治家”，标注序列为{ B-PER, I-PER, I-PER,O, O, O, O, B-LOC, I-LOC, I-LOC, I-LOC, I-LOC, O, O, O, O }。

假设 $x = x_1, x_2, \cdots, x_n$ 为待标注的字观测序列，$S = \{s_1, s_2, \cdots, s_N\}$ 为待标注的状态集合。命名实体识别问题可描述为求概率 $p(y|x)$ 最大的状态序列 $y = y_1, y_2, \cdots, y_n$，其中 $y_i \in S$，如式（3-2）所示。

$$y^* = \arg\max_y p(y|x) \tag{3-2}$$

早期的命名实体识别主要使用基于规则的方法，后来基于大规模语料库的统计方法逐渐成为主流。HMM、最大熵马尔可夫模型（Maximum Entropy Markov Model，MEMM）以及条件随机场（CRF）是命名实体识别中最常用也是最基本的 3 个统计模型。首先出现的是 HMM，其次是 MEMM，最后是 CRF。

3.3.2 CRF 模型

CRF 模型最早由拉弗蒂等人于 2001 年提出，其思想主要来源于最大熵模型。CRF 模型是一种基于统计方法的模型，可以被认为是一个无向图模型或一个马尔可夫随机场，它也是一种用于标记和切分序列化数据的统计框架模型。相对于 HMM 和 MEMM，CRF 模型没有 HMM 那样严格的独立性假设，同时克服了 MEMM 标记偏置的缺点。

CRF 理论在命名实体识别、语句分词、词性标注等语言处理领域有着十分广泛和深入的应用。与 HMM 不同，CRF 中当前的状态不是只由当前一时刻观测条件给出，而是与整个序列的整体状态相关，即 CRF 依赖于自己观测条件下的所有观测数值。CRF 在解决英语浅层分析、英文命名实体识别等问题时，取得了良好的效果。CRF 的特性以及研究成果表明，它也能够适用于中文命名实体识别的研究任务。

3.3.3 命名实体识别流程

使用 sklearn-crfsuite 库进行中文命名实体识别，其实现步骤包括文本预处理（语料预处理、语料初始化、训练数据）、模型训练与预测（模型训练、模型预测）。其中将实现文本预处理步骤的代码定义为 CorpusProcess 类，将实现模型训练与预测步骤的代码定义为 CRF_NER 类。

CorpusProcess 类主要实现内容包括语料读取与写入、语料预处理（全角转半角）、语料初始化（初始化字序列、词性序列）、训练数据（窗口统一切分、特征提取）。CorpusProcess 类的框架如代码 3-22 所示。

代码 3-22 CorpusProcess 类的框架

```
import joblib
import sklearn_crfsuite
class CorpusProcess(object):
# 由词性提取标签
    def pos_to_tag(self, p):
        t = self._maps.get(p, None)
        return t if t else 'O'
# 标签使用 BIO 模式
    def tag_perform(self, tag, index):
        if index == 0 and tag != 'O':
            return 'B_{}'.format(tag)
        elif tag != 'O':
            return 'I_{}'.format(tag)
        else:
            return tag
# 全角转半角
    def q_to_b(self, q_str):
        b_str = ""
        for uchar in q_str:
            inside_code = ord(uchar)
            if inside_code == 12288:  # 全角空格直接转换
                inside_code = 32
            elif 65374 >= inside_code >= 65281:  # 全角字符（除空格）根据关系转化
                inside_code -= 65248
            b_str += chr(inside_code)
        return b_str
# 语料初始化
    def initialize(self):
        lines = self.read_corpus_from_file(self.process_corpus_path)
        words_list = [line.strip().split('  ') for line in lines if line.strip()]
        del lines
        self.init_sequence(words_list)
# 初始化字序列、词性序列
    def init_sequence(self, words_list):
```

```
        words_seq = [[word.split('/')[0] for word in words] for words in
words_list]
        pos_seq = [[word.split('/')[1] for word in words] for words in words_list]
        tag_seq = [[self.pos_to_tag(p) for p in pos] for pos in pos_seq]
        self.tag_seq = [[[self.tag_perform(tag_seq[index][i], w)
                                         for w in range(len(words_seq[index][i]))]
                                          for i in range(len(tag_seq[index]))]
                                               for index in range(len(tag_seq))]
        self.tag_seq = [[t for tag in tag_seq for t in tag] for tag_seq in
self.tag_seq]
        self.word_seq = [['<BOS>'] + [w for word in word_seq for w in word]
                                         + ['<EOS>'] for word_seq in words_seq]
# 窗口统一切分
    def segment_by_window(self, words_list=None, window=3):
        words = []
        begin, end = 0, window
        for _ in range(1, len(words_list)):
            if end > len(words_list):
                break
            words.append(words_list[begin: end])
            begin = begin + 1
            end = end + 1
        return words
# 特征提取
    def extract_feature(self, word_grams):
        features, feature_list = [], []
        for index in range(len(word_grams)):
            for i in range(len(word_grams[index])):
                word_gram = word_grams[index][i]
                feature = {'w-1': word_gram[0],
                           'w': word_gram[1], 'w+1': word_gram[2],
                           'w-1:w': word_gram[0] + word_gram[1],
                           'w:w+1': word_gram[1] + word_gram[2],
                           'bias': 1.0}
                feature_list.append(feature)
```

```
                features.append(feature_list)
                feature_list = []
        return features
# 训练数据
    def generator(self):
        word_grams = [self.segment_by_window(word_list) for word_list in
self.word_seq]
        features = self.extract_feature(word_grams)
        return features, self.tag_seq
```

CRF_NER 类主要实现的内容包括初始化 CRF 模型参数、定义模型、模型训练、加载模型。CRF_NER 类的框架如代码 3-23 所示。

代码 3-23　CRF_NER 类的框架

```
class  CRF_NER(object):
# 初始化 CRF 模型参数
    def __init__(self):
        self.algorithm = 'lbfgs'
        self.c1 = '0.1'
        self.c2 = '0.1'
        self.max_iterations = 100  # 迭代次数
        self.model_path = '../data/model.pkl'
        self.corpus = CorpusProcess()  # 加载文本预处理模块
        self.model = None
# 定义模型
    def initialize_model(self):
        self.corpus.initialize()  # 初始化语料
        algorithm = self.algorithm
        c1 = float(self.c1)
        c2 = float(self.c2)
        max_iterations = int(self.max_iterations)
        self.model = sklearn_crfsuite.CRF(algorithm=algorithm, c1=c1, c2=c2,
                                          max_iterations=max_ iterations,
                                                all_possible_transitions=
True)
# 模型训练
    def train(self):
        self.initialize_model()
```

```
        x, y = self.corpus.generator()
        x_train, y_train = x[500: ], y[500: ]
        x_test, y_test = x[: 500], y[: 500]
        self.model.fit(x_train, y_train)
        labels = list(self.model.classes_)
        labels.remove('O')
        y_predict = self.model.predict(x_test)
        metrics.flat_f1_score(y_test,     y_predict,     average='weighted',
labels=labels)
        sorted_labels = sorted(labels, key=lambda name: (name[1: ], name[0]))
        print(metrics.flat_classification_report(
            y_test, y_predict, labels=sorted_labels, digits=3))
        # 保存模型
        joblib.dump(self.model, self.model_path)
def predict(self, sentence):
# 加载模型
        self.model = joblib.load(self.model_path)
        u_sent = self.corpus.q_to_b(sentence)
        word_lists = [['<BOS>'] + [c for c in u_sent] + ['<EOS>']]
        word_grams = [
            self.corpus.segment_by_window(word_list)   for   word_list   in
word_lists]
        features = self.corpus.extract_feature(word_grams)
        y_predict = self.model.predict(features)
        entity = ''
        for index in range(len(y_predict[0])):
            if y_predict[0][index] != 'O':
                if index > 0 and(
                          y_predict[0][index][-1] != y_predict[0][index -
1][-1]):
                     entity += ' '
                entity += u_sent[index]
            elif entity[-1] != ' ':
                entity += ' '
        return entity
```

输入一个句子，使用训练好的模型进行预测，如代码 3-24 所示。

代码 3-24 使用训练好的模型进行预测

```
ner = CRF_NER()
sentence1 = '广东泰迪智能科技股份有限公司由张良均先生创办于 2013 年，主要从事数据挖\
    掘与人工智能的应用研发及咨询服务，致力于打造产教融合的就业育人综合服务平台。'
output1 = ner.predict(sentence1)
print(output1)
```

运行代码 3-24 后，模型输出结果如下。

```
广东泰迪智能科技股份有限公司 张良均 2013 年
```

从输出结果可以看出，模型正确将语料中的时间、公司名称、人名识别并输出，模型的命名实体识别效果较好。

3.4 关键词提取

文本是海量的信息中量最大、使用最广泛的一种数据类型。这些信息数据虽然能为人们的生活提供便利，但是在提取有价值的信息时仍面临着困难。通过关键词提取可以快速提取一篇新闻的关键信息。

3.4.1 关键词提取技术简介

关键词是能够反映文本主题或内容的词语。关键词这个概念随着信息检索学科的出现而被提出。关键词提取是从单个文本或一个语料库中，根据核心词语的统计和语义分析，选择适当的、能够完整表达主题内容的特征项的过程。

关键词提取技术的应用非常广泛，主要应用对象可以分为人类用户和机器用户。在面向读者的应用中，要求所提取的关键词具有很高的可读性、信息性和简约性。关键词提取技术主要应用于新闻阅读、广告推荐、历史文化研究、论文索引等领域。在 NLP 中，关键词作为中间产物，应用也非常广泛，主要应用于文本聚类、文本分类、机器翻译、语音识别等领域。

由于关键词具有非常广泛的用途，因此开发出一套实用的关键词提取系统非常重要。这就要求关键词提取算法不仅在理论上正确，更要求在工程上具有很好的实践效果。关键词提取系统的实用性主要表现在以下 4 个方面。

（1）可读性。一方面，由于中文的字与字之间是没有空格隔开的，需要分词工具对文本进行切分，而分词工具对于专有名词的切分准确率还很低。另一方面，词的表达能力也非常有限，如“市场/经济”，“市场”或“经济”任何一个词都无法表达整个短语的含义。因此，系统所提取出的关键词的可读性对系统的实用性是一个很大的考验。

（2）高速性。系统应该具有较快的速度，能够及时处理大量的文本。如一个针对各类新闻的关键词提取系统，当新闻产生后，应该能在数秒内提取出该新闻的关键词，这样才能保证新闻的实时性。

（3）学习性。实用的关键词提取系统，应该能处理非常广泛的领域的文本，而不是仅仅局限于特定领域。随着社会的高速发展，各种未登录词、网络新词频频出现，系统应具有较强的学习能力。

（4）健壮性。系统应该具有处理复杂文本的能力，如中、英文混杂的文本，文字、图表、公式混杂的文本。

3.4.2 关键词提取算法

关键词能概括文本的主题,因而能帮助读者快速辨别出所选内容是不是感兴趣的内容。常见的关键词提取算法有 TF-IDF 算法、TextRank 算法和主题模型算法，如表 3-7 所示。其中主题模型算法主要包括 LSA 和 LDA 等算法。

表 3-7 常见的关键字提取算法

算法	说明
TF-IDF 算法	TF-IDF 算法是基于统计的最传统也是最经典的算法，拥有简单又迅速的优点。TF-IDF 算法的主要思想是字词的重要性随着它在文档中出现次数的增加而上升，并随着它在语料库中出现频率的升高而下降
TextRank 算法	TextRank 算法是一种基于图的文本排序算法，它可以用于自动摘要和提取关键词。与 TF-IDF 算法相比较，TextRank 算法不同之处在于，它不需要依靠现有的文档集提取关键词，只需利用局部词汇之间的关系对后续关键词进行排序，随后从文本中提取词或句子，实现提取关键词和自动摘要。TextRank 算法的基本思想来自 Google 的 PageRank 算法
主题模型算法	主题模型算法认为文档是由主题组成的，而主题是词的一个概率分布，即每个词都是通过“文档以一定的概率选择某个主题，再在这个主题中以一定的概率选择某个词”这样一个过程得到的。主题模型算法能自动分析每个文档，统计文档内的词语，根据统计的信息断定当前文档含有哪些主题，以及每个主题所占的比例各为多少。常见的主题模型算法主要有 LSA、概率潜在语义分析（Probabilistic Latent Semantic Analysis，PLSA）、LDA，以及基于深度学习的 lda2vec 等

3.4.3 自动提取文本关键词

本节介绍根据算法原理自定义 TF-IDF 算法的函数，并通过实例介绍关键词自动提取。关键词提取流程主要包括数据预处理、算法实现和结果分析等步骤。在提取关键词之前，需要输入准备好的文档，如代码 3-25 所示。

代码 3-25 输入准备好的文档

```
import jieba
import jieba.posseg
import numpy as np
import pandas as pd
import math
```

```
import operator
'''
提供 Python 内置的部分操作符函数，这里主要应用于序列操作
用于对大型语料库进行主题建模，支持 TF-IDF、LSA 和 LDA 等多种主题模型算法，提供了
诸如相似度计算、信息检索等一些常用任务的 API 接口
'''
from gensim import corpora, models
text = '''嫦娥五号实现我国首次地外天体起飞
科技日报北京 12 月 3 日电 （李晨 记者付毅飞）记者从国家航天局获悉，12 月 3 日 23 时 10 分，嫦娥五号上升器 3000 牛发动机工作约 6 分钟，成功将携带样品的上升器送入到预定环月轨道。这是我国首次实现地外天体起飞。
与地面起飞不同，嫦娥五号上升器月面起飞不具备成熟的发射塔架系统，着陆器相当于上升器的“临时塔架”，上升器起飞存在起飞初始基准与起飞平台姿态不确定、发动机羽流导流空间受限、地月环境差异等问题。另外由于月球上没有导航星座，上升器起飞后，需在地面测控辅助下，借助自身携带的特殊敏感器实现自主定位、定姿。
点火起飞前，着上组合体实现月面国旗展开以及上升器、着陆器的解锁分离。此次国旗展开是我国在月球表面首次实现国旗的“独立展示”。点火起飞后，上升器经历垂直上升、姿态调整和轨道射入三个阶段，进入预定环月飞行轨道。随后，上升器将与环月等待的轨返组合体交会对接，将月球样品转移到返回器，后者将等待合适的月地入射窗口，做好返回地球的准备。'''
```

文档准备好之后，需要加载停用词，并对当前文档进行分词和词性标注，过滤一些对提取关键词帮助不大的词。本节只将名词作为候选关键词，在过滤词中只留下名词，并且删除长度小于或等于 1 的无意义词语。文本预处理的步骤如下。

（1）加载停用词文件 stopword.txt 并按行读取文件中的停用词，对文本中多余的换行符进行替换，最终获取停用词列表。其中自定义 Stop_words 函数用于获取停用词列表。

（2）对当前文档过滤停用词。自定义 Filter_word 函数用于对当前文档进行处理，输入参数为当前文档内容。处理后的文档存放在 filter_word 变量中，它是一个包含多个字符串的列表。

（3）对文档集文件 corpus.txt 过滤停用词。文档集选取国内 2012 年 6 月至 2012 年 7 月期间，搜狐新闻中国际、体育、社会、娱乐等 18 个频道的新闻内容，其中包含多行文本内容，读取时以列表的形式追加，每个文档以字符串的形式存放在列表当中。

（4）自定义 Filter_words 函数用于对文档集进行处理，输入参数是文档集路径。处理后的文档集存放在 document 变量中，它是一个包含多个列表的列表，相当于将多个 filter_word 变量组合为一个列表。

文本预处理具体实现，如代码 3-26 所示。其中 startswith 函数用于判断字符串第一个字符是否是某个字符，startswith 函数的使用格式如下。

```
bytes.startswith(prefix[, start[, end]])
```

startswith 函数常用的参数及其说明如表 3-8 所示。

表 3-8 startswith 函数常用的参数及其说明

参数名称	说明
prefix	接收 str、tuple。表示需要进行判断的内容。无默认值
start	接收 str。表示从指定位置开始进行测试。无默认值
end	接收 str。表示停止在该位置进行比较。无默认值

在代码 3-26 中借助 startswith 函数过滤词，其中参数“n”表示词为名词。

代码 3-26 文本预处理具体实现

```
# 获取停用词
def  Stop_words():
    stopword = []
    data = []
    f = open('../data/stopword.txt', encoding='utf8')
    for line in f.readlines():
        data.append(line)
    for i in data:
        output = i.replace('\n', '')
        stopword.append(output)
    return stopword

# 采用jieba进行词性标注，对当前文档过滤指定词性的词和停用词
def  Filter_word(text):
    filter_word = []
    stopword = Stop_words()
    text = jieba.posseg.cut(text)
    for word, flag in text:
        if flag.startswith('n') is False:
            continue
        if not word in stopword and len(word) > 1:
            filter_word.append(word)
    return filter_word
# 加载文档集，对文档集过滤指定词性的词和停用词
def  Filter_words(data_path = '../data/corpus.txt'):
    document = []
    for line in open(data_path, 'r', encoding='utf8'):
```

```
        segment = jieba.posseg.cut(line.strip())
        filter_words = []
        stopword = Stop_words()
        for word, flag in segment:
            if flag.startswith('n') is False:
                continue
            if not word in stopword and len(word) > 1:
                filter_words.append(word)
        document.append(filter_words)
    return document
```

自定义的 TF-IDF 算法函数名为 tf_idf，其算法实现包括以下 3 个步骤。

（1）对 TF 值进行统计。调用自定义 Filter_word 函数处理当前文档，统计当前文档中每个词的 TF 值。

（2）对 IDF 值进行统计。调用自定义 Filter_words 函数处理文档集，统计 IDF 值。

（3）对 TF 值和 IDF 值进行统计，将二者结果相乘，得到 TF-IDF 值。

TF-IDF 算法具体实现，如代码 3-27 所示。其中 set 类用于去重，使集合中的每个元素都不会重复，operator.itemgetter(1)用于获取序列的第一个域的值，获取降序列表中的关键词。set 类的使用格式如下。

```
class set([iterable])
```

set 类常用的参数及其说明如表 3-9 所示。

表 3-9　set 类常用的参数及其说明

参数名称	说明
iterable	接收 Series。表示需要从中获取的对象。无默认值

代码 3-27　TF-IDF 算法具体实现

```
# TF-IDF 算法
def  tf_idf():
    # 统计 TF 值
    tf_dict = {}
    filter_word = Filter_word(text)
    for word in filter_word:
        if word not in tf_dict:
            tf_dict[word] = 1
        else:
            tf_dict[word] += 1
```

```
    for word in tf_dict:
        tf_dict[word] = tf_dict[word] / len(text)
    # 统计 IDF 值
    idf_dict = {}
    document = Filter_words()
    doc_total = len(document)
    for doc in document:
        for word in set(doc):
            if word not in idf_dict:
                idf_dict[word] = 1
            else:
                idf_dict[word] += 1
    for word in idf_dict:
        idf_dict[word] = math.log(doc_total / (idf_dict[word] + 1))
    # 计算 TF-IDF 值
    tf_idf_dict = {}
    for word in filter_word:
        if word not in idf_dict:
            idf_dict[word] = 0
        tf_idf_dict[word] = tf_dict[word] * idf_dict[word]
    # 提取前 10 个关键词
    keyword = 10
    print('TF-IDF 模型结果：')
    for key, value in sorted(tf_idf_dict.items(), key=operator.itemgetter(1),
                             reverse=True)[:keyword]:
        print(key + '/', end='')
```

定义完 TF-IDF 算法的函数后，即可通过函数实现文档关键词提取，如代码 3-28 所示。

代码 3-28　提取文档关键词

```
tf_idf()
```

代码 3-28 的运行结果如下。

```
TF-IDF 模型结果：
发动机/样品/地面/空间/差异/经历/表面/地球/阶段/系统/
```

TF-IDF 算法的结果较好。由于在提取关键词时，有些词语在文档中出现的频次、词性等信息比较接近，因此提取关键词时它们出现的概率很有可能一样。多次运行程序，关键词出现的顺序可能会改变。

小结

本章首先介绍了语料库的相关知识和 NLTK 库中部分函数的使用方法，构建了影视作品集语料库，并介绍了如何对语料文本进行分析，然后介绍了分词方法和词性标注，通过 jieba 库完成了高频词提取及词性标注。接着介绍了命名实体识别，并利用 CRF 模型进行命名实体识别，最后介绍了关键词提取技术的 3 种算法，并使用 TF-IDF 算法实现了关键词提取。

课后习题

选择题

（1）下列函数用于查看指定词上下文的是（　　）。

A. concordance　B. similar　C. most_common　D. lcut

（2）下列不是 jieba 分词模式的是（　　）。

A. 全模式　B. 泛模式　C. 精确描述　D. 搜索引擎模式

（3）下列关于编码与词性对应错误的是（　　）。

A. a：形容词　B. e：叹词　C. i：成语　D. d：方位词

（4）CRF 模型思想主要来源于（　　）。

A. 无向图模型　B. 最大熵模型　C. 马尔可夫随机场　D. 统计方法

（5）关键词主要的应用不包括（　　）。

A. 文本聚类　B. 机器翻译　C. 语音识别　D. 唐诗生成

第4章 文本进阶处理

随着计算机计算能力的大幅提升，机器学习和深度学习都取得了长足的发展，NLP 越来越多地通过应用机器学习和深度学习工具解决问题，例如通过深度学习模型从网络新闻报道中分析出关键词汇与舆论主题并构建关系图谱。在这种背景下，文本向量化成为 NLP 一个非常重要的工具，因为文本向量化可将文本空间映射到一个向量空间，从而使得文本可计算。文本分类和聚类是 NLP 任务中的基础工作，在新闻传媒相关工作中可以用来对文本资源进行整理和归类，同时也可用于解决文本信息过载问题。本章主要介绍文本进阶处理中的文本向量化的常用方法、文本相似度的计算方法及常见的文本分类与聚类算法。

学习目标

（1）了解文本向量化的基本概念。

（2）了解文本离散表示的常用方法。

（3）熟悉文本向量化模型 Word2Vec 和 Doc2Vec 的基本原理。

（4）掌握 Word2Vec 和 Doc2Vec 模型的训练流程和网络结构，以及文本相似度的计算方法。

（5）了解文本挖掘的基本概念。

（6）熟悉常用的文本分类和聚类算法。

（7）掌握实现文本分类和聚类的步骤。

4.1 文本向量化

文本向量化是与文本有关的机器学习必要的前置操作。在文本向量化的过程中，根据映射方法的不同，将其分为文本离散表示和文本分布式表示。可根据实际应用需要选择适合的方法。

4.1.1 文本向量化简介

文本向量化是指将文本表示成一系列能够表达文本语义的机读向量，它是文本表示的一种重要方式。在 NLP 中，文本向量化是一个重要环节，其产出的向量质量将直接影响后续模型的表现。例如，在一个文本相似度比较的任务中，可以取文本向量的余弦值作为文本相似度，也可以将文本向量输入神经网络中进行计算得到相似度，但是无论后续模型是怎样的，前期的文本向量表示都会影响整个相似度比较的准确性。

例如，图像领域天然有着高维度和局部相关性等特性，NLP 领域也有着其自身的特性。一是计算机任何计算的前提都是向量化，而文本难以直接被向量化；二是文本的向量化应当尽可能地包含语言本身的信息，但是文本中存在多种语法规则及其他种类的特性，导致向量化比较困难；三是自然语言本身可体现人类社会深层次的关系（如讽刺等语义），这种关系会给向量化带来挑战。

文本向量化按照向量化的粒度的不同可以将其分为以字为单位、以词为单位和以句子为单位的向量表达，需根据不同的情景选择不同的向量表达方法和处理方式。目前对文本向量化的大部分研究都是通过以词为单位的向量化。随着深度学习技术的广泛应用，基于神经网络的文本向量化已经成为 NLP 领域的研究热点，尤其是以词为单位的向量化研究。Word2Vec 是目前以词为单位的向量化研究中最典型的生成词向量的工具，其特点是将所有的词向量化，这样即可度量词与词之间的关系、挖掘词之间的联系。也有一部分研究将句子作为文本处理的基本单元，于是产生了 Doc2Vec 和 Str2Vec 等技术。

4.1.2 文本离散表示

文本向量化主要分为文本离散表示和文本分布式表示。离散表示是一种基于规则和统计的向量化方式，常用的方法有词集（Set-Of-Word，SOW）模型和词袋（Bag-Of-Word，BOW）模型，这两类模型都以词之间保持独立性、没有关联为前提，以所有文本中的词形成一个字典，然后根据字典统计词的出现频数。但这两类模型也存在不同之处。例如，SOW 模型中的独热表示，只要单个文本中的词出现在字典中，就将其置为 1，不管出现多少次。BOW 模型只要文本中一个词出现在字典中，就将其向量值加 1，出现多少次就加多少次。文本离散表示的特点是忽略文本信息中的语序信息和语境信息，仅将其反映为若干维度的独立概念。这类模型由于本身原因存在无法解决的问题，如主语和宾语的顺序问题，会导致无法理解诸如“我为你鼓掌”和“你为我鼓掌”两个语句之间的区别。

1. 独热表示

独热表示是指用一个长的向量表示一个词，向量长度为字典的长度，每个向量只有一个维度为 1，其余维度全部为 0，向量中维度为 1 的位置表示该词语在字典中的位置。

例如，有两句话“小张喜欢看电影，小王也喜欢”和“小张也喜欢看足球比赛”。首先对这两句话分词后构造一个字典，字典的键是词语，值是 ID，即{"小张":1,"喜欢":2,"也":3,"看":4,"电影":5,"足球":6,"比赛":7,"小王":8}。然后根据 ID 值对每个词语进行向量化，用 0 和 1 代表这个词是否出现，如“小张”和“小王”的独热表示分别为[1,0,0,0,0,0,0,0]，[0,0,0,0,0,0,0,1]。

独热表示词向量构造起来简单，但通常不是一个好的选择，它有明显的缺点，具体如下。

（1）维数过大。上例只有 2 句短语，每个词是一个 8 维向量，随着语料的增加，维数会越来越大，将导致“维数灾难”。

（2）矩阵稀疏。独热表示的每一个词向量只有 1 维是有数值的，其他维度上的数值都为 0。

（3）不能保留语义。独热表示的结果不能保留词语在句子中的位置信息。

2. BOW 模型

BOW 模型是指用一个向量表示一句话或一个文档。BOW 模型忽略文档的词语顺序、语法、句法等要素，将文档看作若干个词汇的集合，文档中每个词都是独立的。

BOW 模型每个维度上的数值代表 ID 对应的词在句子里出现的频次。上例中两句话的 BOW 模型向量化表示分别为[1,2,1,1,1,0,0,1]和[0,1,1,1,0,1,1,0]。

BOW 模型与独热表示相比，也存在自己的缺点，具体如下。

（1）不能保留语义。不能保留词语在句子中的位置信息，如“我为你鼓掌”和“你为我鼓掌”向量化结果依然没有区别。“我喜欢北京”和“我不喜欢北京”这两个文本语义相反，利用这个模型得到的结果却可能认为它们是相似的文本。

（2）维数大和稀疏性。当语料增加时，维数也会增大，一个文本里不出现的词就会增多，会导致矩阵稀疏。

3. TF-IDF 表示

TF-IDF 表示是指用一个向量表示一句话或一个文档，它是在 BOW 的基础上对词出现的频次赋予 TF-IDF 权值，对 BOW 模型进行修正，进而表示该词在文档集合中的重要程度。

4.1.3 文本分布式表示

文本分布式表示将每个词根据上下文从高维空间映射到一个低维度、稠密的向量上。分布式表示的思想是词的语义是通过上下文信息确定的，即相同语境出现的词，其语义也相近。分布式表示的优点是考虑到了词之间存在的相似关系，减小了词向量的维度。常用的方法有基于矩阵的分布式表示（如 LSA 矩阵分解模型、PLSA 概率潜在语义分析模型和 LDA 文档生成模型）、基于聚类的分布式表示和基于神经网络的分布式表示（如 Word2Vec 模型和 Doc2Vec 模型）。

分布式表示与独热表示相比，在形式上，独热表示的词向量是一种稀疏词向量，其长度就是字典长度，而分布式表示是一种固定长度的稠密词向量；在功能上，分布式表示最大的特点是相关或相似的词在语义距离上更接近。

1. Word2Vec 模型

Word2Vec 模型其实就是简单化的神经网络模型。随着深度学习技术的广泛应用，基于神经网络的文本向量化成为 NLP 领域的研究热点。2013 年，Google 开源了一款用于词向量建模的工具 Word2Vec，它引起了工业界和学术界的广泛关注。首先，Word2Vec 可以在百万数量级的字典和上亿数量级的数据集上进行高效的训练；其次，该工具得到的训练结果可以很好地度量词与词之间的相似性。

Word2Vec 模型的输入是独热向量，根据输入和输出模式不同，分为连续词袋（Continuous Bag-Of-Word，CBOW）模型和跳字（Skip-Gram）模型。CBOW 模型的训练输入是某一个特定词的上下文对应的独热向量，而输出是这个特定词的概率分布。Skip-Gram 模型和 CBOW 模型的思路相反，输入是一个特定词的独热向量，而输出是这个特定词的上下文的概率分布。CBOW 对小型语料库比较合适，而 Skip-Gram 在大型语料库中表现更好。

Word2Vec 模型的特点是，当模型训练好之后，并不会使用训练好的模型处理新的任务，而是使用模型通过训练数据所学得的参数，如隐藏层的权重矩阵。

（1）CBOW 模型

CBOW 模型根据上下文的词语预测目标词出现的概率。CBOW 模型的神经网络包含输入层、隐藏层和输出层。

假设词向量空间维数为 V，上下文词的个数为 C，词汇表中的所有词都转化为独热向量，CBOW 模型的训练步骤如下。

① 初始化权重矩阵 $\boldsymbol{W}$（$V \times N$ 矩阵，N 为人为设定的隐藏层单元的数量），输入层的所有独热向量分别乘共享的权重矩阵 $\boldsymbol{W}$，得到隐藏层的输入向量。

② 将隐藏层的所有输入向量平均后得到的向量作为隐藏层的输出。

③ 将隐藏层的输出向量乘权重矩阵 $\boldsymbol{W}'$（$N \times V$ 矩阵），得到输出层的输入向量。

④ 通过激活函数处理输入向量得到输出层的概率分布。

⑤ 计算损失函数。

⑥ 更新权重矩阵。

CBOW 模型由 $\boldsymbol{W}$ 和 $\boldsymbol{W}'$ 确定，训练的过程就是确定权重矩阵 $\boldsymbol{W}$ 和 $\boldsymbol{W}'$ 的过程。权重矩阵可以通过随机梯度下降法确定，即初始化时给这些权重赋随机值，然后按序训练样本，计算损失函数，并计算这些损失函数的梯度，在梯度方向更新权重矩阵。

（2）Skip-Gram 模型

Skip-Gram 模型与 CBOW 模型相反，它根据目标词预测其上下文。假设词汇表中词汇量的大小为 V，隐藏层的大小为 N，相邻层的神经元是全连接的，Skip-Gram 模型的网络结构如下。

① 输入层含有 V 个神经元，输入是一个 V 维独热向量。

② 输入层到隐藏层的连接权重是一个 $V \times N$ 维的权重矩阵 $\boldsymbol{W}$。

③ 输出层含有 C 个单元，每个单元含有 V 个神经元，隐藏层到输出层每个单元的连接权重共享一个 $N \times V$ 维权重矩阵 $\boldsymbol{W}'$。

④ 对输出层每个单元使用 softmax 函数计算得到上下文的概率分布。

2. Doc2Vec 模型

通过 Word2Vec 模型获取一段文本的向量，一般做法是先对文本分词，提取文本的关键词，用 Word2Vec 获取这些关键词的词向量，然后计算这些关键词的词向量的平均值；或将这些词向量拼接起来得到一个新的向量，这个新向量可以看作这个文本的向量。然而，这种方法只保留句子或文本中词的信息，会丢失文本中的主题信息。为此，有研究者在 Word2Vec 的基础上提出了文本向量化 Doc2Vec 模型。

Doc2Vec 模型与 Word2Vec 模型类似，只是在 Word2Vec 模型输入层增添了一个与词向量同维度的段落向量，可以将这个段落向量看作另一个词向量。

存在两种 Doc2Vec 模型，它们分别是分布式记忆（Distributed Memory，DM）模型和分布式词袋（Distributed Bag of Words，DBOW）模型，分别对应 Word2Vec 模型里的 CBOW 和 Skip-Gram 模型。

（1）DM 模型

DM 模型与 CBOW 模型类似，在给定上下文的前提下，试图预测目标词出现的概率，只不过 DM 模型的输入不仅包括上下文，而且包括相应的段落。

假设词汇表中词汇量的大小为 V，每个词都用独热向量表示，神经网络相邻层的神经元是全连接的，DM 模型的网络结构如下。

① 输入层含 1 个段落单元、C 个上下文单元，每个单元有 V 个神经元，用于输入 V 维独热向量。

② 隐藏层的神经元个数为 N，段落单元到隐藏层连接权重为 $V \times N$ 维矩阵 $\boldsymbol{D}$，每个上下文单元到隐藏层的连接权重共享一个 $V \times N$ 维的权重矩阵 $\boldsymbol{W}$。

③ 输出层含有 V 个神经元，隐藏层到输出层的连接权重为 $N \times V$ 维的权重矩阵 $\boldsymbol{W}'$。

④ 通过 softmax 函数计算输出层的神经元输出值。

DM 模型增加了一个与词向量长度相等的段落向量，即段落（Paragraph）ID，从输入到输出的计算过程如下，DM 模型的网络结构示意如图 4-1 所示。

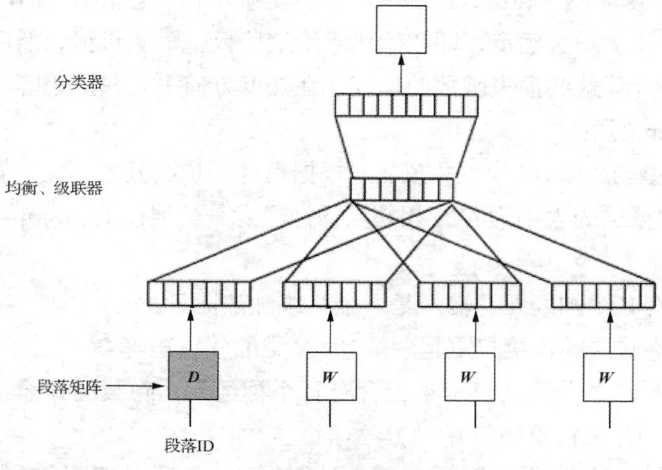

图 4-1　DM 模型的网络结构示意

① 段落ID通过矩阵 ***D*** 映射成段落向量。段落向量和词向量的维数虽然一样，但是分别代表两个不同的向量空间。每个段落或句子被映射到向量空间中时，都可以用矩阵 ***D*** 的一列表示。

② 上下文通过矩阵 ***W*** 映射到向量空间，用矩阵 ***W*** 的列表示。

③ 将段落向量和词向量平均后得到的向量或按顺序拼接后得到的向量输入softmax层。

在句子或文档的训练过程中，段落ID始终保持不变，共享同一个段落向量，相当于每次在预测词的概率时，都利用了整个句子的语义。这个段落向量也可以认为是一个词，它的作用相当于上下文的记忆单元，也可作为这个段落的主题。

在预测阶段，为预测的句子新分配一个段落ID，词向量和输出层的参数保持不变，重新利用随机梯度下降算法训练预测的句子，待误差收敛后即可得到预测句子的段落向量。

（2）DBOW模型

与Skip-Gram模型只给定一个词语预测上下文概率分布类似，DBOW模型的输入只有段落向量，其网络结构示意如图4-2所示。DBOW模型通过一个段落向量预测段落中随机词的概率分布。

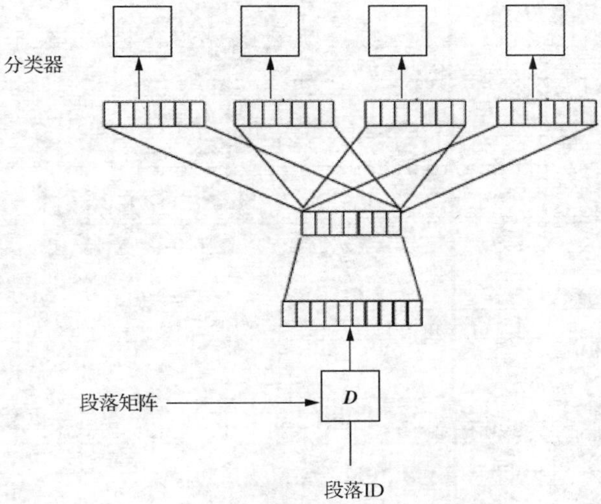

图4-2　DBOW模型的网络结构示意

DBOW模型的训练方法忽略输入的上下文，让模型去预测段落中的随机词，在每次迭代的时候，从文本中采样得到一个窗口，再从这个窗口中随机采样一个词作为预测任务并让模型去预测，输入就是段落向量。

Doc2Vec模型的实现主要包括以下两个步骤。

① 训练模型。在已知的训练数据中得到词向量 ***W***、各参数项和段落向量或句子向量 ***D***。

② 推断过程。对于新的段落，需要得到它的向量表达。具体做法是在矩阵 ***D*** 中添加

更多的列，并且在固定参数的情况下利用上述方法进行训练，使用梯度下降的方法得到新的 ***D***，从而得到新段落的向量表达。

由于 Doc2Vec 完全是从 Word2Vec 技术扩展而来的，DM 模型与 CBOW 模型相对应，所以可以根据上下文词向量和段落向量预测目标词的概率分布。DBOW 模型与 Skip-Gram 模型对应，只输入段落向量，可预测从段落中随机抽取的词的概率分布。总而言之，Doc2Vec 是 Word2Vec 的升级版，Doc2Vec 不仅可提取文本的语义信息，而且可提取文本的语序信息。

4.1.4 Word2Vec 词向量的训练

词向量的训练可以分为两个步骤进行，即先对中文语料进行预处理，然后利用 gensim 库训练词向量，如代码 4-1 所示。

代码 4-1 中文语料预处理并训练词向量

```
import re
import pandas as pd
import jieba
import gensim
from gensim.models import Word2Vec  # 加载 Word2Vec 模块训练词向量
from gensim.models.word2vec import LineSentence

data = pd.read_csv('../data/new.csv', header=None)
data.columns = ['code', 'contents']
# 数据预处理
temp = data.contents
# 去重
temp.duplicated().sum()
data_dup = temp.drop_duplicates()
# 分词
data_cut = data_dup.astype('str').apply(lambda x : list(jieba.cut(x)))
# 去停用词
stopword = pd.read_csv('../data/stopword.txt', sep='ooo', encoding='gbk',
header=None, engine='python')
stopword = [' '] + list(stopword[0])
l3 = data_cut.astype('str').apply(lambda x : len(x)).sum()
data_qustop = data_cut.apply(lambda x : [i for i in x if i not in stopword])
data_qustop = data_qustop.loc[[i for i in data_qustop.index if data_qustop[i] !=
[]]]
```

```
space = ['\u3000', '\xa0']
data_qustop = data_qustop.apply(lambda x : [i for i in x if i not in space])
data_qustop.to_csv('../tmp/data_qustop.csv')
def get_word2vec_trainwords():
    space = ' '
    i = 0
    l = []
    f = open('../tmp/word2vec_train_words.txt', 'w', encoding='utf-8')
    for text in data_qustop:
        f.write(space.join(text) + '\n')
        l = []
        i = i + 1
        if (i % 200 == 0):
            print('Saved ' + str(i) + ' articles')
        f.close()
news = open('../tmp/word2vec_train_words.txt', 'r', encoding='utf-8')
# 使用Word2Vec模型训练词向量
model = Word2Vec(LineSentence(news), sg=0, size=192, window=5, min_count=5,
workers=9)
print(model['新年'])
```

运行代码 4-1，得到的结果如下。

```
[-0.018129    0.04685803 -0.05198836  0.00152793  0.06340312  0.03289583
 -0.03529189  0.08794139  0.04372762  0.04395557 -0.01201346 -0.014867
  …           …          …          …           …       …
-0.02041341 -0.0102681  -0.02634365  0.05599598  0.02691623  0.02988985
 -0.00467658 -0.00018748 -0.04057679  0.01159416  0.08769834  0.00443136]
```

4.2 文本相似度计算

在自然语言处理中，经常会涉及度量两个文本的相似度的问题。在诸如对话系统和信息检索等中，度量句子或短语之间的相似度尤为重要。在新闻传媒中应用文本相似度可以帮助读者快速检索到想要了解的报道。

4.2.1 文本相似度的定义

文本相似度的定义如式（4-1）所示。

$$\mathrm{Sim}(A,B)=\frac{\lg P(\mathrm{common}(A,B))}{\lg P(\mathrm{description}(A,B))} \tag{4-1}$$

其中，$\mathrm{common}(A,B)$ 是 A 和 B 的共性信息，$\mathrm{description}(A,B)$ 是描述 A 和 B 的全部信息，式（4-1）表达出相似度与文本共性成正相关。由于没有限制应用领域，因此此定义被广泛采用。

相似度一般可用[0,1]中的实数表示，该实数可通过语义距离计算获得。相似度与语义距离呈负相关，语义距离越小，相似度越高；语义距离越大则相似度越低。通常用式（4-2）表示相似度与语义距离的关系。

$$\mathrm{Sim}(S_A,S_B)=\frac{\alpha}{\mathrm{Dis}(S_A,S_B)+\alpha} \tag{4-2}$$

其中，$\mathrm{Dis}(S_A,S_B)$ 表示文本 S_A、S_B 之间的非负语义距离，α 为调节因子，保证当语义距离为 0 时式（4-2）具有意义。

4.2.2 文本的表示

文本相似度的计算原理中还有一个重要概念是文本的表示，代表对文本的基本处理方法，目的是将半结构化或非结构化的文本转换为计算机可读形式。不同的文本相似度计算方法的本质是文本表示方法的不同，文本的表示方法包括 3 种：一是基于关键词匹配的传统方法，如 n-gram 相似度等；二是基于向量空间的方法，这种方法将文本映射到向量空间，再利用余弦相似度等方法计算相似度；三是基于深度学习的方法，如基于用户点击数据的深度语义模型（Deep Structured Semantic Model，DSSM）、基于卷积神经网络（Convolutional Neural Network，CNN）的 ConvNet，以及 Siamese LSTM 等方法。随着深度学习的发展，计算文本相似度的主流方法已经逐渐不再是基于关键词匹配的传统方法，而是基于深度学习的方法。

1. 基于关键词匹配的文本表示方法

（1）n-gram 相似度

基于 n-gram 模型定义文本（字符串）相似度是一种模糊匹配方式，即通过两个长得很像的文本间的“差异”来衡量相似度。n-gram 相似度的计算按长度 N 切分原句得到词段，也就是原句中所有长度为 N 的子字符串。对于两个字符串 S 和 T，则可以根据共有子字符串的数量定义两个字符串的相似度，如式（4-3）所示。

$$\mathrm{Similarity}=|G_N(S)|+|G_N(T)|-2|G_N(S)\cap G_N(T)| \tag{4-3}$$

其中，$G_N(S)$ 和 $G_N(T)$ 分别表示字符串 S 和 T 中 n-gram 的集合，N 一般取 2 或 3。

字符串距离越近，它们就越相似，当两个字符串完全相等时，距离为 0。

（2）杰卡德相似度

杰卡德（Jaccard）相似度的计算相对简单，原理也容易理解，就是计算两个文本之间词集合的交集字数和并集字数的比值，如式（4-4）所示。该值越大，表示两个文本越相似。在涉及大规模并行运算的时候，该方法在效率上有一定的优势。

$$J(A,B)=\frac{|A\cap B|}{|A\cup B|} \tag{4-4}$$

其中 $0\leqslant J(A,B)\leqslant 1$。

关于杰卡德相似度更详细的内容将在 4.2.3 节中进行讲解。

2. 基于向量空间的文本表示方法

基于向量空间的文本表示方法目前有 3 种方法，第 1 种是词网（WordNet），它可提供一种词的分类资源，但是无法体现词与词之间的细微区别，同时它也很难计算词与词之间的相似度；第 2 种是离散表示，如独热表示，它的向量长度和字典的长度相同，因此向量长度可能十分长，同时由于向量之间正交，因此无法计算词之间的相似度；第 3 种是分布式表示，其基本思想是将每个词映射为一个固定长度的短向量（相对独热表示而言），这些词构成一个词向量空间，每一个向量视为空间中的一个点，在这个空间引入“距离”，即可根据词之间的距离来判断它们之间的相似性，代表方法如 Word2Vec、LDA 等。

3. 基于深度学习的文本表示方法

深度学习在图像和语音识别领域中取得了不错的进展，近些年深度学习也开始应用于自然语言处理。语义相似性匹配已经逐渐从人工设计特征转向分布式表示和神经网络结构相结合的方式。常见的基于深度学习的文本表示方法有 DSSM、ConvNet、Skip-Thoughts、Tree-LSTM 和 Siamese Network。

（1）DSSM 在检索场景下，利用用户的点击数据来训练语义层次的匹配。DSSM 利用点击率来代替相关性，点击数据中包含大量的用户问句和对应的点击文档，这些点击数据将用户的问题和匹配的文档连接起来。DSSM 的优点在于直接利用用户的点击数据，得到的结果可以直接排序，但是缺点在于没有利用上下文信息。DSSM 的扩展还包括 CDSSM、DSSM-LSTM 等。其中 CDSSM 能在一定程度上弥补上下文缺失的缺陷，在结构上将 DNN 替换成 CNN；DSSM-LSTM 使用长短期记忆（Long Short-Term Memory，LSTM）记录上下文。

（2）ConvNet 通过精心设计 CNN，结合不同规格的 CNN 的差异性度量句子的相似度。在实际应用中，可采用“Siamese”（孪生）CNN 结构，分别对两个句子建模，然后利用一个句子相似度测量层计算句子相似度，最后通过一个全连接层输出 softmax 相似度得分。一个句子首先被转化为嵌入矩阵（Embedding Matrix），然后输入卷积-池化层得到处理后的句子向量。为更好地计算句子之间的相似度，该模型分别对不同的输出结果计算其相似性，最终将相似度向量输入全连接层得到相似性分数，将其与标签值相比较。总体来看，这个模型的复杂度还是很高的，而且对卷积核在垂直方向的计算也没有特别直观的解释。

（3）Skip-Thoughts 的核心思想是将 Word2Vec 中的 Skip-Gram 模型从词的层面扩展到句子的层面，利用 seq2seq 模型预测输入语句的上下句。在之前的各类监督方法中，模型通过确定的标签作为优化目标更新参数虽然取得了不错的效果，但是只能适用于不同的任务。模型在一个连续的文本语料（小说）上进行训练，通过 Encoder 端将词转化为句子向量，然后在 Decoder 端结合 Encoder 端的句子向量生成上下文语句。对于这样一个模型，最大的问题在于如何把有限的词扩展到任意的词或句子。针对这个问题可以采用的方法是学习一种映射，将一个模型中的词表示映射到另外一个模型中。具体的操作是把 CBOW 中预训练得到的词向量映射到 Encoder 端的词空间，最终将词汇量扩展。训练好的 Skip-Thoughts 模型会将 Encoder 端作为特征提取器，对所有的句子提取 Skip-Thoughts 向量，得到的这些向量表示可以用在不同的任务（如语义相似度计算）中。

（4）Tree-LSTM 的核心思想是将对语序敏感的标准 LSTM 序列，推广为树状结构的网络拓扑图。标准 LSTM 仅考虑句子的序列信息，但是在自然语言中句法结构能够自然地将词结合成短语或句子，因此可利用句法结构信息生成 LSTM 扩展结构：Child-Sum Tree-LSTM 和 N-ary Tree-LSTM。

（5）Siamese Network 用来度量数据之间的相似性。将两组数据（文本、图像等）同时输入一个神经网络中，并经由这个神经网络转化为 $N\times 1$ 维的向量，此后会通过一个数值（如余弦相似度）函数计算这两个向量的距离，通过得到的距离来度量原始输入数据的相似性。在标准的 Siamese Network 中，两侧的神经网络需要使用相同的网络结构和参数；同时在进行梯度更新前，需要先对两侧的梯度平均。

关于 Siamese Network 模型有以下两点值得注意。

一是在 Siamese Network 中采用孪生 LSTM，是因为 LSTM 能够解决循环神经网络（Recurrent Neural Network，RNN）的长期依赖问题，通过使用记忆单元（Memory Cell），LSTM 能够储存更长输入序列的信息。当然对特别长的句子而言，标准的 LSTM 能力也是有限的。对于长度超过 30 个字符的长句子，通过模型得到的最终隐藏层状态，占据比重较大的还是后面的词，前面的词基本“消失”，因此需要用到注意力机制。

二是在度量相似性的时候，采用曼哈顿距离而不是欧氏距离。根据目前的主流观点，一方面用 Word2Vec 训练出来的词，存在大量欧氏距离相等的情况，如果用 L2 范数去衡量，存在语义丢失的情况，而余弦相似度适合向量维数特别大的情况，因此采用曼哈顿距离最合适；另一方面，采用 L2 范数会存在梯度消失的问题，在训练的早期 L2 范数会错误地认为两个语义不相关的句子相似（因为采用欧氏距离时的梯度消失问题）。

4.2.3 常用文本相似度算法

在文本相似度的计算中，根据需求选择合适的算法尤为重要。比如在论文查重的时候依据杰卡德相似度寻找相似的文章，再使用欧氏距离精确查找重复段落。

1. 欧氏距离

欧氏距离公式是数学中的一个非常经典的距离公式，如式（4-5）所示。

$$d=\sqrt{\sum_{i=1}^{n}\left(x_i-y_i\right)^2} \tag{4-5}$$

式（4-5）中 d 表示欧氏距离，x_i 和 y_i 分别表示需要计算相似度的 2 个文本向量中对应位置的元素。

例如，计算“产品经理”和“产业经理是什么”之间的欧氏距离，具体计算过程如下。

文本向量$\boldsymbol{A}$=(产,品,经,理)，即x_1 = 产，x_2 = 品，x_3 = 经，x_4 = 理，x_5、x_6、x_7均为空；

文本向量$\boldsymbol{B}$=(产, 业, 经, 理, 是, 什, 么)，即y_1 = 产，y_2 = 业，y_3 = 经，y_4 = 理，y_5 = 是，y_6 = 什，y_7 = 么。

规定若$x_i = y_i$，则$x_i - y_i = 0$；若$x_i \neq y_i$，$x_i - y_i = 1$。

可以得到文本向量$\boldsymbol{A}$和$\boldsymbol{B}$的欧氏距离d，如式（4-6）所示。

$$d = \sqrt{0^2 + 1^2 + 0^2 + 0^2 + 1^2 + 1^2 + 1^2} = 2 \tag{4-6}$$

该相似度算法主要适用场景为编码检测等。两串编码必须完全一致，才能通过检测，如果编码中有一个移位或一个错字，可能会造成较大的差异。例如，有2个二维码，一个二维码的内容是“这是一篇文本相似度的文章”，另一个二维码的内容是“这是一篇文本相似度文章”，从人的理解角度来看，这两句话相似度非常高，但是实际上这两句话生成的二维码却千差万别。文本相似度，意味着要能区分相似或差异的程度，而欧氏距离只能区分出文本中的元素是否完全一样，并且欧氏距离对文本的位置和顺序非常敏感。如“我的名字是孙行者”和“孙行者是我的名字”，从人的角度看这两段文本的相似度非常高，但如果用欧氏距离计算两段文本的相似度，那么会发现两个文本向量每个位置的值都不同，即完全不匹配。

2. 曼哈顿距离

曼哈顿距离的计算公式与欧氏距离的计算公式非常相似。相较于欧氏距离，曼哈顿距离的计算公式将求平方换成了求绝对值，并去除了根号，如式（4-7）所示。

$$d = \sum_{i=1}^{n} |x_i - y_i| \tag{4-7}$$

曼哈顿距离的适用场景与欧氏距离的适用场景类似。

3. 编辑距离

编辑距离又称莱文斯坦（Levenshtein）距离，指的是将文本A编辑成文本B需要的最少变动次数（每次只能增加、删除或修改一个字）。

例如，计算“椰子”和“椰子树”之间的编辑距离。

因为将“椰子”转化成“椰子树”，至少需要且只需要1次改动，如“椰子”→增加“树”→“椰子树”；反过来，将“椰子树”转化成“椰子”，也至少需要1次改动，如“椰子树”→删除“树”→“椰子”，所以“椰子”和“椰子树”的编辑距离是1。

因此可以看出编辑距离是对称的，即将A转化成B的最小变动次数和将B转化成A的最小变动次数是相等的。

同时，编辑距离与文本的顺序有关。例如，“椰子”和“子椰”，虽然都是由“椰”“子”组成的，但因为组词顺序变了，所以其编辑距离是2，而不是0，具体计算过程如下。

“椰子”→删除“子”→“椰”→增加“子”→“子椰”

"椰子"→删除"椰"→"子"→增加"椰"→"子椰"

"椰子"→"子"变"椰"→"椰椰"→"椰"变"子"→"子椰"

"椰子"→"椰"变"子"→"子子"→"子"变"椰"→"子椰"

如果文本的编辑距离很小，则文本相似度肯定很高。虽然据此会漏判一些高相似度的文本，但可以确保通过编辑距离筛选的文本相似度一定很高。但在某些业务场景中，漏判会引起严重后果，例如"批发零售"和"零售批发"，从人的角度理解这两段文本应该高度相似，可编辑距离却是 4，相当于完全不匹配，这显然不符合预期。

4. 杰卡德相似度

杰卡德相似度指的是文本 A 与文本 B 中交集的字数除以并集的字数，如式（4-8）所示。

$$J(A,B)=\frac{|A\cap B|}{|A\cup B|} \tag{4-8}$$

如果要计算文本的杰卡德距离，将式（4-8）稍做改变即可，如式（4-9）所示。

$$d_j(A,B)=1-\frac{|A\cap B|}{|A\cup B|} \tag{4-9}$$

计算"目不转睛"和"目不暇接"的杰卡德相似度示例如下。

这两段文本的交集为{目,不}，并集为{目,不,转,睛,暇,接}，所以杰卡德相似度 $J(A,B)=\frac{2}{6}=\frac{1}{3}$。

杰卡德相似度与文本的位置、顺序均无关。例如，"王者荣耀"和"荣耀王者"的相似度是 100%，无论"王者荣耀"这 4 个字怎么排列，最终相似度都是 100%。

在某些情况下，会先将文本分词，再以词为单位计算相似度。例如将"王者荣耀"切分成"王者/荣耀"，将"荣耀王者"切分成"荣耀/王者"，那么交集就是{王者,荣耀}，并集也是{王者,荣耀}，相似度仍是 100%。

该算法主要适用于对字/词的顺序不敏感的文本，如"零售批发"和"批发零售"可以很好地兼容，以及长文本（如一篇论文，甚至一本书）。如果两篇论文相似度较高，说明交集比较大，很多用词是重复的，存在抄袭嫌疑。

该算法不太适用于两种情况。一是重复字符较多的文本，例如，"这是是是是是是一个文本"和"这是一个文文文文文文本"，这两个文本有很多字不一样，但计算得到的杰卡德相似度却是 100%（交集=并集）；二是对文字顺序很敏感的场景，例如，"一九三八年"和"一八三九年"，计算得到的杰卡德相似度是 100%，实际上两段文本代表的意思却完全不同。

5. 余弦相似度

余弦相似度的"灵感"来自数学中的余弦定理，计算公式如式（4-10）所示。

$$\cos\theta=\frac{\boldsymbol{A}\cdot\boldsymbol{B}}{|\boldsymbol{A}|\times|\boldsymbol{B}|}=\frac{\sum_{i=1}^{n}(A_i\times B_i)}{\sqrt{\sum_{i=1}^{n}(A_i)^2}\times\sqrt{\sum_{i=1}^{n}(B_i)^2}} \tag{4-10}$$

以此类推，算

$\boldsymbol{B}$=(0,0,2,1,1,1,1)。

将 $\boldsymbol{A}$、$\boldsymbol{B}$ 代入式（4-10）中，得到的结果如式（4-11）所示。

$$\cos\theta = \frac{0+0+2+1+0+0+0}{\sqrt{1+1+1+1+0+0+0} \times \sqrt{0+0+2^2+1+1+1+1}} \approx 0.53 \tag{4-11}$$

余弦相似度和杰卡德相似度虽然计算方式差异较大，但性质很类似，都与文本的交集高度相关，所以它们的适用场景也非常类似。余弦相似度相比杰卡德相似度最大的不同在于它考虑到了文本的频次，例如“下雨了开雨伞”中出现了 2 次“雨”，“一把雨伞”只出现 1 次“雨”，计算得到的余弦相似度是不同的。例如“这是是是是是是一个文本”和“这是一个文文文文文文本”，余弦相似度是 39%，在不考虑语义的前提下，整体上符合“相同的内容少于一半，但超过 1/3”的观感。

余弦相似度不太适用于向量之间方向相同但大小不同的情况，通常这种情况下余弦相似度是 100%。例如“太棒了”和“太棒了太棒了太棒了”，向量分别是(1,1,1)和(3,3,3)，计算出的相似度是 100%。可根据业务场景进行取舍，在有些场景下认为两者意思差不多，只是语气程度不一样，此时可认为使用余弦相似度计算出的文本相似度是可靠的；在有些场景下认为两者差异很大，哪怕两段文本所表达的意思差不多，但纯粹从文本的角度来看相似度并不高，因为前者为 3 个字、后者为 9 个字，在这种场景下使用余弦相似度计算出的文本相似度是不理想的。

6. 哈罗距离

哈罗（Jaro）距离是指对两个字符串的相似度进行衡量，以得出两个字符串的相似程度，如式（4-12）所示。

$$d = \frac{1}{3}\left(\frac{m}{|s_1|} + \frac{m}{|s_2|} + \frac{m-t}{m}\right) \tag{4-12}$$

其中，m 是两个字符串中相互匹配的字符数量；$|s_1|$ 和 $|s_2|$ 表示两个字符串的长度（字符数量）；t 是换位数量。

用于字符串匹配的阈值如式（4-13）所示。

$$k = \left\lfloor \frac{\max(|s_1|,|s_2|)}{2} - 1 \right\rfloor \tag{4-13}$$

当字符串 s_1 中某字符与字符串 s_2 中某字符相同，且这些相同字符的位置相距小于等于

配字符数

离减小。如果某业务

望位置或顺序变了相似度却保持

为 0，那么此时使用哈罗距离计算文本相似度

符数的角度看与编辑距离类似，从匹配字符的抽取角度看又与“交

集

最后使用一个例子对本节中的相似度算法进行横向对比，计算“我表白了一个女孩”和“近几天我白表了一次情”的文本相似度。

使用编辑距离计算文本相似度，其中 S_1 长度是 8，S_2 长度是 10，因此得到编辑距离等于 8，从数据上看文本非常不相似，与人的感官预期差异很大。使用杰卡德相似度算出来是 38.5%，相似度比较低，和人的感官预期差异较大。使用余弦相似度算出来是 55.9%，和哈罗距离计算得到的结果相近，都是 50%以上，比较符合人的感官预期，即超过一半的内容是相同的，同时有将近一半内容是不同的。如果在此例中，调整字符顺序，让换位数量 t 变大，让匹配数量 m 变小，则得到余弦相似度不变，而哈罗距离会减小。

4.3 文本分类与聚类

文本分类常采用机器学习中的朴素贝叶斯、决策树、逻辑回归和支持向量机等算法，文本聚类则常采用 k-means 算法。文本分类和聚类的应用可以帮助新闻传媒工作者从手动分类中解放出来，使分类任务变得更为高效。

4.3.1 文本挖掘简介

随着网络时代的到来，用户可获得的信息包含技术资料、商业信息、新闻报道、娱乐资讯等，可构成一个异常庞大的具有异构性、开放性等特性的分布式数据库，而这个数据库中存放的是非结构化的文本数据。结合人工智能研究领域中的 NLP 技术，从数据挖掘中派生出了文本挖掘这个新兴的数据挖掘研究领域。

文本挖掘是抽取有效、新颖、有用、可理解的、散布在文本中的有价值知识，并且利用这些知识更好地组织信息的过程。文本挖掘是 NLP 中的重要内容。

文本挖掘也是一个从非结构化文本信息中获取用户感兴趣或有用模式的过程。文本挖掘的基本技术可分为 6 类，包括文本信息抽取、文本分类、文本聚类、摘要抽取、文本数据压缩、文本数据处理。

文本挖掘是从数据挖掘发展而来的，但并不意味着简单地将数据挖掘技术运用到大量文本的集合上即可实现文本挖掘，还需要做很多准备工作。文本挖掘的准备工作由文本收集、文本分析和特征修剪 3 个步骤组成。准备工作完成后，可以开展文本挖掘工作。文本挖掘的工作流程如图 4-3 所示。

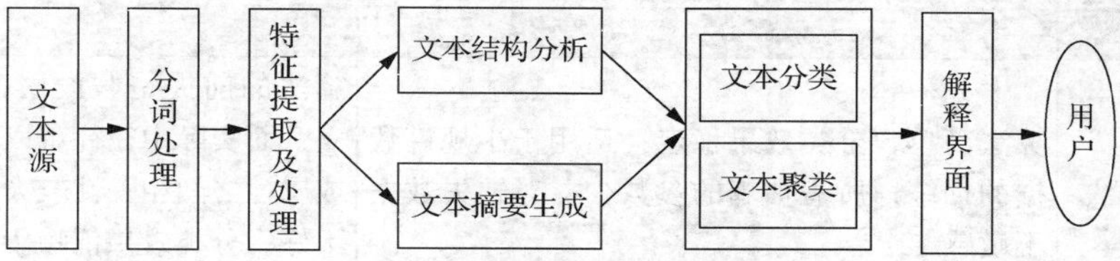

图 4-3 文本挖掘的工作流程

从目前文本挖掘技术的研究和应用状况来看，从语义的角度实现文本挖掘的应用还很少。目前应用最多的文本挖掘技术有文本分类、文本聚类和摘要抽取，三者的简要介绍如下。

（1）文本分类将带有类别的文本集合按照每一类的文本子集合共有的特性，归纳出分类模型，再按照该模型将其他文档迁移到已有类中，最终实现文本的自动分类。这样，既可以方便用户查找信息，又可以缩小查找文本的范围。

（2）文本聚类将文本集合分为若干个簇，要求同簇内的文本尽量相似度高，而不同簇的文本尽量相似度低，从而发掘整个数据集的综合布局。例如，与用户浏览相关的内容一般文本相似度会较高，而与用户浏览无关的内容往往文本相似度会较低。因此，用户可运用聚类算法将需要筛选的文本内容聚成若干簇，将与用户浏览内容相关性不强的簇去除，只保留与用户浏览内容相关性强的簇，这样能够提高浏览文本的效率。

（3）摘要抽取指计算机能够自动地从原始文档中提取出能够准确地反映该文档中心内容的简单连贯的短文。摘要抽取能够生成简短的关于文档内容的指示性信息，将文档的主要内容呈现给用户，以便用户决定是否要阅读文档的原文，这样能够大量节省用户的浏览时间。

利用文本挖掘技术处理大量的文本数据，无疑能够给企业带来巨大的商业价值。文本挖掘在商业智能、信息检索、生物信息处理等方面都有广泛的应用，如客户关系管理、自动邮件回复、垃圾邮件过滤、自动简历评审、搜索引擎等。因此，目前企业对于文本挖掘的需求非常高，文本挖掘技术的应用前景也非常广阔。

4.3.2 文本分类常用算法

文本分类是指按照一定的分类体系或规则对文本实现自动划归类别的过程，在信息索引、数字图书管理、情报过滤等领域有广泛的应用。文本分类方法一般分为基于知识工程的分类方法和基于机器学习的分类方法。基于知识工程的分类方法是指通过专家经验，依靠人工提取规则进行分类；基于机器学习的分类方法是指通过计算机自主学习、提取规则进行分类。最早应用于文本分类的机器学习方法是朴素贝叶斯算法，之后几乎所有重要的机器学习算法都在文本分类领域得到了应用，如支持向量机算法、神经网络算法、决策树算法和 K 近邻算法等。各分类算法的优缺点如表 4-1 所示。

表 4-1 各分类算法的优缺点

分类算法	优点	缺点
朴素贝叶斯算法	算法简单，分类效果稳定；适用于小规模数据的训练；所需估算的参数少，对缺失数据不敏感	算法的前提是假设属性之间相互独立，而实际中往往难以成立；属性多或属性之间相关性较大时，分类效果不好；分类效果依赖于先验概率；对输入数据的表达形式很敏感
支持向量机算法	可用于小样本数据学习；具有较高的泛化能力；可用于高维数据的计算；可以解决非线性问题；可以避免神经网络结构选择和局部极小点问题	对缺失数据敏感；对非线性问题没有通用解决方案
神经网络算法	并行处理能力强；学习能力强、分类准确度高；对数据噪声有较强的顽健性和容错能力；能处理复杂的非线性关系，具有记忆的功能	神经网络训练过程中有大量的参数需要确定；不能观察网络之间的学习过程，输出结果难以解释；学习时间长，且效果不可保证
决策树算法	易于理解，逻辑表达式生成较简单；数据预处理要求低；能够处理不相关的特征；可通过静态测试对模型进行评测；能够在短的时间内对大规模数据进行处理；能同时处理数据型和常规型属性，可构造多属性决策树	易倾向于具有更多数值的特征；处理缺失数据存在困难；易出现过拟合；易忽略数据集属性的相关性
K 近邻算法	训练代价低，易处理类域交叉或重叠较多的样本集；适用于样本容量较大的文本集合	时空复杂度高，样本容量较小或数据集偏斜时容易误分，K 值的选择会影响分类性能

在文本挖掘中，文本分类有着广泛的应用场景，常见的应用场景如下。

（1）Web 文档自动分类。随着互联网的发展，Web 已成为拥有庞大信息资源的分布式信息空间，拥有各式各样、海量的 Web 文档。为了有效地组合和处理 Web 文档信息，人们希望按照 Web 文档内容对其进行分类，网页自动分类技术也随之诞生。

（2）新闻分类。新闻网站中有大量的新闻报道，随着电子传播手段在新闻报道中的广泛运用，新闻体裁的分类趋于多样化，各类新闻都有其定位和表现内容需要的体裁。对此需要根据新闻内容，将新闻网站中的新闻按照一定的分类标准进行分类，如政治、军事、经济、娱乐和体育等。

（3）情感分析。情感分析是指对带有主观感情色彩的文本内容进行分析和处理的过程，它可挖掘出人们针对不同的人物、产品或事件的观点、态度和情绪。互联网中有大量用户参与并发表评论的各种平台，如淘宝、京东和微博等，在这些平台上用户的评论可体现用户的主观情感倾向。当需要对这些评论进行情感分析时，文本分类可以帮助实现，按照不同情感将其划分为若干类。

（4）信息检索。信息检索是用户采用一定的方法，借助搜索引擎查找所需信息的过程。信息检索同样采用文本分类的方法，通过判断用户查找内容的所属类别，在该类别的信息集合中再做进一步检索。

4.3.3 文本聚类常用算法

文本聚类主要是指从杂乱的文本集合中发掘出对用户有价值的信息，通过这些蕴含在文本集中的未被发现的信息能够更为合理地组织文本集合。文本聚类的主要思想是可以对无类别标识的文本集合进行分析，通过对文本特性进行分析探索其应有的信息，再将集合中的文本按照特性分析的结果标识类别，发现文本内容中潜在的信息。文本聚类是对文本数据进行组织、过滤的有效手段，并广泛应用于主题发现、社团发现、网络舆情监测、网络信息内容安全监测等领域。

传统的文本聚类算法使用 TF-IDF 技术对文本进行向量化，然后使用 k-means 等聚类手段对文本进行聚类处理。文本向量化表示和聚类是提升文本聚类精度的重要环节，选择恰当的文本向量化表示方法和聚类算法成为文本聚类的关键。

聚类算法是机器学习中的一种无监督学习算法，它不需要对数据进行标记，也不需要训练过程，通过数据内在的相似性将数据点划分为多个子集，每个子集也称为一个簇，对应着潜在的类别，而同一类别中的数据相似性较大，不同类别之间的数据相似性较小。聚类实质上就是将相似度高的样本聚为一类，并且期望同类样本之间的相似度尽可能高，不同类别之间的样本相似度尽可能低。

聚类算法主要分为基于划分的聚类算法、基于层次的聚类算法、基于密度的聚类算法、基于网格的聚类算法、基于模型的聚类算法和基于模糊的聚类算法，具体介绍如下。

（1）基于划分的聚类算法。这种算法是聚类算法中原理最为简单的算法，其基本思想为给定一个有 n 个记录的数据集，将数据集划分为 K 个分组，每一个分组称为一个簇。对于给定的 K 个分组，同一个分组内的数据记录距离越近越好，不同分组之间的距离则要求要远。该类算法包括 k-means、Single-Pass 增量聚类算法、k-medoids 和基于随机选择的聚类算法（Clustering Algorithm based on Randomized Search，CLARANS）等。其中最为经典、应用最多的是 k-means 算法。

（2）基于层次的聚类算法。这种算法的主要思想是将样本集合合并成凝聚度更高或分裂成更细致的子样本集合，最终样本集合形成一棵层次树。该类算法不需要预先设定聚类数，只需要样本集合通过不断迭代达到聚类条件或迭代次数即可。基于层次划分的经典聚类算法有变色龙算法、嵌套层次（Agglomerative Nesting，AGNES）聚类算法、基于代表的聚类（Clustering Using Representatives，CURE）算法等。

（3）基于密度的聚类算法。这种算法的主要思想是首先找出密度较高的样本点，然后将周围相近的密度较高的样本点连成一片，最后形成各类簇。比较具有代表性的 3 种基于密度的聚类算法有具有噪声的基于密度的聚类（Density-Based Spatial Clustering of Applications with Noise，DBSCAN）、基于排序点识别的聚类结构（Ordering Points to Identify the Clustering Structure，OPTICS）和基于密度分布函数的聚类（Density-based Clustering，DENCLUE）。此类算法的优点是健壮性强，对任意形状的聚类都适用，但是结果的精度与参数设置关系密切，实用性不强。

（4）基于网格的聚类算法。这种算法的出发点不再是平面而是空间，空间中的有限个网格代表数据，聚类过程就是按一定的规则将网格合并。由于该算法在处理数据时是独立的，仅依赖网格结构中每一维的单位数，因此处理速度很快。但是此类算法对参数十分敏感，速度快的代价是精确度不高，通常需要与其他聚类算法结合使用。

（5）基于模型的聚类算法。这种算法的思路是假设每个类为一个模型，然后寻找与该模型拟合最好的数据，通常有基于概率和基于神经网络两种方法。概率模型即概率生成模型，它假设数据是由潜在的概率分布产生的，典型的算法是高斯混合模型。这类聚类算法在样本数据量大的时候执行率较低，不适合大规模聚类场合。

（6）基于模糊的聚类算法。这种算法的主要思想是以模糊集合论作为数学基础，用模糊数学的方法进行聚类分析。此类算法的优点在于对满足正态分布的样本数据而言它的效果会很好，但是此类算法过于依赖初始聚类中心，为确定初始聚类中心需要多次迭代以寻找最佳样本点，对于大规模数据样本会大大增加时间复杂度。

上述的聚类算法各有优缺点，在面对不同的数据集时能起到不同的作用。

4.3.4 文本分类与聚类的步骤

利用算法进行文本分类或聚类，一般包含数据准备、特征提取、模型选择与训练、模型测试、模型融合等步骤，具体介绍如下。

（1）数据准备。文本数据一般是非结构化的数据，这些数据或多或少会存在数据缺失、数据异常、数据格式不规范等情况，这时需要对其进行预处理，包括数据清洗、数据转换、数据标准化、缺失值和异常值处理等。

（2）特征提取。特征提取是文本分类前的步骤之一，有几种经典的特征提取方法，分别是 BOW 模型、TF、TF-IDF、n-gram 和 Word2Vec。其中 BOW 模型拥有过大的特征维数，数据过于稀疏。TF 和 TF-IDF 运用统计的方法，将词汇的统计特征作为特征集，但效果与 BOW 模型相差不大。

（3）模型选择与训练。对处理好的数据进行分析，选择适合用于训练的模型。首先，判断数据中是否存在类标签，如果有那么归为监督学习问题，否则划分为无监督学习问题。在模型的训练过程中，通常会将数据划分为训练集和测试集，训练集用于训练模型，测试集则不参与训练，用于后续验证模型效果。

（4）模型测试。通过测试数据可以对模型进行验证，分析产生误差的原因，包括数据来源、特征、算法等。寻找在测试数据中的错误样本，发现特征或规律，从而找到提升算法性能、减少误差的方法。

（5）模型融合。模型融合是提升算法准确率的一种方法，当模型效果不太理想时，可以考虑使用模型融合的方法进行改善。单个模型的准确率不一定比多个模型集成的准确率高。模型融合是指同时训练多个模型，综合考虑不同模型的结果，再根据一定的方法集成模型，得到更好的结果。

4.3.5 新闻文本分类

本小节将介绍运用朴素贝叶斯模型，分别采用自定义函数和调用 Python 内置函数两种方法对新闻文本进行分类。新闻文本分类的流程包括以下步骤。

（1）数据读取。读取原始新闻数据，共有 1000 条数据。

（2）文本预处理。对原始数据进行预处理，对其进行去重、脱敏和分词等操作，并分别统计教育、旅游的词频，随后绘制相应的词云图。由于数据分布不均，对每个类别的数据各抽取 400 条，共抽取 800 条数据进行训练模型及分类。

（3）分类和预测。调用 Python 内置函数实现朴素贝叶斯分类，将最终结果与测试集进行比较，得到模型的分类情况和准确率。

（4）模型评价。使用处理好的测试集进行预测，对比真实值与预测值，获得准确率并进行结果分析。

数据来自新闻网站的新闻数据合集，在旅游、教育标签下各选取 500 条新闻数据，相关数据示例如表 4-2 所示。

表 4-2　相关数据示例

新闻	类别
作为父母，如果我们留给孩子的只是一些消耗性财富，是不可靠的；只有给孩子留下一些生产性财富……	教育
昨天，微博博主“小 5 啊”发起了一个征集……	教育
昨日，省教育考试院发布了《关于广东省 2016 年普通高等学校招生专业目录更正及增补的通知（三）》……	教育

续表

新闻	类别
昨天开始进入“黄金周”……	旅游
最新消息：国务院日前批复同意将惠州市列为国家历史文化名城……	旅游
最新消息：10 月 15 日，经国家旅游局批准……	旅游

1. 数据读取

加载库并读取数据，如代码 4-2 所示。由代码运行结果可知，数据中各类新闻均为 500 条。

代码 4-2 加载库并读取数据

```
import os
import re
import jieba
import numpy as np
import pandas as pd
# from scipy.misc import imread
import imageio
import matplotlib.pyplot as plt
from wordcloud import WordCloud
from sklearn.naive_bayes import MultinomialNB
from sklearn.model_selection import train_test_split
from sklearn.feature_extraction.text import CountVectorizer
from sklearn.metrics import confusion_matrix,classification_report
os.chdir('../data/')
# 读取数据
data = pd.read_csv('news.csv', encoding='utf-8', header=None)
data.columns = ['news', 'label']
data.label.value_counts()
```

代码 4-2 的运行结果如下。

```
教育    500
旅游    500
```

2. 文本预处理

对文本数据进行预处理，包括以下几个步骤。

（1）单独抽取文本数据进行预处理，查看数据发现不存在缺失值，对其进行去重和脱敏操作。

（2）由于原始数据中的敏感信息已统一用字符替换，因此进行脱敏时只需减去相应的字符，脱敏后共减少了100个字符。

（3）采用jieba库对文本数据进行分词，由于在分词的过程中会切分部分有用信息，因此需要加载自定义字典newdic1.txt以避免过度分词，文件中包含文本数据的几个重要词汇。

（4）对分词后的结果过滤停用词，去除停用词后共减少了2278148个字符。

（5）经过处理的数据中存在一些无意义的空列表，对其进行删除。可用lambda()方法创建一个自定义函数，并可以借助apply()方法实现并返回相应的结果。

apply()方法的使用格式如下。

```
DataFrame.apply(func, axis=0, broadcast=False, raw=False, reduce=None, args=(),
**kwds)
```

apply()方法有很多参数可供使用，常用的参数及其说明如表4-3所示。

表4-3 apply()方法常用的参数及其说明

参数名称	说明
func	接收functions。表示应用于每行或每列的函数。无默认值
axis	接收0或1。代表操作的轴向。默认为0
broadcast	接收bool。表示是否进行广播。默认为False
raw	接收bool。表示是否直接将ndarray对象传递给函数。默认为False
reduce	接收bool或None。表示返回值的格式。默认为None

（6）通过自定义函数统计词频，对于各个类别的新闻文本，留下词频大于20的词。并分别对各个类别的新闻文本绘制词云图，查看文本数据分布情况。

对文本数据进行上述步骤的处理，如代码4-3所示。

代码4-3 文本预处理

```
# 数据预处理
temp = data.news
temp.isnull().sum()


# 去重
data_dup = temp.drop_duplicates()
# 脱敏
l1 = data_dup.astype('str').apply(lambda x : len(x)).sum()
data_qumin = data_dup.astype('str').apply(lambda x : re.sub('x','',x))
# 用空格代替x
l2 = data_qumin.astype('str').apply(lambda x : len(x)).sum()
print('减少了'+str(l1-l2)+'个字符')
# 加载自定义字典
current_dir = os.path.abspath('.')  # 获取当前目录的绝对路径
```

```
print(current_dir)
dict_file = os.path.join(current_dir,'newdic1.txt')
jieba.load_userdict(dict_file)
# 分词
data_cut = data_qumin.astype('str').apply(lambda x : list(jieba.cut(x)))
# data_cut 里有空格、冒号
print(data_cut)
# 去停用词
stopword = pd.read_csv('stopword.txt',sep='ooo',encoding='gbk',header=None,
engine='python')
stopword = [' ']+list(stopword[0])  # 将第一列变成列表
l3 = data_cut.astype('str').apply(lambda x : len(x)).sum()
# 提取出在 data_cut 中、不在 stopword 中的词，实际就是提取英文单词，去掉杂乱的字符
data_qustop = data_cut.apply(lambda x : [i for i in x if i not in stopword])
l4 = data_qustop.astype('str').apply(lambda x : len(x)).sum()
print('减少了'+str(l3-l4)+'个字符')

data_qustop = data_qustop.loc[[i for i in data_qustop.index if data_qustop[i] !=
[]]]  # 删除空列表的行
data_qustop.drop(999,axis=0,inplace=True)

# 词频统计
lab = [data.loc[i,'label'] for i in data_qustop.index]  # 取出对应的第一列
lab1 = pd.Series(lab,index=data_qustop.index)  # 转换为 Series

def cipin(data_qustop, num=10):
    temp = [' '.join(x) for x in data_qustop]  # 将每一行的词用空格连起来
    temp1 = ' '.join(temp)  # 将每一行的句子用空格连起来
    temp2 = pd.Series(temp1.split()).value_counts()  # 将所有词放在一个列表中，
用空格来切分，然后计数
    print(temp2)
    return temp2[temp2 > num]  # 留下词频大于 10 的词

data_teaching = data_qustop.loc[lab1 == '教育']
data_tour = data_qustop.loc[lab1 == '旅游']
print(data_teaching)
```

```
data_t = cipin(data_teaching, num=20)
data_to= cipin(data_tour, num=20)

# 绘制词云图
back_pic = imageio.imread('../data/background.jpg')
wc = WordCloud(font_path='C:/Windows/Fonts/simkai.ttf',  # 字体
               background_color='white',  # 背景颜色
               max_words=2000,  # 最大词数
               mask=back_pic,  # 背景图片
               max_font_size=200,  # 字体大小
               random_state=1234)  # 设置多少种随机的配色方案
#绘制教育新闻文本词云图
wordcloud1 = wc.fit_words(data_t)
plt.figure(figsize=(16, 8))
plt.imshow(wordcloud1)
plt.axis('off')
plt.show()

# 绘制旅游新闻文本词云图
wordcloud4 = wc.fit_words(data_to)
plt.figure(figsize=(16, 8))
plt.imshow(wordcloud4)
plt.axis('off')
plt.show()
```

运行代码 4-3 后，得到的教育、旅游的新闻文本词云图分别如图 4-4 和图 4-5 所示。

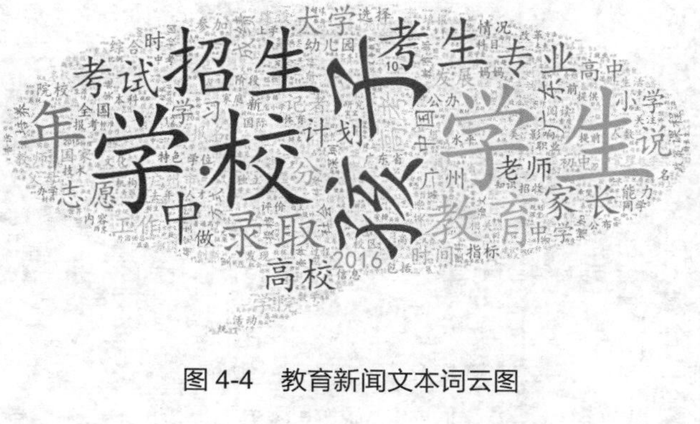

图 4-4 教育新闻文本词云图

图 4-5　旅游新闻文本词云图

从图 4-4、图 4-5 中可以看出，教育新闻文本中学校、孩子等词出现的频次较高，旅游新闻文本中旅游、游客等词出现的频次较高。

由于各类新闻数据量不一样，为了方便后续建模与分类，可采用 sample 函数实现简单随机抽样。sample 函数的使用格式如下。

```
DataFrame.sample(n=None, frac=None, replace=False, weights=None, random_state=None, axis=None)
```

sample 函数常用的参数及其说明如表 4-4 所示。

表 4-4　sample 函数常用的参数及其说明

参数名称	说明
n	接收 int。表示从轴返回的项目数。无默认值
replace	接收 bool。表示允许或不允许对同一行进行多次采样。默认为 False
random_state	接收 int、array-like、BitGenerator、np.random.RandomState。若接收的是前 3 种类型则表示随机数生成器的生成种子；若接收的是 np.random.RandomState 则表示使用的是 numpy RandomState 的对象。无默认值
axis	接收 0 或 index，1 或 columns。表示采样的轴向。默认为 None

对教育、旅游这两类的新闻数据各抽取 400 条，如代码 4-4 所示。

代码 4-4　数据采样

```
num = 400
adata = data_teaching.sample(num, random_state=5,replace = True)
ddata = data_tour.sample(num, random_state=5,replace = True)
data_sample = pd.concat([adata, ddata])
# data_sample = pd.concat([adata, bdata,cdata,ddata])

data = data_sample.apply(lambda x: ' '.join(x))
lab = pd.DataFrame(['教育'] * num + ['旅游'] * num, index=data.index)
```

```
my_data = pd.concat([data, lab], axis=1)
my_data.columns = ['news', 'label']
```

在代码 4-4 中，sample 函数设置了随机状态，目的是使得每次运行程序时的抽样方式与上一次的相同。

3. 分类和预测

朴素贝叶斯分类可以通过调用 MultinomialNB 函数实现。首先划分训练集和测试集，分别输入数据集的文本数据和标签、测试集所占比例以及随机状态，接着利用训练集生成词库，使用 CountVectorizer 函数分别构建训练集和测试集的向量矩阵，最后利用内置朴素贝叶斯函数预测分类。CountVectorizer 函数的使用格式如下。

```
class sklearn.feature_extraction.text.CountVectorizer(*, input='content', encoding='utf-8', decode_error='strict', strip_accents=None, lowercase=True, preprocessor=None, tokenizer=None, stop_words=None, token_pattern='(?u)\b\w\w+\b', ngram_range=(1, 1), analyzer='word', max_df=1.0, min_df=1, max_features=None, vocabulary=None, binary=False, dtype=<class 'numpy.int64'>
```

CountVectorizer 函数有许多参数，常用的参数及其说明如表 4-5 所示。

表 4-5　CountVectorizer 函数常用的参数及其说明

参数名称	说明
input	接收 str。表示传入对象的类型，可选 filename、file、content。默认为 content
encoding	接收 str。表示对传入对象进行解码的编码。默认为 utf-8
decode_error	接收 str。表示若给出分析的字节序列包含没有给定编码的字符该如何操作，可选 strict、ignore、replace。默认为 strict
strip_accents	接收 str。表示在预处理步骤中删除重音并执行其他字符归一化，可选 ascii、unicode。默认为 None
vocabulary	接收 dict。表示映射，其中键是项，值是特征矩阵中的索引或可迭代的项。默认为 None

而 MultinomialNB 函数的使用格式如下。

```
class sklearn.naive_bayes.MultinomialNB(*, alpha=1.0, fit_prior=True, class_prior=None)
```

MultinomialNB 函数常用的参数及其说明如表 4-6 所示。

表 4-6　MultinomialNB 函数常用的参数及其说明

参数名称	说明
alpha	接收 float。表示加法平滑参数（0 表示不平滑）。默认为 1.0

续表

参数名称	说明
fit_prior	接收 bool。表示是否学习类的先验概率。默认为 True
class_prior	接收 array-like。表示类的先验概率。默认为 None

调用 CountVectorizer 函数构建向量矩阵，调用 MultinomialNB 函数进行分类和预测，如代码 4-5 所示。

代码 4-5　构建向量矩阵并进行分类和预测

```
# 划分训练集和测试集
x_train, x_test, y_train, y_test = train_test_split(
    my_data.news, my_data.label, test_size=0.2, random_state=1234)  # 构建词频向量矩阵
# 训练集
cv = CountVectorizer()  # 将文本中的词语转化为词频矩阵
train_cv = cv.fit_transform(x_train)  # 拟合数据，再将数据转化为标准格式
train_cv.toarray()
train_cv.shape  # 查看数据大小
cv.vocabulary_  # 查看词库内容

# 测试集
cv1 = CountVectorizer(vocabulary=cv.vocabulary_)
test_cv = cv1.fit_transform(x_test)
test_cv.shape
# 朴素贝叶斯
nb = MultinomialNB()  # 朴素贝叶斯分类器
nb.fit(train_cv, y_train)  # 训练分类器
pre = nb.predict(test_cv)  # 预测分类器
```

4．模型评价

分类和预测完成后，对模型进行评价，如代码 4-6 所示。

代码 4-6　模型评价

```
# 评价
cm = confusion_matrix(y_test, pre)
cr = classification_report(y_test, pre)
print(cm)
print(cr)
```

代码 4-6 的运行结果如下。

```
[[88  1]
 [ 0 71]]
              precision    recall    f1-score    support

        教育       1.00      0.99      0.99        89
        旅游       0.99      1.00      0.99        71

    accuracy                           0.99       160
   macro avg       0.99      0.99      0.99       160
weighted avg       0.99      0.99      0.99       160
```

结果显示测试集中正确分类的共有 159 条数据，错误分类的只有 1 条数据。其中，教育、旅游新闻信息被正确分类的数据分别有 88、71 条，教育新闻信息被预测为旅游新闻信息的有 1 条。模型的分类准确率为 0.99，F1 值基本一致，分类效果非常好。精确度和召回率分别表示模型对不同类别新闻信息的识别能力，F1 值是两者的综合，值越高说明模型越健壮。这里模型总体的精确度、召回率和 F1 值大致都为 0.99，模型较为健壮。但是过于健壮的模型可能存在过拟合的风险。

4.3.6 新闻文本聚类

新闻文本聚类的流程包括如下步骤。

（1）数据读取。读取文件列表中的新闻文本并给定标签，划分训练集与测试集，读入的每条新闻作为一行，方便后续数据处理及词频矩阵的转化。

（2）文本预处理。对每个新闻文本使用 jieba 库进行分词和去除停用词处理，去除文本中无用的停用词，降低处理维度，加快计算速度。

（3）特征提取。使用 scikit-learn 库调用 CountVectorizer 将文本转为词频矩阵，使用 TfidfTransformer 函数计算 TF-IDF 值并转化为矩阵。

（4）聚类。根据导入数据类型标签个数，定义聚类个数，导入训练集后通过调用 sklearn.cluster 函数训练模型，并保存聚类模型。

（5）模型评价。使用处理好的测试集进行预测，对比真实值与预测值，获得准确率并进行结果分析。

1. 数据读取

通过获取文件列表信息，使用 pandas 库的 read_csv 函数逐一读取数据，在获得文本内容的同时去除文本中的换行符、制表符等特殊符号。read_csv 函数的使用格式如下。

```
pandas.read_csv(filepath_or_buffer, sep=<object object>, header='infer',
names=None, engine=None, encoding=None, delim_whitespace=False, low_memory=
True, memory_map=False, float_precision=None, storage_options=None)
```

read_csv 函数有许多参数，常用的参数及其说明如表 4-7 所示。

表 4-7　read_csv 函数常用的参数及其说明

参数名称	说明
filepath_or_buffer	接收 str。表示文件的路径对象。无默认值
sep	接收 str。表示使用的定界符。默认为“,”
header	接收 int、list of int。表示用作列名的行号以及数据的开头。默认为 infer
names	接收 array-like。表示使用的列名列表。无默认值
engine	接收 str。表示使用的解析器引擎，可选 c 和 python。无默认值
encoding	接收 str。表示读/写时的编码。无默认值

读取数据过程如代码 4-7 所示。

代码 4-7　读取数据

```
import re
import json
import jieba
import pandas as pd
from sklearn.cluster import KMeans
import joblib
from sklearn.feature_extraction.text import TfidfTransformer
from sklearn.feature_extraction.text import CountVectorizer
import  random
from sklearn import metrics

# 数据读取
data = pd.read_csv('../data/news.csv', encoding='utf-8', header=None)
data.columns = ['news', 'label']
```

2. 文本预处理

通过文本预处理，方便对训练集与测试集进行相关的处理。首先需对读取的文本数据进行缺失值处理。而使用 read_csv 函数读取文件时默认将空格符去除，于是在加载停用词后需补上被自动去除的空格符号。读取数据中的每个新闻文本，并使用 jieba 库进行分词处理并去除停用词。去除文本中的非中文字符，且仅保留长度大于 1 的文本。将预处理的文本数据前 1600 条划分为训练集，剩余部分作为测试集，如代码 4-8 所示。

代码 4-8　文本数据预处理

```
data_dup = data.drop_duplicates()
data_qumin = data_dup.copy()
```

```
data_qumin = data_dup.astype('str').apply(lambda x : re.sub('x', '', x))

stopword = pd.read_csv('../data/stopword.txt', sep='ooo', encoding='gbk',
header=None, engine='python')
stopword = [' '] + list(stopword[0])

dict_file = pd.read_csv('../data/newdic1.txt')
jieba.load_userdict(dict_file)

data_cut = data_qumin.copy()
data_cut['news'] = data_qumin['news'].astype('str').apply(lambda x :
list(jieba.cut(x)))
data_cut['news'] = data_cut['news'].apply(lambda x : [i for i in x if i not in
stopword])

data_cut['news'] = data_cut['news'].apply(lambda x : [''.join(re.findall
('[\u4e00-\u9fa5]', i)) for i in x])
data_cut['news'] = data_cut['news'].apply(lambda x : [i for i in x if len(i)
> 1])

data_qustop = pd.DataFrame()
ind = [len(i) > 1 for i in data_cut.iloc[:, 0] ]
data_qustop = data_cut.loc[ind, :]

#划分训练集和测试集
reps = {'教育': '1', '体育': '2', '健康': '3', '旅游': '4'}
data_qustop['label'] = data_qustop['label'].map(lambda x : reps.get(x))

corpus = []
for i in data_qustop.iloc[: , 0]:
    temp = ' '.join(i)
    corpus.append(temp)

train_corpus = corpus[: 1600]
test_corpus = corpus[1600:]
```

3. 特征提取

特征提取环节调用 CountVectorizer 函数将文本中的词语转换为词频矩阵，矩阵中的元素 a[i][j]表示 j 词在 i 类文本下的词频；调用 TfidfTransformer 函数计算 TF-IDF 权重并转化为矩阵，矩阵中的元素 w[i][j]表示 j 词在 i 类文本中的 TF-IDF 权重。TfidfTransformer 函数的使用格式如下。

```
class  sklearn.feature_extraction.text.TfidfTransformer(*,  norm='l2',  use_idf=True, smooth_idf=True, sublinear_tf=False)
```

TfidfTransformer 函数有许多参数，常用的参数及其说明如表 4-8 所示。

表 4-8　TfidfTransformer 函数常用的参数及其说明

参数名称	说明
norm	接收 str。表示每个输出行将具有单位范数，可选 l1、l2。默认为 l2
use_idf	接收 bool。表示启用反向文档频率重新加权。默认为 True
smooth_idf	接收 bool。表示通过在文档频率上增加一个来平滑 TF-IDF 权重。默认为 True
sublinear_tf	接收 bool。表示应用亚线性 TF 缩放。默认为 False

使用 CountVectorizer 函数和 TfidfTransformer 函数进行特征提取如代码 4-9 所示。

代码 4-9　特征提取

```
# 将文本中的词语转换为词频矩阵，矩阵元素 a[i][j]表示 j 词在 i 类文本下的词频
vectorizer = CountVectorizer()
# 统计每个词语的 TF-IDF 权重
transformer = TfidfTransformer()
# 第一个 fit_transform 用于计算 TF-IDF 权重，第二个 fit_transform 用于将文本转为矩阵
train_tfidf = transformer.fit_transform(vectorizer.fit_transform(train_corpus))
test_tfidf = transformer.fit_transform(vectorizer.fit_transform(test_corpus))
# 将 TF-IDF 矩阵抽取出来，元素 w[i][j]表示 j 词在 i 类文本中的 TF-IDF 权重
train_weight = train_tfidf.toarray()
test_weight = test_tfidf.toarray()
```

4. 聚类

由于之前选取了 4 个数据集，因此，选用 4 个中心点。随后进行模型的训练，调用 fit 函数将数据输入聚类器中，训练完成后保存模型，并查看模型在训练集上的调整兰德系数（Adjusted Rand Index，ARI）、调整互信息（Adjusted Mutual Information，AMI）、调和平均（V-measure）。

ARI 取值范围为[−1,1]，值越大越好，用于反映两种划分的重叠程度，使用该度量指标需要数据本身有类别标签。其计算公式如式（4-14）所示。

$$\mathrm{ARI}=\frac{\mathrm{RI}-E[\mathrm{RI}]}{\max(\mathrm{RI})-E[\mathrm{RI}]} \tag{4-14}$$

式（4-14）中 RI 为兰德系数，max(RI)表示兰德系数的最大值，E[RI]表示兰德系数的期望。

AMI 也用于衡量两个数据分布的吻合程度。假设 U 与 V 是对 N 个样本标签的分配情况，其计算公式如式（4-15）所示。

$$\mathrm{AMI}=\frac{\mathrm{MI}-E[\mathrm{MI}]}{\max(H(U),H(V))-E[\mathrm{MI}]} \tag{4-15}$$

式（4-15）中 MI 为互信息，$\max(H(U),H(V))$ 为信息熵的最大值，E[MI]为互信息的期望。

v 是同质性 h（homogeneity，即每个群集只包含单个类的成员）和完整性 c（completeness，即给定类的所有成员都分配给同一个群集）的调和平均。其计算公式如式（4-16）所示。

$$v=2\times\frac{h\times c}{h+c} \tag{4-16}$$

训练聚类模型并查看 ARI、AMI、调和平均如代码 4-10 所示。

代码 4-10 训练聚类模型并查看 ARI、AMI、调和平均

```
clf = KMeans(n_clusters=4, algorithm='elkan')  # 选择 4 个中心点
# clf.fit(X)可以将数据输入分类器里
clf.fit(train_weight)
# 4 个中心点
print('4 个中心点为:' + str(clf.cluster_centers_))
# 保存模型
joblib.dump(clf, 'km.pkl')
train_res = pd.Series(clf.labels_).value_counts()
# 预测的簇
labels_pred = clf.labels_
# 真实的簇
labels_true = data_qustop['label'][: 1600]


print('\n 训练集 ARI 为: ' + str(metrics.adjusted_rand_score(labels_true, labels_pred)))
print('\n 训练集 AMI 为: ' + str(metrics.adjusted_mutual_info_score(labels_true, labels_pred)))
print('\n 训练集调和平均为: ' + str(metrics.v_measure_score(labels_true, labels_pred)))
print('每个样本所属的簇为')
```

```
for i in range(len(clf.labels_)):
    print(i , ' ', clf.labels_[i])
```

运行代码 4-10 后，得到的结果如下。

```
4个中心点为:[[-6.77626358e-21  1.89735380e-19 -6.77626358e-21 ...  5.42101086e-20
  3.38813179e-21 -2.03287907e-19]
 [-6.77626358e-21 -1.62630326e-19  1.69406589e-20 ...  4.74338450e-20
  3.38813179e-20 -1.49077799e-19]
 [-6.77626358e-21  2.56453789e-04  1.69406589e-20 ...  2.03287907e-20
 -6.77626358e-21  1.35525272e-20]
 [ 2.74667615e-05  2.05646617e-04  2.56174527e-05 ...  4.79056635e-05
  2.93372653e-05  1.05062623e-04]]
训练集 ARI 为: 0.2352928109807351

训练集 AMI 为: 0.45133131936936033

训练集调和平均为: 0.4526106487682168
每个样本所属的簇为
0   3
1   3
2   1
3   3
…
1596   2
1597   3
1598   3
1599   3
1600   3
```

第一个输出结果为聚类的中心点，表示 4 个类别的聚类中心点；第二、三、四个输出分别为 ARI、AMI、调和平均；第五个输出为每个数据样本的簇，即类别标签。

5. 模型评价

输入测试数据进行模型预测，计算测试数据的 ARI、AMI、调和平均，如代码 4-11 所示。

代码 4-11 计算测试数据的 ARI、AMI、调和平均

```
# 预测的簇
labels_pred = clf.fit_predict(test_weight)
# 真实的簇
```

```
labels_true = data_qustop['label'][1600:]
print('\n 测试集 ARI 为：' + str(metrics.adjusted_rand_score(labels_true,
labels_pred)))
print('\n测试集AMI为：' + str(metrics.adjusted_mutual_info_score(labels_true,
labels_pred)))
print('\n 测试集调和平均为：' + str(metrics.v_measure_score(labels_true,
labels_pred)))
```

运行代码 4-11 后，得到的结果如下。

```
测试集ARI为：0.32951365267813887


测试集AMI为：0.4899627160105715


测试集调和平均为：0.4962776583574683
```

模型测试集的 ARI 约为 0.3295，AMI 约为 0.4899，调和平均约为 0.4962，读者可以尝试通过不同的提取特征方式得到不同的结果。

小结

本章首先介绍了文本向量化的基本概念和两种表示方法，包括文本向量化的基本概念以及文本的离散表示和分布式表示方法，其中离散表示介绍了独热表示、BOW 模型和 TF-IDF 表示 3 种表示方法，分布式表示介绍了 Word2Vec 模型和 Doc2Vec 模型各自的两个模型，还结合代码详细介绍了利用 gensim 库进行向量化的模型训练和实战应用。接着介绍了文本相似度的定义及其常用算法。最后主要介绍了文本分类与聚类基本概念，以及文本分类和文本聚类常用算法，还介绍了文本分类与文本聚类的步骤，并提供了文本分类与文本聚类对应的 Python 案例供读者参考学习。

课后习题

选择题

（1）独热表示的特点不包括（　　）。

A. 构造简单　　B. 维数过大　　C. 可以保留语义　　D. 矩阵稀疏

（2）下列关于 Word2Vec 模型的说法正确的是（　　）。

A. 得到的训练结果不能度量词与词之间的相似性

B. 当这个模型训练好以后，需要用这个训练好的模型处理新的任务

C. 真正需要的是这个模型通过训练数据所学得的参数

D. Word2Vec 模型其实就是简化的遗传算法模型

（3）不属于文本相似度中的文本表示方法的是（　　）。

A. 基于关键词匹配　　B. 基于向量空间

C. 基于语义和词性　　D. 基于深度学习

（4）不属于文本挖掘的基本技术分类的是（　　）。

A. 文本信息抽取　　B. 文本分类

C. 文本聚类　　D. 文本数据挖掘

（5）适用于样本容量较大的文本分类算法的是（　　）。

A. 朴素贝叶斯算法　　B. 支持向量机算法

C. 神经网络算法　　D. K 近邻算法

第 5 章 天问一号事件中的网民评论情感分析

随着科学技术的不断发展与进步，互联网日益壮大并广泛地应用在人们生活的方方面面。同时，搜索引擎技术的不断发展为网络用户对信息的获取提供了极大的便利，网络用户可以通过搜索在线新闻等方式实现信息获取。近些年来，我国综合实力不断提高，逐步在世界之林绽放属于自己的光彩。科学技术是第一生产力，同时也是衡量一个国家综合国力的重要因素，航天技术正是其中一大关键技术。

本案例的数据爬取自 bilibili 网站关于"天问一号"登陆火星这项任务的相关视频下的用户评论。本章主要介绍使用朴素贝叶斯分类算法，对 bilibili 网站用户的评论进行情感分析。

学习目标

（1）了解天问一号事件 bilibili 网站用户评论情感分析案例背景、数据和目标。

（2）掌握数据探索的方法，对数据进行可视化处理。

（3）掌握文本预处理的方法，对文本进行中文分词、去停用词等处理和向量化。

（4）掌握朴素贝叶斯分类算法的使用方法，构建分类模型和进行模型优化。

（5）掌握分类模型评估方法，对构建的分类模型进行模型评估。

5.1 业务背景与项目目标

网络舆情是在一定的社会空间内，民众围绕社会热点事件的发生、发展和变化在互联网所表达的有较强影响力和倾向性的言论和观点的集合。根据 2021 年 2 月 3 日中国互联网络信息中心（China Internet Network Information Center，CNNIC）发布的第 47 次《中国互联网络发展状况统计报告》，截至 2020 年 12 月，我国网民规模已达 9.89 亿，互联网普及率达 70.4%，同时，伴随着短视频的火爆，我国网络视频（含短视频）用户规模达到了 9.27 亿，其中短视频用户规模有 8.73 亿，网络用户对热点时事的关注度也越来越高。

伴随着当代移动互联网的高速发展和社交媒体的急剧"升温"，社会舆论场域也发生了变革，用户得以通过快速和便捷的渠道在各类网络社交媒体平台表达观点、态度和立场，逐渐打破传统的媒介监督范式。天问一号成功登陆火星的消息，令无数中华儿女都慨然落泪、人心振奋，因为这代表着我国朝着浩瀚宇宙的探知又迈进一大步。人们深知我国航天事业发展一路以来的艰辛，同时这也是我国航天事业史上一个重大的“里程碑”。

本案例的数据爬取自 bilibili 网站，爬取目标是关于各官方媒体用户所发布的关于“天问一号”视频下方用户评论。爬取的初始评论量有 10000 条左右。

5.1.1 业务背景

天问一号是由中国空间技术研究院研制的探测器，负责执行中国第一次自主火星探测的任务。天问一号于 2020 年 7 月 23 日在文昌航天发射场由长征五号遥四运载火箭发射升空，2021 年 2 月到达火星附近实施火星捕获。5 月的时候进行了择机降轨，由“祝融号”火星车开展巡视探测等工作。6 月 11 日，中国国家航天局举行了天问一号探测器着陆火星首批科学影像图揭幕仪式，公布了由“祝融号”火星车拍摄的着陆点全景、火星地形地貌、“中国印迹”以及“着巡合影”等影像图。6 月 27 日，中国国家航天局发布了天问一号火星探测任务着陆和巡视探测系列实拍影像。

情感分析，又称意见挖掘、倾向性分析等，是对带有情感色彩的主观文本进行分析、处理、归纳和推理的过程。互联网（如微博、论坛和社会服务网络）上会产生大量用户参与的，对于诸如人物、事件、产品等有价值的评论信息。这些评论信息表达了人们的各种情感色彩和情感倾向，如喜、怒、哀、惧和批评、赞扬等。可以通过浏览这些带有主观色彩的评论来了解大众对于某一事件或产品的看法。

结合当前开放式的网络环境，对天问一号事件中 bilibili 网站用户所发表的观点和评论等文本数据进行收集整理，并进行评论文本的情感分析，可以直观地体现网络用户对于天问一号成功登陆火星事件的情感倾向，对于了解网络用户对于中国航天事业发展的认知度与认可度，有着一定的参考价值。

5.1.2 数据说明

本案例从“天问一号成功着陆火星”事件入手，爬取了天问一号发射与登陆火星前后的 bilibili 网站相关视频下的用户评论，组成评论数据 CSV 文件，爬取的内容包括用户名、点赞数、评论内容、视频网址等。评论数据的时间窗口为 2020 年 4 月 24 日至 2021 年 7 月 7 日，共爬取了 10380 条数据。

根据评论数据，结合舆论分析的场景，对用户针对天问一号事件的情感表现进行分类，分类标签分为-1（表示负面评论）、0（表示中性评论）以及 1（表示正面评论），部分评论信息如表 5-1 所示。

表 5-1　部分评论信息

评论时间	点赞数	评论内容	类别
2021/5/15	3	我国首次火星探测任务着陆火星于 2021.5.15.07:18 圆满成功！	1

续表

评论时间	点赞数	评论内容	类别
2020/12/20	7	嫦娥回来啦，可惜的是月球上不能种菜[大哭]现在希望全在靓仔身上了[doge]	1
2020/12/17	5	嫦娥五号回家啦！！[doge]	0
2020/8/23	1	中国加油	1
2020/8/18	6	天问一号，你已经是一个成熟的探测器了，你要加油，咱们明年见	0
2020/8/15	0	前往未止，发现未知	1
2020/8/9	0	今年广东省考出了题目，问“天问一号”的目的地	0
…	…	…	…

正面评论表达了 bilibili 网站用户对天问一号成功登陆火星的喜悦之感，同时表现出对中国航天事业的殷切期望与祝愿，对中国航天事业的未来充满期待。

负面评论表达了部分 bilibili 网站用户对于视频形式、背景音乐等的反感。

中性评论则是 bilibili 网站用户对于该事件的客观评价与分析，或者是表达自己对于太空和宇宙的想象，又或是提出自身的疑问、建议等，没有明显或直接表现出自身的态度和立场。

5.1.3　分析目标

本案例结合爬取到的关于天问一号事件的 bilibili 网站用户评论数据，将实现以下目标。

（1）绘制评论数据的词云图和绘制不同情感类型评论数据的词云图。

（2）基于朴素贝叶斯原理构建模型对 bilibili 网站用户评论进行情感分析。

实现本案例目标的总体流程如图 5-1 所示。

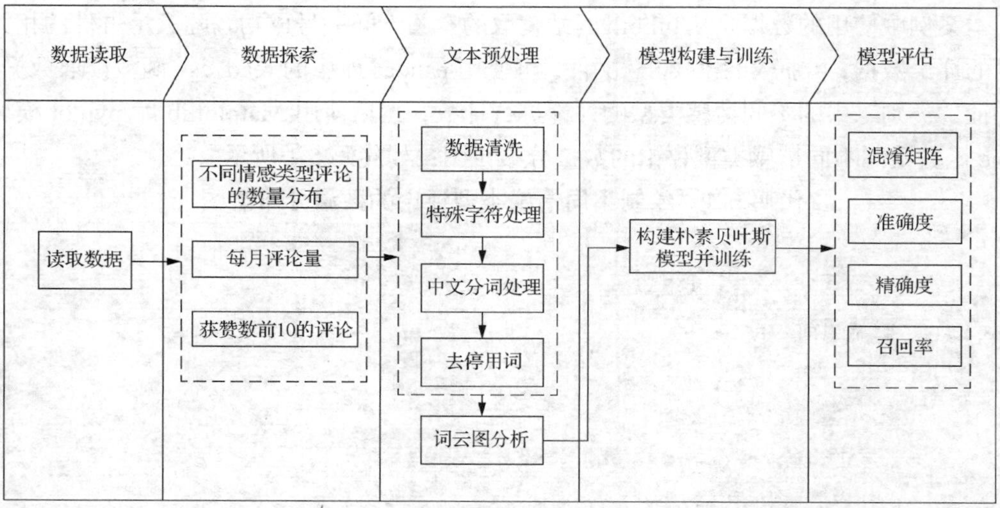

图 5-1　实现本案例目标的总体流程

主要包括以下 4 个步骤。

（1）数据探索。通过可视化的方法分析不同情感类型的评论数量分布、每月评论量的变化和获赞数排名前 10 的评论。

（2）文本预处理。对抽取到的数据进行清洗、特殊字符处理、中文分词处理、去停用词和词云图分析。

（3）模型构建与训练。将分词结果进行特征向量化，将数据集划分成训练集和测试集，并构建朴素贝叶斯模型进行分类。

（4）模型评估。通过混淆矩阵、准确率、精确率等评价指标对模型分类效果进行评估。

5.2 分析方法与过程

自从天问一号成功发射，中国航天工程话题再度迎来了热议，关于天问一号发射以及登陆火星前后的相关新闻、视频与评论也层出不穷。本次建模针对的是天问一号事件中 bilibili 网站出现的相关视频下的评论，本节将对评论数据进行数据探索，对文本进行基本的预处理（包括中文分词、去停用词等），并通过词云图查看预处理效果，然后进行特征向量化，最后构建朴素贝叶斯模型并通过混淆矩阵、准确率、精确率等评价指标对模型分类效果进行评估，并根据模型评估结果对模型进行优化。

5.2.1 数据探索

为了解本案例使用的数据的基本特征，将从不同情感类型评论的数量分布、2020 年 4 月 24 日至 2021 年 7 月 7 日期间每个月的评论数量以及获赞数排名前 10 的评论这 3 个方面对案例数据进行探索分析。

1. 不同情感类型评论的数量分布

本案例中使用的数据是从 bilibili 网站爬取的有关天问一号成功登陆火星事件的相关视频下的评论数据，数据文件为 CSV 文件，可使用 pandas 库中的 read_csv 函数读取数据集，对特征“类别”中的不同情感类型的评论进行计数，然后使用 Matplotlib 库 pyplot 模块中的 pie 函数绘制不同情感类型评论的数量分布饼图，如代码 5-1 所示。

代码 5-1 绘制不同情感类型评论的数量分布饼图

```
import pandas as pd
df = pd.read_csv('../data/BiliBiliComments.csv')
df.head()  # 输出前 5 行


from pyecharts.charts import Pie
from pyecharts import options as opts
phone = ['中性评论', '正面评论', '负面评论']
num = df['类别'].value_counts()  # 类别列计数
```

```
# 注意函数接收的数据类型为 (x,y) 组成的列表
def pie_rich_label() -> Pie:
  c = (
      Pie()
      .add(
         '',
         list(zip(phone,num)),
         label_opts=opts.LabelOpts(
             position="outside",
             # b 表示评论类别， d 表示占比
             formatter='{b|{b}: }  {per|{d}%}',
             background_color='#eee',
             border_color='#aaa',
             border_width=1,
             border_radius=4,
             # pyecharts 功能强大，可以调用富文本
             rich={
                'b': {'fontSize':16, 'lineHeight':33},
                'per':{
                   'color':'#eee',
                   'backgroundColor':'#334455',
                   'padding':[2, 4],
                   'borderRadius':2,
                },
             },
         ),
      )
      .set_global_opts(title_opts=opts.TitleOpts(title='不同情感类型评论的数量分
布'))
   .render('../tmp/Pie_basic.html')  # 渲染文件及其名称
   )
   return c
pie_rich_label()
```

运行代码 5-1，得到不同情感类型评论的数量分布饼图，如图 5-2 所示。

从图 5-2 可以看出，在所有的评论数据中，中性评论占比 49.95%，正面评论占比 45.66%，负面评论占比 4.39%。正面评论占比远远高于负面评论，说明大部分 bilibili 网站用户对中

国的航天事业抱有期望。同时也有相当一部分网友持中立观点，并对天问一号事件发表了自己的看法和建议。总体来看，bilibili 网站用户对天问一号的态度倾向于积极支持。

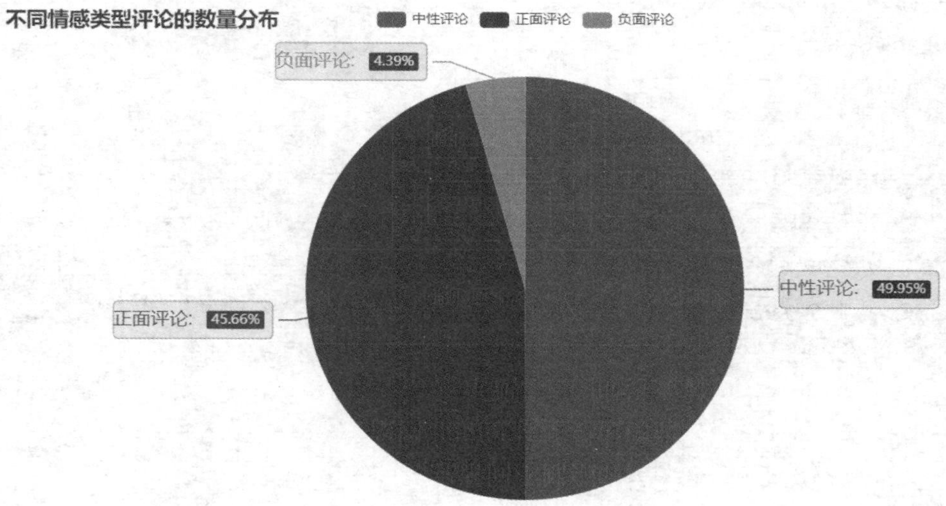

图 5-2　不同情感类型评论的数量分布饼图

2. 每月的评论量

为查看 2020 年 4 月 24 日至 2021 年 7 月 7 日期间每个月的 bilibili 网站用户评论量情况，首先需要统计所涉及的时间范围，并删除不是 2020—2021 年的数据，然后使用 groupby 函数和 sum 函数对“评论时间”列进行分组统计，最后使用 plot 函数绘制折线图，如代码 5-2 所示。

代码 5-2　查看 2020 年 4 月 24 日至 2021 年 7 月 7 日每月的评论量

```
df['评论时间'] = df['评论时间'].astype(str)  # 转换为字符串类型
time_target = ['2']
index_target = df['评论时间'].apply(lambda x: sum([i in x for i in time_target])
> 0)
df = df.loc[index_target, :]  # 时间列异常值处理，不是 2020—2021 年的时间数据行
df['评论时间'] = pd.to_datetime(df['评论时间'])  #转换为时间类型
temp = df[['评论时间', '评论内容']]  # 时间评论表
x = temp.groupby('评论时间')['评论内容'].count()  # 求每个月的评论量
y = x.reset_index()  # 重置索引，为绘制折线图做准备
month=[]  # 用于保存截取的年月
for i in range(len(y)):
   j=str(y.iloc[i,0])[0:7]
   month.append(j)
y['评论时间']=month
```

```
y = y.groupby('评论时间')['评论内容'].sum()  # 按月求和评论数
y = y.reset_index()  # 重置索引
plt.figure(figsize=(12, 7))  # 创建一个空白画布，画布的大小为 12*7
plt.xticks(range(16),y['评论时间'])  # 设置 x 轴刻度
plt.xticks(size='small', rotation=75, fontsize=13)  # rotation 用于将标签逆时针
旋转 75 度，fontsize 用于设置标签字体大小
plt.title('每月评论量统计图')
plt.xlabel('日期')  # 在当前图形中添加 x 轴标签
plt.ylabel('评论量')  # 在当前图形中添加 y 轴标签
plt.plot(y['评论时间'], y['评论内容'], c='black')  # 绘制折线图
plt.show()
```

运行代码 5-2，得到 2020 年 4 月 24 日至 2021 年 7 月 7 日期间共计 16 个月每个月的评论量变化情况，如图 5-3 所示。

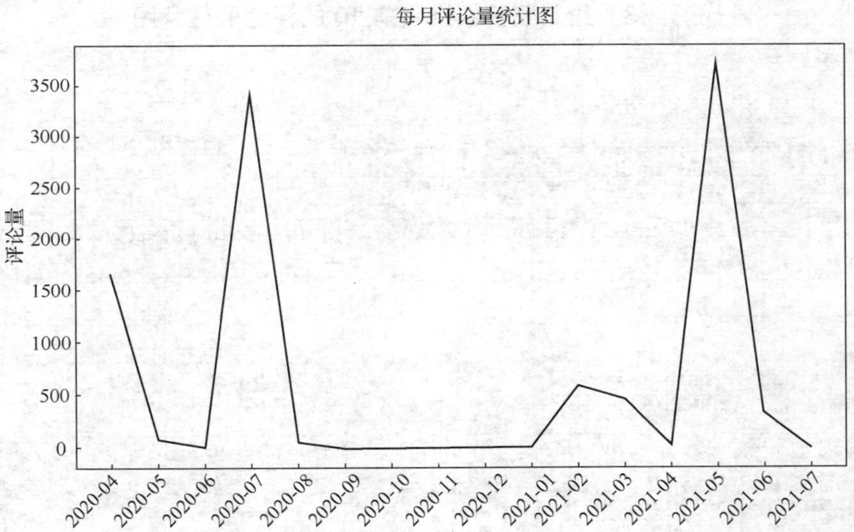

图 5-3　2020 年 4 月 24 日至 2021 年 7 月 7 日每月的评论量变化情况

根据事件发展情况及评论量随时间的变化趋势，将 bilibili 网站用户评论时间分为 5 个阶段，分别为初始期、爆发期、骤减期、再次爆发期和平稳期。由图 5-3 大致可知，在初始期，即 2020 年 4 月至 6 月期间，评论量呈下降趋势，因为 7 月 23 日天问一号发射前，民众只是听说天问一号前往火星执行探测任务的计划，而相关的视频与报道很少，所以 bilibili 网站用户的议论逐渐减少，从而评论量也减少；事件的爆发期，即 2020 年 6 月至 7 月，这一时期天问一号处于“战备”阶段，即将前往火星执行探测任务的消息迅速传播开来，民众对于此事件的期望度高，bilibili 网站的相关新闻与视频逐渐丰富起来，因此 bilibili 网站用户评论量随时间增长也整体呈现递增的趋势，尤其是临近 7 月与 7 月期间两个时间段；骤减期，即 2020 年 7 月至 2021 年 4 月，评论量从峰值骤降至趋于 0，这一时期天问

一号处于前往火星的途中阶段，期间相关新闻报道与视频较少，热议度不高，虽然在 2021 年 2 月时由于天问一号抵达火星附近引来了一些热议，但是幅度不大且维持的时间较短，因此 bilibili 网站用户的评论量随时间增长整体呈现明显递减趋势，甚至评论量很多次没过百条；再次爆发期，即 2021 年 4 月至 2021 年 6 月，这一时期由于 5 月火星车的着陆与 6 月科学影像图的公布两件事件，使得 bilibili 网站用户评论量随着时间增长再次呈现明显递增趋势；最后一个时期即平稳期是 2021 年 6 月之后，在公布了科学影像图后很少甚至没有陆续的相关新闻报道，因此评论量随时间增长逐渐减少，7 月只获取到 2 条数据。

3. 获赞数前 10 的评论

本案例数据集中有个特征为点赞数，点赞是指其他 bilibili 网站用户同意该用户的评论观点，点赞数则是点赞这个行为的数量，点赞数越多意味着持有相同观点的人越多。为了解 2020 年 4 月 24 日至 2021 年 7 月 7 日期间天问一号发射与登陆前后相关视频下 bilibili 网站用户文本评论中哪些评论获得的点赞数最多，即哪些评论的获赞数最多，可以以点赞数为特征进行排序，并取其中获赞数排名前 10 的评论绘制柱状图，如代码 5-3 所示。

代码 5-3　绘制获赞数排名前 10 的评论的柱状图

```
import numpy as np
df1 = df
df1 = df1.replace(to_replace='-', value=np.nan)  # 空值替代特殊字符
df1 = df1.dropna(how='any')  # 去空值处理
df1['点赞数'] = pd.to_numeric(df1['点赞数']).round(0).astype(int)
df1.sort_values(by="点赞数",axis=0,ascending=False,inplace=True)  # 降序排序,替换原数据框
df1.head()
labels=['第 1 名', '第 2 名', '第 3 名', '第 4 名', '第 5 名',
        '第 6 名', '第 7 名', '第 8 名', '第 9 名', '第 10 名']  # 定义标签，用于 x 轴刻度
y1 = df1['点赞数'][:10]
plt.xlabel('评论获赞数排名')
plt.ylabel('评论获赞数')  # 设置 x、y 轴标签
plt.title('评论获赞数排名前 10 的柱状图')  # 设置标题
plt.xticks(range(10), labels)  # 设置 x 轴刻度
plt.bar(range(10), y1, width=0.5)  # 绘制柱状图
plt.show()
```

运行代码 5-3，得到获赞数排名前 10 的评论对应的柱状图，如图 5-4 所示。

由图 5-4 可知，排名第 1 与第 2 的评论获赞数均超出了一万，两条评论分别为是“火星自古以来就是……抱歉走错了[doge]”与“在？我到了，一切安好，大家放心”，均表达了对中国航天事业所取得的这一成就的认可与肯定，对应获赞数为 12757 和 10669。排名第 3 的评论为“《天问》是中国战国时期诗人屈原创作的一首长诗。全诗通篇是对天地、自然和人

世等一切事物、现象的发问，显示出作者沉潜多思、思想活跃、想象丰富的个性，表现出作者超卓非凡的学识和惊人的艺术才华，被誉为‘千古万古至奇之作’”，该评论表达了对“天问”取名的赞誉，获赞数为 7700。除前 3 名外，第 4 名至第 10 名的获赞数相差不大。

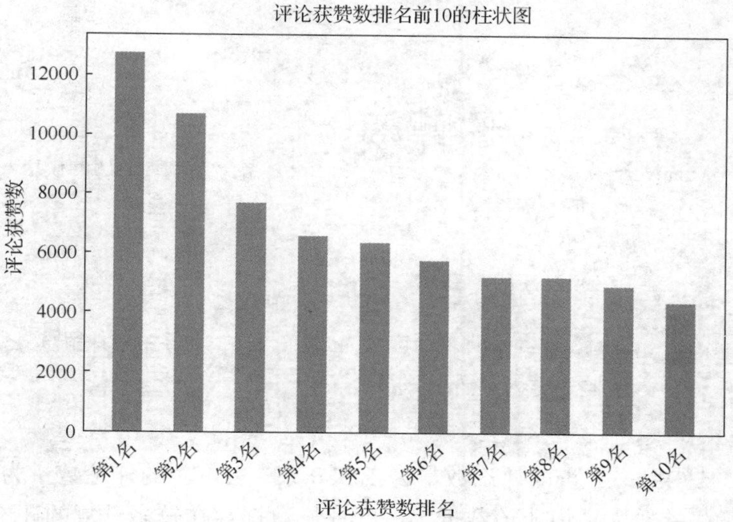

图 5-4 评论获赞数排名前 10 的柱状图

5.2.2 文本预处理

在数据爬取过程中会产生部分内容缺失、内容重复和价值含量很低甚至没有价值的文本数据，如果将这部分数据引入分词、词频统计和模型训练等操作中，会影响后续的建模分析。同时，评论文本数据是由字符和字符串构成的短文本或长文本，与标准的数值型数据不同，不能对其进行常用的逻辑运算和统计计算。因此，为了处理起来更加方便，在进行统计分析和建模之前，需要对数据进行文本预处理，包括数据清洗、特殊字符处理、中文分词、去停用词等。

本案例主要从数据清洗、特殊字符处理、中文分词、去停用词对数据进行文本预处理。

1. 数据清洗

数据清洗的主要目的是考虑业务和模型的相关需求，筛选出需要的数据。有些 bilibili 网站用户如果对某个评论持有相同看法，会出现直接复制该评论进行发表的现象，这会导致出现不同 bilibili 网站用户之间的评论内容完全重复的现象，如果不处理重复的评论直接进行建模会影响分析的效率。因此，需要对重复的评论进行去重，保留一条即可。同时还可能会存在部分评论相似程度极高的情况，这类评论只在某些词语的运用上存在差异，虽然此类评论也可归为重复评论，但若是删除文字相近评论，则可能会出现误删的情况，而且文字相近的评论也可能存在不少有用的信息，去除这类评论显然不合适。

因此，为了存留更多的有用评论，应只针对完全重复的评论进行去重，仅删除完全重复部分，以确保尽可能保留有用的评论文本信息。对评论数据进行去重以降低数据处理和建模过程的复杂度，如代码 5-4 所示。

代码 5-4　评论数据去重

```
import jieba
import re
import pandas as pd
import numpy as np
from PIL import Image  # 导入图像处理的模块
from wordcloud import WordCloud, STOPWORDS  # 导入绘制词云图的模块
import matplotlib.pyplot as plt

df = pd.read_csv('../data/BiliBiliComments.csv')
df_drop = df.drop_duplicates('评论内容', keep='first')  # 保留重复数据的第一条数据
print(df.shape)  # 未删除重复数据的样本量
print(df_drop.shape)  # 删除重复数据后的样本量
```

运行代码 5-4 得到，去重前评论数量为 10380 条，去重后的评论数量为 9314 条，去重前后的评论数量相差较大，说明该数据集中的评论数据存在较多重复的评论，可能是有些用户在评论时复制别人的评论进行发表所致。

2. 特殊字符处理

经过观察数据，可发现数据中存在空格、制表符、字母等特殊字符，它们对于模型的建模分析是无意义的，因此，在数据处理前需要将这类特殊字符处理干净。对文本数据中的特殊字符进行处理，如代码 5-5 所示。

代码 5-5　处理数据中的特殊字符

```
df_clean = df.copy()  # 数据框复制
# 将遍历到的非文字、数字、转义符、“天问一号”“天问 1 号”“天问”“胖 5”“时分”替换为空
df_clean['评论内容'] = df['评论内容'].astype('str').apply(lambda x:
re.sub('[^\u4E00-\u9FD5]|[0-9]|\\s|\\t|天问一号|天问 1 号|天问|胖 5|时分', '', x))
# astype 函数可用于转化 content 的数据类型为 str
# apply 遍历每个值，与 lambda 表达式相结合
# re.sub 替换所有的匹配项，返回一个替换后的字符串，如果匹配失败，返回原字符串
df_clean.head(5)  # 输出前 5 条数据
```

运行代码 5-5 后，得到剔除特殊字符之后的数据，如表 5-2 所示。与处理前的原始数据进行对比发现处理后的数据只保留了“干净的”文字，清洗工作初见成效。

表 5-2　剔除特殊字符之后的数据

评论时间	点赞数	评论内容	类别
2021/5/15	0	一年了着陆了着陆了给心心给心心	1

续表

评论时间	点赞数	评论内容	类别
2021/5/15	0	已经着陆	1
2021/5/15	0	一年了啊	1
2021/5/15	3	我国首次火星探测任务着陆火星于圆满成功	1
2021/5/15	2	着陆了	1

3. 中文分词

分词是文本信息处理的基础环节，是将句子切分成一个个词的过程。准确的分词处理可以极大地提高计算机对文本信息的识别理解能力。相反，不准确的分词处理会产生大量的噪声，严重干扰计算机的识别理解能力，并对后续的处理工作产生较大的影响。本案例中使用jieba库进行中文分词的基本步骤如下。

（1）导入 jieba 库并建立一个辅助函数 chinese_word_cut，使用 jieba 库中的 jieba.cut 函数进行分词。

（2）调用该函数 chinese_word_cut 完成对评论数据的分词。

（3）查看分词后的效果。

使用jieba库进行分词，如代码 5-6 所示。

代码 5-6 使用 jieba 库进行分词

```
def chinese_word_cut(mytext):
    return jieba.lcut(mytext)  # cut_all 参数默认为 False，使用精确模式
df_clean['cutted_content'] = df_clean['评论内容'].apply(chinese_word_cut)
df_clean.cutted_content[:5]  # 输出前 5 条数据
```

运行代码 5-6 后，得到分词后的数据，分词前后评论数据对比如表 5-3 所示。每一条评论内容均被分成一个个具有独立意义的词。

表 5-3 分词前后评论数据对比

分词前评论内容	分词后评论内容
一年了着陆了着陆了给心心给心心	['一年', '了', '着陆', '了', '着陆', '了', '给', '心心', '给', '心心']
已经着陆	['已经', '着陆']
一年了啊	['一年', '了', '啊']
我国首次火星探测任务着陆火星于圆满成功	['我国', '首次', '火星', '探测', '任务', '着陆', '火星', '于', '圆满成功']
着陆了	['着陆', '了']

4. 去停用词

在搜索引擎优化（Search Engine Optimization，SEO）过程中，为了节省存储空间和提高搜索效率，在索引页面或处理搜索请求时会自动忽略某些字或词，这些被忽略的字或词

就被称为停用词（Stop Word）。在分词过程中，停用词不需要作为结果，这些词主要包括语气助词、副词、介词、连词等，如“的”“地”“得”“我”“你”“他”等。因为使用频率过高，它们会大量出现在文本中，在进行统计词频的时候会增加噪声数据量，因此需要将这些停用词进行过滤。

在 Python 中通常使用停用词表进行去停用词，常用的停用词表包括四川大学机器智能实验室停用词库、哈尔滨工业大学停用词表、中文停用词表和百度停用词表等。本案例采用哈尔滨工业大学停用词表 stopwordsHIT.txt 进行去停用词处理，将每一条评论中出现在停用词表中的词去掉，如代码 5-7 所示。

代码 5-7　去除停用词

```
def get_custom_stopwords(stop_words_file):
  # 以只读模式打开文件
  with open(stop_words_file, 'r', encoding='UTF-8') as f:
    stopwords = f.read()
  stopwords_list = stopwords.split('\n')
  custom_stopwords_list = [i for i in stopwords_list]
  return custom_stopwords_list


stop_words_file = '../data/stopwordsHIT.txt'
stopwords = get_custom_stopwords(stop_words_file)
df_clean['cutted_content'] = df_clean.cutted_content.apply(lambda x: [i for i
in x if i not in stopwords])
df_clean['cutted_content'].head()
df_clean.to_excel('../tmp/data_clean.xlsx')  # 写入 Excel
```

运行代码 5-7 后，得到去除停用词后的数据，去掉停用词前后的评论数据对比如表 5-4 所示。

表 5-4　去掉停用词前后的评论数据对比

去停用词前评论内容	去停用词后评论内容
一年了着陆了着陆了给心心给心心	['一年', '着陆', '着陆', '心心', '心心']
已经着陆	['已经', '着陆']
一年了啊	['一年']
我国首次火星探测任务着陆火星于圆满成功	['我国', '首次', '火星', '探测', '任务', '着陆', '火星', '圆满成功']
着陆了	['着陆']

5.2.3　绘制词云图

词云图是进行文本结果展示的有利工具，通过词云图展示可以对文本数据分词后的高频词予以视觉上的强调突出效果，从而过滤掉绝大部分的低频词汇文本信息，使得阅读者一眼就可获取到文本的主旨信息。

通过上述的文本预处理之后，对词语进行词频统计，再使用 wordcloud 模块中的 WordCloud 绘制词云图，将不同情感类型的评论分别进行可视化，在视觉上突出文本中出现频率较高的“关键词”。

1. 绘制评论数据的词云图

进行文本预处理后，可绘制词云图查看分词效果。这需要对词语进行词频统计，将词频降序排序，然后选择排名前 1000 的词，使用 wordcloud 模块中的 WordCloud 绘制词云图，查看分词效果。绘制评论数据的词云图，如代码 5-8 所示。

代码 5-8 绘制评论数据的词云图

```
def words_count():
  word_dict = {}
  for index, item in df_clean.iterrows():
     for i in item.cutted_content:
        # 统计数量
        if i not in word_dict:
           word_dict[i] = 1
        else:
           word_dict[i] += 1
  return word_dict
# 调用函数
words_count()

def wordcloud_plot(mask_picture='../data/p1.jpg'):
     plt.figure(figsize=(16, 8), dpi=1080)  # 确定画布大小
     image = Image.open(mask_picture)  # 打开轮廓图片
     graph = np.array(image)  # 读成像素矩阵
     wc = WordCloud(background_color='White',  # 设置背景颜色
             mask=graph,  # 设置背景图片
             max_words=1000,  # 设置最大现实的字数
             stopwords=STOPWORDS,  # 设置停用词
             font_path='./data/simhei.ttf',  # 设置字体格式
             random_state=30)   # 随机种子
     # 绘制 0、1 样本的词云图
     wc.generate_from_frequencies(words_count())  # 读进词频数据
```

```
    plt.imshow(wc)  # 绘图
    plt.axis("off")  # 去除坐标轴
    plt.show()  # 将图输出
# 调用函数绘图
wordcloud_plot()
```

运行代码 5-8 得到的评论数据的词云图如图 5-5 所示。

图 5-5　评论数据的词云图

由图 5-5 可以看出，对评论数据进行文本预处理后，分词效果大致符合预期。其中火星、成功、中国、星辰、加油等词出现频率较高。因此，可以初步判断 bilibili 网站用户对天问一号事件的评论中包含这些词的评论比较多。

2. 不同情感类型评论数据的词云图

进行文本预处理后，可绘制不同情感类型评论数据的词云图。首先，需要对不同情感类型的评论词语进行词频统计，将词频降序排序，然后选择前 1000 个词，使用 wordcloud 模块中的 WordCloud 绘制词云图，查看分词效果。绘制不同类型评论数据的词云图，最后通过调用函数 wordcloud_plote 绘图，如代码 5-9 所示。

代码 5-9　绘制不同类型评论数据的词云图

```
# 词频统计，自定义函数，参数为-1、0、1
def words_counte(labels=0):
   word_dict = {}
   for index, item in df_clean[df_clean['类别'] == labels].iterrows():
      for i in item.cutted_content:
         if i not in word_dict:
            # 统计数量
```

```
                word_dict[i] = 1
            else:
                word_dict[i] += 1
    return word_dict
# 调用函数
words_counte()
def wordcloud_plote(mask_picture='../data/p1.jpg'):
    p1 = plt.figure(figsize=(16, 8), dpi=1080)
    image = Image.open(mask_picture)
    graph = np.array(image)
    wc = WordCloud(background_color='White',
                   mask=graph,
                   max_words=2000,
                   stopwords=STOPWORDS,
                   font_path='../data/simhei.ttf',
                   random_state=30)
    # 绘制-1、0、1 样本的词云图
    for i in [-1, 0, 1]:
        p1.add_subplot(1, 3, i + 2)
        wc.generate_from_frequencies(words_counte(i))
        plt.imshow(wc)
        plt.axis('off')
        plt.show()
# 调用函数绘图
wordcloud_plote()
```

运行代码 5-9 得到不同情感类型评论数据的词云图，如图 5-6、图 5-7 和图 5-8 所示。

图 5-6　正面评论数据的词云图

从图 5-6 可以看出，正面评论的词语中较多的有“加油”“成功”“支持”等。

图 5-7　中性评论数据的词云图

从图 5-7 可以看出，中性评论中存在与“天问一号”不相关的词语，例如“系列”“种菜”等。

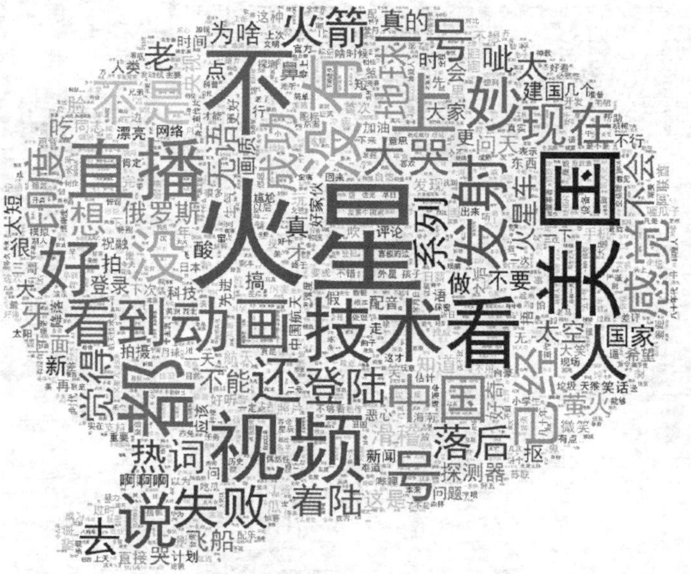

图 5-8　负面评论数据的词云图

从图 5-8 可以看出，负面评论的词语中否定词“不”“没有”等较多。

从词云图中的词语可以看出分词结果基本符合用户的评论情感。

5.2.4 使用朴素贝叶斯构建情感分类模型

朴素贝叶斯算法具有稳定的分类效率、对小规模的数据表现很好、能处理多分类任务、适合增量式训练等优点，也有在特征个数比较多或特征之间相关性较大时分类效果不好、分类决策错误率较高等缺点。本案例目标为识别用户评论是否为正面情感、负面情感或中性情感，为 3 分类问题，因此采用朴素贝叶斯分类算法建立用户情感分类模型。在构建分类模型之前还需进行文本向量化操作、划分数据集，之后使用 MultinomialNB 类构建多项式贝叶斯分类模型，最后评价训练好的模型性能并应用模型识别评论的情感类型。

1. 朴素贝叶斯的原理

贝叶斯分类是一类分类算法的总称，这类算法均以贝叶斯定理为基础。贝叶斯定理可解决现实生活里经常遇到的问题，例如，已知某条件概率，如何得到两个事件交换后的概率，也就是在已知事件 B 发生条件下事件 A 发生的条件概率，即 $P(A|B)$ 的情况下如何求得事件 A 发生条件下事件 B 发生的概率 $P(B|A)$。

（1）朴素贝叶斯算法流程

朴素贝叶斯分类分为 3 个阶段，其算法流程如图 5-9 所示。其中 $P(y_i)$ 为类别 y_i 的概率，$P(x|y_i)$ 为类别 y_i 下属于特征 x 的概率，$P(x|y_i)\ P(y_i)$ 则对应是既属于类别 y_i 又属于特征 x 的概率。

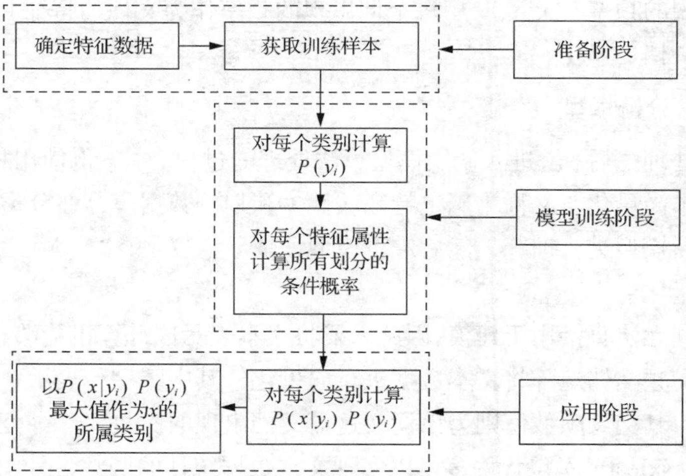

图 5-9 朴素贝叶斯算法流程

① 准备阶段。该阶段的输入是所有待分类数据，输出是特征属性和训练样本。其主要任务是根据具体情况确定特征属性，并对每个特征属性进行适当划分，然后由人工对一部分待分类项进行分类，形成训练样本集合。该阶段是整个朴素贝叶斯分类流程中唯一需要人工参与完成的阶段，其质量对整个过程有重要影响。分类模型的质量很大程度上由特征属性、特征属性的划分以及训练样本的质量决定。

② 模型训练阶段。该阶段的输入是特征属性和训练样本，输出是分类模型。其主要任

务是生成分类模型，计算每个类别在训练样本中的出现频率及每个特征属性划分对应类别的条件概率，并记录结果。该阶段由程序自动计算完成。

③ 应用阶段。该阶段的输入是分类模型和待分类项，输出是待分类项与类别的映射关系。其主要任务是使用分类模型对待分类项进行分类。该阶段同样由程序完成。

（2）朴素贝叶斯算法在文本分类中的应用

假设每个用户的购物评论就是一个文本，识别出这个文本属于正面评论还是负面评论或者中性评论就是分类的过程，其中类别为{正面评论,中性评论,负面评论}。其过程需要寻找文本的某些特征，然后根据这些特征将文本归为某个类。

使用监督式机器学习方法对文本进行分类。假设已经有分好类的 n 篇文档 $(d_1,c_1),(d_2,c_2),\cdots,(d_n,c_n)$，其中 d_i 表示第 i 篇文档，c_i 表示第 i 个类别。目标是寻找一个分类模型，这个分类模型需要实现当给它一篇新文档 d 时，它就输出 d 最有可能属于的类别 c。在此案例中，每篇文档就是一个文本，类别就是正面评论、负面评论或中性评论。

实现文本分类有很多种模型，其核心是如何从文本中抽取出能够体现文本特点的关键特征，抓取特征到类别之间的映射。词袋模型就是一种用机器学习算法对文本进行建模时表示文本数据的方法，不考虑文本中词与词之间的上下文关系，仅仅考虑所有词的权重，权重则与词在文本中出现的频率有关。在给定的一篇文档中，每个词出现的次数、词出现的位置、词的长度、词出现的频率等就是该文本的特征。如果用词袋模型表示，则仅考虑这篇文档中词出现的频率（次数），用每个词出现的频率作为文档的特征（或者说用词出现的频率来代表该文档）。

2. 构建情感分析模型

数据经过预处理之后，就进入使用模型算法处理的过程。本案例使用朴素贝叶斯算法，准备阶段包括文本向量化（又称为确定特征属性）和划分数据集，在分类器训练阶段使用多项式朴素贝叶斯模型进行训练，然后进行模型评估。

（1）文本向量化

由于文本数据无法直接用于建模，因此需要将文本表示成计算机能够直接处理的形式，即文本向量化。词频文档矩阵将文本数据进行向量化，其中每一行表示一篇文档，列表示所有文档中的词，其交叉项数值则为该词在这篇文档出现的次数。

在 Python 中 sklearn 库包含许多可以实现文本数据统计的函数，其中 CountVectorizer 函数可以统计分词后的词频，TfidfTransformer 函数可以为每个词赋予不同的权重，以此来找到权重比较大的词，也就是重要的特征属性，这一步称为转化成 TF-IDF 权重向量。TF-IDF 是一种统计方法，用以评估一个字词对于一个文件集或一个语料库中的其中一份文件的重要程度。将评论文本转化成 TF-IDF 权重向量，即创建文档词条矩阵以转换成符合朴素贝叶斯算法的数据形式，如代码 5-10 所示。首先将经过文本预处理后得到的词转换成字符串，并且词之间使用 join 函数以空格分隔，然后将评论和标签分开，最后使用 CountVectorizer 类通过 fit_transform()方法将文本中的词转换为词频矩阵，矩阵元素 a[i][j]表示 j 词在第 i

个评论中的词频，即各个词出现的次数。通过 get_feature_names()方法可以查看所有文本的关键字，通过 toarray()方法可以查看词频矩阵的结果。

代码 5-10 将评论文本转化成 TF-IDF 权重向量

```
import pandas as pd
from sklearn.feature_extraction.text import CountVectorizer  # 文本特征提取
from sklearn.metrics import confusion_matrix, classification_report  # 机器学习评估
from sklearn.model_selection import train_test_split
from sklearn.naive_bayes import MultinomialNB  # 导入机器学习朴素贝叶斯算法
from test2 import get_custom_stopwords

df_clean = pd.read_excel('../tmp/data_clean.xlsx')
df_clean = df_clean.iloc[:,[4,6,9,10]]  # 只提取关键特征列
df_clean = df_clean.dropna(how='any')  # 去空值
def join_words(words):
    return ' '.join(words)
df_clean['cutted_content'] = df_clean['cutted_content'].apply(join_words)
df_clean = df_clean.dropna(how='any')
df_clean.cutted_content.head()
# 把特征和标签拆开
X = df_clean[['评论时间','点赞数','cutted_content']]
y = df_clean['类别']
print(X.head())
print(y.head())  # 输出前 5 条数据

# 生成评论词矩阵 1
# 文本特征提取方法。对于每一个训练文本，它只考虑每种词在该训练文本中出现的频率
vect = CountVectorizer(analyzer='char', token_pattern='(?u)\\b\\w+\\b')
# 文本中的词转换为词频矩阵
term_matrix_1 = pd.DataFrame(vect.fit_transform(X.cutted_content).toarray(),
                columns=vect.get_feature_names())
# fit_transform()方法对模型先训练，然后根据输入的训练数据返回一个转换矩阵
# get_feature_names()：获取 fit_transform 后的数组中，每个位置代表的意义
# toarray()：将 sparse 矩阵转换成多维数组
term_matrix_1.head()
```

```
# 生成评论词矩阵 2
max_df = 0.8  #去除在超过这一比例的文档中出现的关键词（过于平凡）
min_df = 5  #去除在低于这一数量的文档中出现的关键词（过于独特）
stop_words_file = '../data/stopwordsHIT.txt'
stopwords = get_custom_stopwords(stop_words_file)
vect = CountVectorizer(max_df=max_df, min_df=min_df,
            token_pattern='(?u)\\b[^\\d\\W]\\w+\\b',
            analyzer='char', stop_words=frozenset(stopwords))
term_matrix_2 = pd.DataFrame(vect.fit_transform(X.cutted_content).toarray(),
                columns=vect.get_feature_names())
print(term_matrix_2.head())
```

代码 5-10 使用了两种方法分别得到了评论词矩阵 1 和评论词矩阵 2。第一种方法先使用默认参数建立了一个 CountVectorizer 类的实例 vect，对于每一个训练文本，它只考虑每种词在该训练文本中出现的频率，并通过 fit_transform()方法计算各个词出现的次数，再通过 pandas 库将之转换为数据框 term_matrix。观察转换后的结果发现特征较多，其中列数就是特征个数，有 2610 个。第二种方法则使用了 CountVectorizer 类的参数设置。由于部分特征是无意义的，因此需要对 CountVectorizer 类的参数设置进行改进，一共设置了 3 层特征过滤。这 3 层分别是 max_df 和 min_df、token_pattern、stop_words，分别用于去除超过所设置比例的文档中出现的关键词（过于平凡）和去除低于所设置数量的文档中出现的关键词（过于独特）、设置过滤规则和设置停用词。赋值给 token_pattern 的字符串“(?u)\\b[^\\d\\W]\\w+\\b”是一个正则表达式。其中，“(?u)”，表示匹配中对大小写不敏感，“\b”表示匹配两个词语的间隔（可以简单的理解为空格），“^”表示对匹配项取反，“\d”表示匹配数字，“\W”表示匹配特殊字符，即“[^\\d\\W]”表示匹配非数字、非特殊字符，“\w+”表示匹配一个或多个字母、数字、下划线、汉字，最终得到的特征数为 1401 个。相较于第一种方法得到的特征数减少了很多。

运行代码 5-10，两种方法得到的文档词条矩阵部分结果展示分别如表 5-5 和表 5-6 所示，矩阵的每一行表示一条评论，矩阵的列值表示相应评论中相应词条的个数。

表 5-5　第一种方法的文档词条矩阵部分结果展示

序号	[	]	一	丁	七	万	丈	三	上	下	…
0	1	1	1	0	0	1	0	0	0	0	…
1	1	1	0	0	0	0	0	0	0	0	…
2	1	1	1	0	0	0	0	0	0	0	…
3	1	1	0	0	0	0	0	0	0	0	…
4	1	1	0	0	0	0	0	0	0	0	…
…	…	…	…	…	…	…	…	…	…	…	…

表 5-6 第二种方法的文档词条矩阵部分结果展示

序号	一	七	万	三	上	下	不	与	专	世	…
0	1	0	0	0	0	1	0	0	0	0	…
1	0	0	0	0	0	0	0	0	0	0	…
2	1	0	0	0	0	0	0	0	0	0	…
3	0	0	0	0	0	0	0	0	0	0	…
4	0	0	0	0	0	0	0	0	0	0	…
…	…	…	…	…	…	…	…	…	…	…	…

（2）划分数据集

划分数据集使用 train_test_split 函数，在默认模式下函数对训练集和测试集的划分比例为 3:1。本案例中设置参数 test_size（测试集大小）为 0.2，也就是指设定训练集和测试集的划分比例为 4:1。设定参数 random_state（随机种子）的取值，其目的是保证在不同环境中随机数取值一致，以便验证模型的实际效果。将数据集划分为训练集和测试集，如代码 5-11 所示。

代码 5-11 将数据集分成训练集和测试集

```
# 划分数据集
x_train, x_test, y_train, y_test = train_test_split(term_matrix_2,
                                                      y,
                                                      random_state=1,
                                                      test_size=0.2)
# 设定 random_state 取值，这是为了在不同环境中保证随机数取值一致，以便验证模型的实际效果
print('训练集数据的形状：', x_train.shape)
print('训练集标签的形状：', y_train.shape)
print('测试集数据的形状：', x_test.shape)
print('测试集标签的形状：', y_test.shape)
```

运行代码 5-12，得到训练集数据与标签数据为 8304 条，测试集数据与标签数据为 2076 条。

（3）训练模型

评论数据训练集已经经过文本向量化处理，利用向量化处理后生成的特征矩阵来训练模型。Python 中的机器学习库 sklearn 可提供 3 个朴素贝叶斯分类算法，分别是高斯朴素贝叶斯（GaussianNB）、伯努利朴素贝叶斯（BernoulliNB）和多项式朴素贝叶斯（MultinomialNB）。这 3 种算法适合的应用场景不同，可以根据特征变量进行对应的算法选择。

高斯朴素贝叶斯适用于特征变量是连续变量并符合高斯分布的情况，如学生的成绩、物品的价格。

伯努利朴素贝叶斯适用于特征变量是布尔变量并符合伯努利分布的情况，在文档分类中特征是词是否出现。

多项式朴素贝叶斯适用于特征变量是离散变量并符合多项式分布的情况，在文档分类中特征变量体现为一个词出现的次数，或词的 TF-IDF 值等。本案例使用的数据涉及的特征变量是离散型的，因此本案例采用多项式朴素贝叶斯分类算法。

使用 sklearn 库中 naive_bayes 模块的 MultinomialNB 类，可以实现用多项式朴素贝叶斯算法对数据进行分类。MultinomialNB 类的基本使用格式如下。

```
class naive_bayes.MultinomialNB(alpha=1.0, fit_prior=True, class_prior=None)
```

MultinomialNB 类常用的参数及其说明如表 5-7 所示。

表 5-7　MultinomialNB 类常用的参数及其说明

参数名称	说明
alpha	接收 float，表示附加的平滑参数（Laplace/Lidstone），0 表示不平滑，默认为 1.0
fit_prior	接收 bool，表示是否是学习经典先验概率，如果为 False 则采用 uniform 先验，默认为 True
class_prior	接收 array-like, size (n_classes)，表示是否指定类的先验概率；若指定则不能根据参数进行调整，默认为 None

构建、训练模型并进行分类预测，如代码 5-12 所示。

代码 5-12　构建、训练模型并进行分类预测

```
model_nb = MultinomialNB().fit(x_train, y_train)  # 构建并训练多项式贝叶斯模型
res_nb = model_nb.predict(x_test)  # 模型预测
```

运行代码 5-12，得到分类预测的结果，如表 5-8 所示。

表 5-8　分类预测结果

index	cutted_content	类别_	pre
10230	['征途', '星辰', '大海', '加油']	1	1
1183	['终于', '拯救', '楼主']	0	0
3946	['留下', '足迹']	0	1
3501	['芜湖']	1	1
5466	['第一', '热词', '系列', '知识', '增加']	0	0
…	…	…	…

从表 5-8 可以看出，贝叶斯分类预测模型结果中大部分分类预测结果与真实类别一致，但也出现了少数分类预测结果与真实类别不一致（如索引为 3946 的记录）的情况，因此需要对模型性能进行评估。

5.2.5 模型评估

在分类模型评估的指标中，常见的有混淆矩阵（Confusion Matrix，也称误差矩阵）、受试者操作特征曲线（Receiver Operating Characteristic Curve，ROC 曲线）、曲线下面积（Area Under the Curve，AUC）3 种。其中，混淆矩阵是绘制 ROC 曲线的基础，同时它也是衡量分类模型最基本、最直观、最常用的指标之一。分别统计分类模型归错类、归对类的观测值个数，然后将结果放在一个表里展示出来，得到的这个表就是混淆矩阵。简单的二分类问题的混淆矩阵如表 5-9 所示。矩阵中的 TP 表示预测为 1，实际为 1，预测正确；FP 表示预测为 1，实际为 0，预测错误；FN 表示预测为 0，实际为 1，预测错误；TN 表示预测为 0，实际为 0，预测正确。

表 5-9 二分类问题的混淆矩阵

混淆矩阵		实际结果	
		1	0
预测结果	1	TP	FN
	0	FP	TN

混淆矩阵里面统计的是个数，有时候面对大量的数据，光凭个数，很难衡量模型的优劣。因此混淆矩阵在基本的统计结果上又延伸了 4 个指标，准确率、精确率、召回率和 F1 值。准确率（Accuracy）为预测正确的结果占总样本的百分比；精确率（Precision）是指在一定实验条件下多次测定的平均值与真实值相符合的程度，以误差来表示，用于表示系统误差的大小；召回率（Recall）是广泛用于信息检索和统计学分类领域的度量值，用于评价结果的质量；F1 值（F1-Score），又称为平衡 F 分数（Balanced F Score），被定义为精确率和召回率的调和平均，用以综合考虑精确率与召回率（本章直接调用函数即可实现指标计算，指标具体计算方式请参阅第 7 章）。

本案例选用这 4 个指标评估所构建的模型。对于本案例来说，研究情感类别的识别，更关心负面评论的判别情况，所以召回率表示被正确分类的负面评论所占的比例，召回率越高，表示模型将负面评论误划分为正面评论的模型概率越低，模型效果越好；精确率主要关注的是被划分为负面评论的样本中实际为负面评论的样本所占的比例，精确率越高，模型分类效果越好。对构建好的模型进行评估，如代码 5-13 所示。

代码 5-13 模型评估

```
from sklearn.metrics import precision_score, recall_score, f1_score
from sklearn.metrics import accuracy_score
print('混淆矩阵如下:\n',confusion_matrix(y_test, res_nb))  # 混淆矩阵
classification_report(y_test, res_nb)  # 结果报告
evaluate_accuracy = accuracy_score(y_test, res_nb)
print('准确率为%.2f%%:' % (evaluate_accuracy * 100.0))
```

```
evaluate_p = precision_score(y_test, res_nb, average='micro')
print('精确率为%.2f%%' % (evaluate_p * 100.0))
evaluate_recall = recall_score(y_test, res_nb, average='micro')
print('召回率为%.2f%%:' % (evaluate_recall * 100.0))
evaluate_f1 = f1_score(y_test, res_nb, average='micro')
print('F1 值为%.2f%%:' % (evaluate_f1 * 100.0))
print('多项式贝叶斯模型的性能报告: \n', classification_report(y_test, res_nb))
```

运行代码 5-13 后，得到多项式贝叶斯模型的评估指标值如表 5-10 和表 5-11 所示，可以看出模型的准确率达到了 69.17%。

表 5-10　多项式贝叶斯模型评估指标值　　单位：%

模型	准确率	精确率	召回率	F1 值
多项式贝叶斯模型	69.17	69.17	69.17	69.17

表 5-11　多项式贝叶斯模型的性能分析报告　　单位：%

类别	精确率	召回率	F1 值
−1	23	23	23
0	68	68	68
1	74	74	74

值得一提的是，这里使用的是代码 5-10 中第二种词频统计的方法，然后划分数据集，将常见或低频的关键词去掉，而这些关键词当中也可能有能够充分表现出网民评论的情感立场，特征数减少太多，一定程度上会影响模型的准确率与预测准确率等性能数值。使用代码 5-10 中第一种词频统计方法，然后划分训练集，并建立贝叶斯模型查看效果，进行结果的比对。得到的模型评估指标值如表 5-12 和表 5-13 所示，可以看出模型的准确率达到了 69.89%。

表 5-12　多项式贝叶斯模型评估指标值　　单位：%

模型	准确率	精确率	召回率	F1 值
多项式贝叶斯模型	69.89	69.89	69.89	69.89

表 5-13　多项式贝叶斯模型的性能分析报告　　单位：%

类别	精确率	召回率	F1 值
−1	23	12	15
0	68	69	69
1	73	75	74

5.2.6 模型优化

模型优化是指在原有模型的基础上来寻找一个改进的方向，可能根据此方向训练出的模型并不是最优的，但会比优化前的模型效果更佳。本小节采取的优化方式是对特征数据做标准化处理。

1. 数据标准化

最初的模型建立时直接选择了“评论时间”“点赞数”“类别”以及“cutted_content”4个特征，没有考虑“评论时间”列数据的特殊类型，以及“点赞数”列的数据差异问题，这有可能对模型的效果产生一定影响。为了模型能得到更好的效果，提高模型准确率与预测准确率，需要对选择的特征中这两列内容进行标准化处理。

对于“评论时间”列，使用 pandas 模块下的 datetime()方法将“评论时间”列数据转换为时间类型，并进行字符串截取，保留年月日信息，如“2020-05-15”，使用 split 函数对“评论时间”列数据通过分隔符“-”进行字符串切片，形成新的 3 列，即“年”“月”与“日”。最后将字符串内容进行合并得到新的一列内容，例如，时间为“2020-05-15 00:00:00”经过处理后得到的数据为“20200515”。对于“点赞数”列，由于点赞数出现太多的数值 0，对数值进行统一的加一处理。在这之后统一“评论时间”与“点赞数”两列的数据级数，做数据标准化处理，使用 sklearn 模块的 preprocessing 离差标准化方法，如代码 5-14 所示。

代码 5-14 数据标准化

```
import pandas as pd
df = pd.read_csv('./data/BiliBiliComments.csv')
df['评论时间'] = df['评论时间'].astype(str)
time_target = ['2']
index_target = df['评论时间'].apply(lambda x: sum([i in x for i in time_target])
> 0)
df = df.loc[index_target, :]  # 时间列异常值处理，不是 2020—2021 年的时间数据行
df['评论时间'] = pd.to_datetime(df['评论时间'])  # 类型转换为时间类型
temp = df[['评论时间', '评论内容']]  # 时间评论表
re_time = [] # 用于保存切取的年月日
for i in range(len(temp)):
  j=str(temp.iloc[i,0])[0:10]  # 字符串截取
  re_time.append(j)
temp['评论时间']=re_time
temp = temp.iloc[:,0]
z=[]
for i in temp:
  i=str(i).split("-",3)  # 用 split 函数切分数据，定义好分隔符与切割份数
```

```
    z.append(i)
z = pd.DataFrame(z)
z.columns = list('年月日')
z['日期'] = z['年'].str.cat(z['月'].str)  # 字符串合并
z['日期'] = z['日期'].str.cat(z['日'].str)
z['点赞数'] = df['点赞数']
z = z.iloc[:,[3,4]]

# 离差标准化之前做点赞数+1 处理
from sklearn import preprocessing
import numpy as np
import pandas as pd
z = z.replace(to_replace='-', value=np.nan)  # 用空值替代特殊字符
z = z.dropna(how='any')  # 去空值处理
z['点赞数'] = pd.to_numeric(z['点赞数']).round(0).astype(int)  # 转换为整型
va = []
for i in z['点赞数']:
       i = i+1
       va.append(i)
va = pd.DataFrame(va,columns=['点赞数'])
z['点赞数'] = va['点赞数']
z = z.dropna(how='any')
min_max_scaler = preprocessing.MinMaxScaler()
z1 = min_max_scaler.fit_transform(z)
z1 = pd.DataFrame(z1)
z1 = z1.rename(columns={0:'日期',1:'点赞数'})  # 更改列名
```

运行代码 5-14，得到的结果如表 5-14 所示，可以看出目标数据均变成了 0～1 范围里的数。

表 5-14　评论时间与点赞数数据标准化

Index	评论时间	点赞数
0	0.981328	0
1	0.981328	0
2	0.981328	0
3	0.981328	0.000235165
4	0.981328	0.000156777

续表

Index	评论时间	点赞数
5	0.981328	7.83883e-05
6	0.960615	0.000156777
7	0.951668	0.000548718
8	0.951668	0
9	0.951571	0
10	0.950987	7.83883e-05

2. 训练模型与模型评估

经过数据标准化与异常值处理后，在得到的数据框添加原始数据中的“类别”与“cutted_content”两列，重新建立模型并进行模型评估，如代码 5-15 所示。

代码 5-15 重新建立模型并进行模型评估

```
import pandas as pd
from sklearn.feature_extraction.text import CountVectorizer  # 文本特征提取
from sklearn.metrics import confusion_matrix, classification_report  # 机器学习评估
from sklearn.model_selection import train_test_split
from sklearn.naive_bayes import MultinomialNB  # 导入机器学习朴素贝叶斯算法
from test2 import get_custom_stopwords
df_clean = pd.read_excel('./tmp/data_clean.xlsx')
df_clean = df_clean.iloc[:,[9,10]]  # 只提取关键特征列
z1 = z1.join(df_clean)
def join_words(words):
  return ' '.join(words)
z1['cutted_content'] = z1['cutted_content'].apply(join_words)
z1 = z1.dropna(how='any')
z1.cutted_content.head()
# 把特征和标签拆开
X = z1[['日期','点赞数','cutted_content']]
y = z1['类别']
print(X.head())
print(y.head())  # 输出前 5 条数据

# 生成评论词矩阵 1
# 文本特征提取方法。对于每一个训练文本，它只考虑每种词在该训练文本中出现的频率
```

```
vect = CountVectorizer(analyzer='char', token_pattern='(?u)\b\w+\b')
# 文本中的词转换为词频矩阵
term_matrix_1 = pd.DataFrame(vect.fit_transform(X.cutted_content).toarray(),
            columns=vect.get_feature_names())
# fit_transform()方法对模型先训练，然后根据输入的训练数据返回一个转换矩阵
# get_feature_names()：获取 fit_transform 后的数组中，每个位置代表的意义
# toarray()：将 sparse 矩阵转换成多维数组
term_matrix_1.head()

# 生成评论词矩阵 2
max_df = 0.8  # 去除在超过这一比例的文档中出现的关键词（过于平凡）
min_df = 5  # 去除在低于这一数量的文档中出现的关键词（过于独特）
stop_words_file = './data/stopwordsHIT.txt'
stopwords = get_custom_stopwords(stop_words_file)
vect = CountVectorizer(max_df=max_df, min_df=min_df,
         token_pattern='(?u)\\b[^\\d\\W]\\w+\\b',
         analyzer='char', stop_words=frozenset(stopwords))
term_matrix_2 = pd.DataFrame(vect.fit_transform(X.cutted_content).toarray(),
            columns=vect.get_feature_names())
print(term_matrix_2.head())

# 划分数据集
x_train,  x_test,  y_train,  y_test  =  train_test_split(term_matrix_1,  y,
random_state=1, test_size=0.2)
# 设定 random_state 取值，这是为了在不同环境中，保证随机数取值一致，以便验证模型的实际效果
print('训练集数据的形状：', x_train.shape)
print('训练集标签的形状：', y_train.shape)
print('测试集数据的形状：', x_test.shape)
print('测试集标签的形状：', y_test.shape)

model_nb = MultinomialNB().fit(x_train, y_train)  # 构建多项式贝叶斯模型
res_nb = model_nb.predict(x_test)  # 模型预测

from sklearn.metrics import precision_score, recall_score, f1_score
from sklearn.metrics import accuracy_score
print('混淆矩阵如下:\n',confusion_matrix(y_test, res_nb))  # 混淆矩阵
```

```
classification_report(y_test, res_nb)  # 结果报告
evaluate_accuracy = accuracy_score(y_test, res_nb)
print('准确率为%.2f%%:' % (evaluate_accuracy * 100.0))
evaluate_p = precision_score(y_test, res_nb, average='micro')
print('精确率为%.2f%%' % (evaluate_p * 100.0))
evaluate_recall = recall_score(y_test, res_nb, average='micro')
print('召回率为%.2f%%:' % (evaluate_recall * 100.0))
evaluate_f1 = f1_score(y_test, res_nb, average='micro')
print('F1 值为%.2f%%:' % (evaluate_f1 * 100.0))
print('多项式贝叶斯模型的性能报告: \n', classification_report(y_test, res_nb))
```

运行代码 5-15，得到分类预测结果如表 5-15 所示。

表 5-15　分类预测结果

index	cutted_content	类别_	pre
3081	['以后', '发射', '不能', '整个', '空中', '视角', '大海', '陆地', '火箭', '都', '拍', '进去', '那种', '坏', '笑']	0	0
9361	['智慧结晶']	1	1
676	['太', '需要', '振奋人心', '消息', '加油', '鼓掌', '鼓掌', '鼓掌']	1	1
8417	['呼', '星星', '眼']	0	0
6241	['祝融', '名字', '真的', '好听', '文化底蕴']	1	1
…	…	…	…

由前 5 行的预测结果来看，大部分分类预测结果与真实类别一致，但也不乏出现分类预测结果与真实类别不一致的情况。同时可得到模型评估指标值如表 5-16 和表 5-17 所示。

表 5-16　多项式贝叶斯模型评估指标值　单位：%

模型	准确率	精确率	召回率	F1 值
多项式贝叶斯模型	70.6	70.6	70.6	70.6

表 5-17　多项式贝叶斯模型的性能分析报告　单位：%

类别	精确率	召回率	F1 值
-1	20	8	11
0	69	72	70
1	74	75	74

可以看出模型的准确率达到 70.6%，其中对于标签类别为-1（负面评论）的预测效果依旧很不理想，这与原始数据量较少、负面评论所占比重过低有一定关系。同时负面评论中很多并不是对天问一号事件本身的回应，而是对于视频配乐、形式的“吐槽”，还有评论本身会联动以往的热门话题等，这些因素对于模型来说都有可能产生不良的影响，从而降低模型性能。

小结

本章的主要目的是介绍通过朴素贝叶斯算法，对天问一号事件中 bilibili 网站用户对相关报道视频的评论进行情感分析。首先进行了数据探索与文本预处理，分析了每一类评论的基本特征，并建立了多项式朴素贝叶斯算法分类模型，最后通过准确率、精确率、召回率、F1 值 4 个指标对模型进行了评价。

课后习题

操作题

按照本章介绍的流程对 data.csv 文件（见教学资源）数据进行情感分析。data.csv 文件数据是来自某订餐平台客户对订单饭菜的评论。

（1）打开文件 data.csv。

（2）正负情感样本分布饼图。

（3）对数据进行特殊字符处理。

（4）使用 jieba 分词工具进行分词。

（5）分词后去停用词。

（6）绘制数据集以及不同类型数据集的词云图。

（7）对数据集进行文本向量化处理。

（8）将数据集划分为训练集和测试集。

（9）使用朴素贝叶斯算法建立分类模型。

（10）运用准确率、精确率、召回率、F1 值 4 个指标对建立的模型进行评估。

第 6 章 新闻文本分类

随着经济的不断发展以及互联网技术的稳步提升，新闻的呈现形式越来越多样化，而且很多新闻的发布都附带其分类好的类别范畴，便于人们在阅读的时候，能够快速地悉知一篇新闻的主题方向，信息化服务更加快捷与便利。本案例使用人民网教育类别下的 7 个栏目（滚动、原创、留学、婴幼儿、中小学、大学、职业教育）下的部分新闻数据，结合机器学习中的支持向量机分类模型对滚动与原创栏目进行分类，从而实现代替传统人工分类的自动分类，提升新闻类型划分的效率。

学习目标

（1）了解新闻文本分类案例的业务背景、数据说明和分析目标。
（2）掌握数据探索的方法，对数据进行基本的清洗和可视化展示。
（3）掌握文本预处理的方法，对文本进行基础处理和向量化。
（4）熟悉支持向量机分类算法，构建分类模型和模型优化。
（5）掌握分类模型的评价方法，对构建的分类模型进行模型评价。

6.1 业务背景与项目目标

文本分类的主要任务是将一份文本分配到一个或者多个类别中。它可以是通过人工分类完成的，也可以是通过计算机算法实现的。本节主要分析新闻文本分类的相关背景，并介绍所选用数据集和文本分类的总体流程。

6.1.1 业务背景

随着科学技术的不断发展，互联网技术得以快速地发展和普及，并已在各行各业得到了广泛的应用，从而致使网络上的信息呈现出爆炸式的增长状态。人们的生活达到了“足不出户，万事皆知”的境况，充分体现了互联网给生活带来的便利。

查看新闻是人们获取信息的重要方式，仅一个新闻网站中的一个栏目（如人民网的国际栏目）每天即可产生上百条新闻，而整个人民网网站每天可以产生成千上万条的新闻数据。庞大的数据量，加上形式的多样性，对于从事相关新闻归类处理的工作者来说，无疑是一个巨大的挑战。

针对如此海量且复杂的数据信息，文本分类起着至关重要的作用。文本分类可在一定程度上识别出积极或消极等情感的文本内容，为国家机关合理规范并积极引导舆论的发展提供帮助。

根据目前的研究情况，可以使用文本自动分类技术对互联网新闻进行自动的分类，无须人员的介入，便可以快速高效处理海量的新闻文本数据，这不仅可以降低人工的参与程度，为新闻工作者节省一定的劳动时间，也可对新闻的编辑与收录提供一定的参考意义。

6.1.2 数据说明

该案例选取的是人民网教育类别的 7 个栏目（滚动、原创、留学、婴幼儿、中小学、大学、职业教育）下的部分新闻数据，时间为 2019 年 7 月 8 日至 2021 年 2 月 25 日，共 1284 条发布的新闻数据。人民网教育新闻数据字段（保存在“教育新闻数据.xlsx”文件中）属性说明如表 6-1 所示。

表 6-1 人民网教育新闻数据字段属性说明

字段名称	含义
栏目名称	新闻所归属的栏目
新闻标题	发布的新闻的标题
发布时间	新闻发布的时间
链接详情	对应的新闻内容链接
新闻内容	新闻的内容

6.1.3 分析目标

将新闻内容所表达的主体方向高效而快速地进行分类，从而提升用户阅读新闻的效率感与体验感，相信是众多新闻发布平台及广大用户所共同期待的。本案例根据新闻文本分类项目的业务需求，需要实现的目标如下。

（1）对滚动与原创栏目下的每一条新闻内容进行快速且详细的分类。

（2）评估该分类情况的优劣，并提出更好的分类改进建议。

新闻文本分类的总体流程如图 6-1 所示，主要步骤如下。

（1）使用 Python 爬虫获取新闻数据信息。

（2）对数据进行清洗，并分析各栏目下新闻之间的相似度、新闻发布数量，进行可视化展示。

（3）对文本进行基础处理、向量化等预处理操作。

（4）构建支持向量机（Support Vector Machine，SVM）分类模型，对滚动与原创栏目进行分类。

（5）对构建后的模型进行模型评价。

（6）根据分类模型得到的滚动与原创下的新闻分类结果提出更好的改进建议。

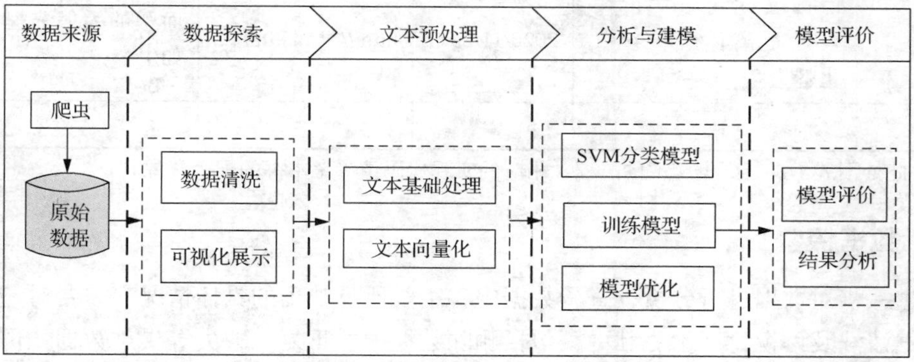

图 6-1　新闻文本分类的总体流程

6.2 分析方法与过程

由于所运用到的数据不能直接获取到，因此前期需要通过 Python 爬虫来采集所需的数据信息，并对爬取下来的数据进行数据探索、文本预处理等操作，其次构建 SVM 分类模型并对滚动与原创栏目下的新闻重新分类，最后再对模型进行评价，分析模型的性能。

6.2.1 数据采集

使用 Python 的 Requests、Beautiful Soup 等常用库对人民网教育类别页面进行请求与解析，从而对页面中的 7 个栏目（滚动、原创、留学、婴幼儿、中小学、大学、职业教育）下的新闻数据中的 5 个内容（栏目名称、新闻标题、发布时间、链接详情、新闻内容）进行信息爬取，并将爬取到的数据保存至本地文件夹。爬取到的人民网教育新闻部分数据如表 6-2 所示。

表 6-2　爬取到的人民网教育新闻部分数据

栏目名称	新闻标题	发布时间	链接详情	新闻内容
滚动	爱国，年轻人有自己的表达方式	2021/2/8	http://****.html	在有些人看来，当代年轻人追求个性和自由……
原创	冯小明院士：探索欲是鼓励科研者……	2021/01/29	http://****.html	每周课题组召开组会时，冯小明……
大学	10 名大学生被评为 2020 年“最美大学生”	2021/1/11	http://****.html	近日，10 名大学生被中央宣传部、教育部评为 2020 年“最美大学生”……

续表

栏目名称	新闻标题	发布时间	链接详情	新闻内容
职业教育	校园总动员温暖大凉山的冬天	2019/12/26	http://****.html	“感谢你们的关爱与付出……
中小学	中国文化走进国际学校近距离体验传统文化魅力	2020/11/23	http://****.html	面塑的大熊猫捏得栩栩如生……
…	…	…	…	…

注：此处不展示进行数据爬取的过程，相应的实现代码请参考本书的配套资源。

6.2.2 数据探索

为进一步对数据进行分析，查看数据中各字段所反映出的具体情况，需要对整体数据进行数据清洗及可视化展示。其中，包括删除数据中的重复、缺失等噪声数据，再调用预先自定义计算相似度的函数，计算出滚动和原创栏目与剩余 5 个栏目之间的新闻内容相似度，分析各栏目新闻的总发布量情况和月份新闻发布量趋势等。

1. 数据清洗

对数据进行清洗，包括对数据中的重复值、缺失值和干扰内容（转义符）等进行去除，减少不必要的信息干扰，同时也便于后续对数据进行更为深入的探索。对数据进行清洗，如代码 6-1 所示。

代码 6-1 数据清洗

```
# 读取数据
import re
import gensim
import jieba
import imageio
import pandas as pd
import numpy as np
import matplotlib.pyplot as plt
import sklearn.model_selection as ms
from sklearn import svm
from wordcloud import WordCloud
from sklearn.metrics import confusion_matrix
from sklearn.metrics import recall_score
from sklearn.model_selection import train_test_split
from gensim.models.word2vec import Word2Vec
from sklearn.preprocessing import MinMaxScaler
```

```
data = pd.read_excel('../data/教育新闻数据.xlsx')
# 查看清洗前的数据形状
print('清洗前的数据形状为：', data.shape)
# 仅保留重复数据中第一条数据
data = data.drop_duplicates(['链接详情'], keep='first')
# 统计数据里每一列是否有缺失值
data.isnull().any()
# 查看缺失值所在的行和列
print('缺失值所在的行和列为：\n', data[data.isnull().values == True])
# 删除缺失值所在的行
data.dropna(inplace=True)
# 将新闻内容里面的转义符删除
def rp(x):
    x = x.replace('\n', '').replace('\t', '').replace('\xa0', '')
    return x
data['新闻内容'] = data['新闻内容'].apply(rp)
# 查看清洗后的数据形状
print('清洗后的数据形状为：', data.shape)
```

运行代码 6-1 得到的结果如下。

```
清洗前的数据形状为： (1284, 5)
```

缺失值所在的行和列为：

```
      栏目名称    新闻标题              发布时间       链接详情            新闻内容
15    滚动        多彩开学季 点亮新学期  2021-02-24    http://****.html  NaN
19    滚动        教育部：中小学生…      2021-02-23    http://****.html  NaN
20    滚动        教育部：严肃查处…      2021-02-23    http://****.html  NaN
…
988   大学        北大学生返乡路上…      2021-01-25    http://****.html  NaN
1193  职业教育    各地开学时间汇总…      2020-04-13    http://****.html  NaN
清洗后的数据形状为： (1262, 5)
```

2. 可视化展示

将经清洗过后的数据进行可视化展示，包括查看滚动与原创和其他 5 个栏目的新闻内容之间的相似度、查看各栏目新闻总发布量、查看各栏目的月份新闻发布量趋势。通过可视化的展现，从而更直观地挖掘出数据的额外信息，便于开展更为准确、合理的分析。

计算新闻文本相似度，查看最终进行分类的训练集和测试集之间的关系。其中，新闻文本的相似度计算程序已自定义为其他的脚本文件，此处仅调用该文件进行计算，如代码 6-2 所示。

代码 6-2　计算新闻文本相似度

```
from similarity import similaritys
s1 = similaritys(195)  # 选择的数值为滚动和原创数据中的任意一条行索引中的新闻内容
s2 = similaritys(200)
```

运行代码 6-2 后，得到的 s2 的部分相似度计算结果如表 6-3 所示。

表 6-3　相似度计算结果

栏目名称	被比较的内容	栏目名称	被比较的内容	相似度值
婴幼儿	意见 指出 五育 并举 发展 素质……	原创	中国 教育 科学 研究院 副 院长 研究员 发友……	0.954399
中小学	学生 500 余名 增加 4179 名 沈……	原创	中国 教育 科学 研究院 副 院长 研究员 发友……	0.946246
婴幼儿	人民网 北京 日电 李依环 教育部……	原创	中国 教育 科学 研究院 副 院长 研究员 发友……	0.935871
婴幼儿	优质 高中 办学 规模 提高 公办……	原创	中国 教育 科学 研究院 副 院长 研究员 发友……	0.93463
职业教育	教育 情感 话题 踏入 幼儿园 走……	原创	中国 教育 科学 研究院 副 院长 研究员 发友……	0.927967
…	…	…	…	…

分析相似度计算结果可知滚动与原创栏目下的新闻内容与其他的 5 个栏目的中的部分新闻内容存在较高的相似度，因此对滚动与原创栏目根据其他的 5 个栏目进行类别划分是合理的。

为查看进行数据清洗之后各栏目的新闻发布数量的详细情况，从而把握数据的实际情况以便于分析，需要绘制各个栏目新闻发布量柱状图，如代码 6-3 所示。

代码 6-3　绘制各个栏目新闻发布量柱状图

```
# 查看各个栏目新闻发布量
data_name_count = data.groupby('栏目名称')['新闻内容'].agg('count')
plt.figure(figsize=(8, 6))
plt.bar(data_name_count.index, data_name_count.tolist())
plt.rcParams['font.family'] = ['sans-serif']
plt.rcParams['font.sans-serif'] = ['SimHei']
plt.xlabel('栏目类型')
plt.ylabel('发布数量')
plt.title('各个栏目的新闻发布数量')
```

```
# 使用text显示数值
for a, b in zip(data_name_count.index, data_name_count.tolist()):
    plt.text(a, b + 0.05, '%.0f' % b, ha='center', va='bottom', fontsize=11)
plt.show()
```

运行代码 6-3 后，绘制出的各个栏目的新闻发布量柱状图如图 6-2 所示。

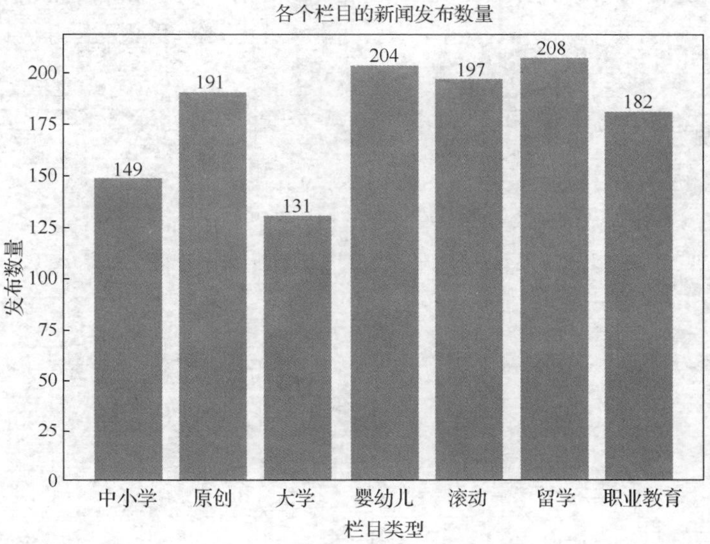

图 6-2　各栏目的新闻发布数量柱状图

由图 6-2 可知，留学栏目的新闻发布数量最多，为 208 个，其次是婴幼儿、滚动、原创等栏目，而大学栏目的新闻发布数量最少，为 131 个。

为更进一步观察滚动、原创、留学、婴幼儿、中小学、大学和职业教育这 7 个栏目之间的新闻发布数量变化趋势，可对各栏目各月份具体的新闻发布数量进行观察，绘制各栏目各月份新闻发布数量折线图，如代码 6-4 所示。

代码 6-4　绘制各栏目各月份新闻发布数量折线图

```
def tomonth(d):
    return str(d)[0: 7]
data['month'] = data['发布时间'].apply(tomonth)
data_names = pd.DataFrame(data.groupby(['栏目名称', 'month'])['新闻内容
'].agg('count'))
data_names = data_names.reset_index()

# 获取单个栏目的月份及对应的新闻数量
def requerxy(names):
    data = pd.DataFrame(data_names[data_names['栏目名称'] == names][['month',
```

```
'新闻内容']])
    return data

# 填补相同月份值（作用：令 x 轴相同，以方便绘图）
def fillmonth(month, number):
    months = pd.DataFrame(pd.date_range(month, periods=number, freq='M'))
    return months

# 调用 tomonth 自定义函数
def stomonth(values):
    numbers = pd.DataFrame(values.apply(tomonth))
    return numbers

# 自定义 vstack 合并函数
def vstacke(value1, value2):
    value = pd.DataFrame(np.vstack((value1, value2)))
    return value

# 填补完整滚动、原创、婴幼儿、留学、职业教育、中小学和大学栏目的月份，使得拥有相同的月份
x1 = requerxy('滚动');x11 = fillmonth('2020-10', 4);x11 = stomonth(x11[0]);x11['1'] = None
x_1 = vstacke(x11, x1)
x2 = requerxy('原创');x22 = fillmonth('2021-02', 1);x22 = stomonth(x22[0]);x22['1'] = None
x_2 = vstacke(x2, x22)
xx_1 = pd.merge(x_1, x_2, on=0);xx_1.columns = ['时间', '滚动', '原创']
x3 = requerxy('婴幼儿');x_3 = vstacke(x3, x22)
x4 = requerxy('留学');x44 = fillmonth('2019-07', 1);x44 = stomonth(x44[0]);x44['1'] = None
x_4 = pd.DataFrame(np.vstack((x44, x4, x22)))
x5 = requerxy('职业教育');x55 = fillmonth('2019-07', 4);x55 = stomonth(x55[0]);x55['1'] = None
x_5 = vstacke(x55, x5)
x6 = requerxy('中小学');x66 = fillmonth('2019-07', 16);x66 = stomonth(x66[0]);x66['1'] = None
x_6 = vstacke(x66, x6)
```

```
x7 = requerxy('大学');x_7 = vstacke(x66, x7)
xx_2 = pd.DataFrame(np.hstack((x_3, x_4, x_5, x_6, x_7)));xx_2.drop([2, 4, 6,
8], axis=1, inplace=True)
xx_2.columns = ['时间', '婴幼儿', '留学', '职业教育', '中小学', '大学']

# 绘制滚动与原创两个栏目的新闻发布数量折线图
plt.figure(figsize=(8, 6))
plt.plot(x_1['时间'].tolist(), x_1['滚动'].tolist(), 'r+--')
plt.plot(x_1['时间'].tolist(), x_1['原创'].tolist(), 'b*--')
plt.xlabel('时间')
plt.ylabel('发布数量')
plt.title('滚动与原创栏目的新闻发布数量走势')
plt.legend(['滚动', '原创'])
plt.show()

# 绘制余下 5 个栏目的新闻发布数量折线图
plt.figure(figsize=(10, 6))
plt.plot(x_2['时间'].tolist(), x_2['婴幼儿'].tolist(), 'b+--')
plt.plot(x_2['时间'].tolist(), x_2['留学'].tolist(), 'r*--')
plt.plot(x_2['时间'].tolist(), x_2['职业教育'].tolist(), 'gp-.')
plt.plot(x_2['时间'].tolist(), x_2['中小学'].tolist(), 'k.:')
plt.plot(x_2['时间'].tolist(), x_2['大学'].tolist(), 'md-')
plt.xlabel('时间')
plt.ylabel('发布数量')
plt.xticks(rotation=90)
plt.title('余下 5 个栏目的新闻发布数量走势')
plt.legend(['婴幼儿', '留学', '职业教育', '中小学', '大学'])
plt.show()
```

运行代码 6-4 后，绘制出的各栏目各月份的新闻发布数量折线图，如图 6-3、图 6-4 所示。

由图 6-3 可知，原创栏目的发布数量较为平均，都在 50 个上下波动，时长为 4 个月；而滚动栏目的发布数量为 197，且时长仅一个月。而导致出现这种现象的原因主要是爬取的数量范围有限，在这个范围内只有这个时间段的数据，同时这也与新闻的时效性有很大的关联，尤其是滚动栏目，为顺应实际生活的发展情况，新闻的更替会十分快速。

由图 6-4 可知，婴幼儿、留学、职业教育、中小学和大学栏目的新闻发布数量波动较大的时间点分别位于 2019 年 8 月、2020 年 9 月、2020 年 1 月、2021 年 1 月和 2021 年 1

月，且所列举出的时间点为各栏目的峰值点。而出现峰值的原因主要是在这几个月，学生刚好大都处于放假的阶段，因此很多相关新闻会在这些时间节点发布，而其他的时间段是处于学生在校期间段，因此各栏目的新闻发布数量则相对平稳，波动无过明显的差异。

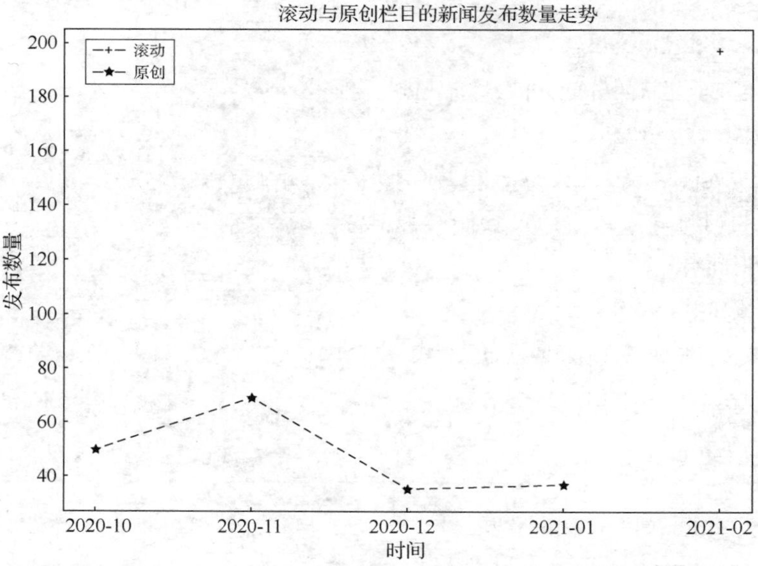

图 6-3　滚动与原创栏目的新闻发布数量折线图

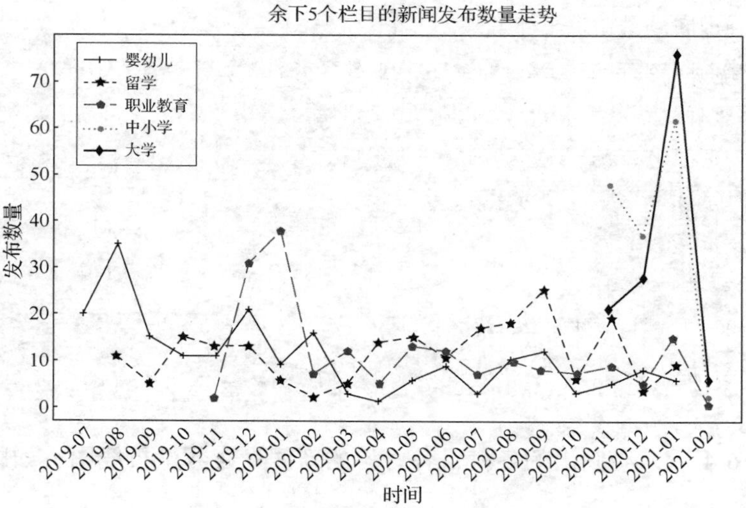

图 6-4　余下 5 个栏目的新闻发布数量折线图

6.2.3　文本预处理

在自然语言中，需要对语料库进行基本处理，常见的语料库处理包括去除数据中非文本部分、中文分词、去停用词等，而经过处理过后的语料库基本上可应用到案例当中，但还是无法直接用于后续文本的计算和模型的构建等。这是因为还需要将文本进行向量化处理，将文字转换成机器所能识别的数字化内容，这样才能便于后续工作的开展。

1. 文本基础处理

对文本进行基础处理，包括对数据进行 jieba 分词、去停用词、划分数据集（滚动与原创栏目为测试集，其他 5 个栏目为训练集）、对划分数据集后的分词结果依据段落符进行进一步分词处理等操作，如代码 6-5 所示。

代码 6-5 文本基础处理

```
# jieba 分词
data['data_cut'] = data['新闻内容'].astype(str).apply(
    lambda x: list(jieba.cut(x)))  # 内嵌自定义函数来分词

# 去停用词
stopword = pd.read_csv('../data/stopword.txt', sep='ooo', encoding='utf-8',
                       header=None, engine='python')
stopword = [' '] + list(stopword[0])
l3 = data.data_cut.astype('str').apply(lambda x: len(x)).sum()
data['data_after'] = data.data_cut.apply(
  lambda x: [i for i in x if i not in stopword])
l4 = data.data_after.astype('str').apply(lambda x: len(x)).sum()
print('减少了停用词中的' + str(l3 - l4) + '个字符')
data.data_after = data.data_after.loc[[
    i for i in data.data_after.index if data.data_after[i] != []]]

# 划分训练集与测试集
data_text = data[['栏目名称', 'data_after']]
data_text.dropna(inplace=True)
data_text.reset_index(drop=True, inplace=True)
data_text_name = list(data_text.栏目名称.unique())

# 预测（滚动+原创）
data1_name = data_text_name[2: ]
data1 = data_text.set_index('栏目名称').drop(data1_name, errors='ignore').
reset_index()

# 训练（剩余的其他 5 个栏目）
data2_name = data_text_name[: 2]
```

```
data2 = data_text.set_index('栏目名称').drop(data2_name, errors='ignore').
reset_index()

# 根据段落符将分词结果进一步划分成更为独立的词
data1['data_after'] = data1['data_after'].apply(
    lambda x: [i for i in x if i != '\u3000'])
data1['data_pro'] = data1['data_after'].apply(lambda x: ' '.join(x))
data1['data_after'] = data2['data_after'].apply(
    lambda x: [i for i in x if i != '\u3000'])
data1['data_pro'] = data2['data_after'].apply(lambda x: ' '.join(x))
```

运行代码 6-5 后，输出结果如下。

```
减少了停用词中的 2654006 个字符
```

为查看训练集中的新闻文本所出现的高频词，可通过绘制词云图和排名前 10 的词语词频柱状图进行分析，如代码 6-6 所示。

代码 6-6　绘制词云图和柱状图

```
# 词频统计
num_words = [''.join(i) for i in data2['data_after']]
num_words = ''.join(num_words)
num_words = re.sub(' ', '', num_words)
# 计算全部词频
num = pd.Series(jieba.lcut(num_words)).value_counts()
# 绘图
back_pic = imageio.imread('../data/background.jpg')
wc_pic = WordCloud(mask=back_pic, background_color='white',
                   font_path=r'C:\Windows\Fonts\simhei.ttf',
                   random_state=1234).fit_words(num)
plt.figure(figsize=(16, 8))
plt.imshow(wc_pic)
plt.axis('off')
plt.show()

# 统计排名前 10 的词语、词频
woreds = pd.DataFrame(num)
woreds = woreds.reset_index()
woreds.columns = ['词语', '词频']
woreds = pd.DataFrame(woreds[woreds['词语'].apply(len) > 1])
```

```
woredss = woreds.sort_values(by='词频', ascending=False)
woredss1 = pd.DataFrame(woredss.iloc[:10, :])


# 绘制排名前 10 的词语词频柱状图
plt.figure(figsize=(8, 6))
plt.bar(Woredss1['词语'].tolist(), Woredss1['词频'].tolist())
plt.title('排名前 10 的词语出现频数', fontsize=16)
plt.xlabel('词语')
plt.ylabel('频数')
plt.show()
```

运行代码 6-6 后，所绘制出的词云图和柱状图如图 6-5 和图 6-6 所示。

图 6-5 词云图

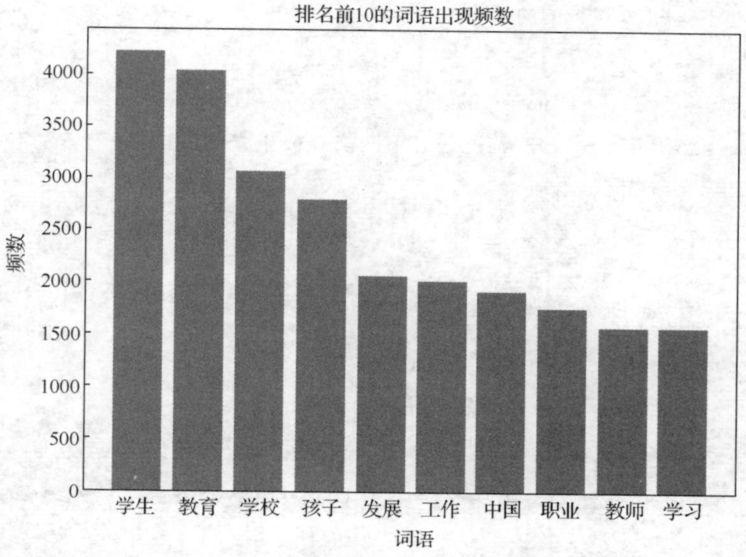

图 6-6 排名前 10 词语词频柱状图

由图 6-5 可知，在训练集中的新闻文本中的高频词主要有学生、教育、学校、孩子和发展等词；由图 6-6 可知，排名前 10 的高频词按频数从高到低的顺序依次为学生、教育、学校、孩子、发展、工作、中国、职业、教师和学习。

从高频词中所展现出来的情况可知，新闻文本中高频的内容大多数都属于教育类的范畴。

2. 文本向量化

对经过文本基础处理的新闻文本使用预训练好的 192 维的语料库模型构建词向量，目的是使将词语转换成机器所能识别的形态，从而便于模型的实际运用。

对文本构建词向量矩阵，需要通过调用预先训练好的语料库模型，生成每篇新闻中的每个分词的词向量，再通过将词向量进行求和的方式从而得出该篇新闻文本的最终 1×192 维词向量矩阵，如代码 6-7 所示。

代码 6-7　计算文本词向量

```
# 获取字符串中某字符的位置
def get_char_pos(string, char):
    chpos = []
    try:
        chpos = list(((pos) for pos, val in enumerate(string)
                        if (val == char)))
    except:
        pass
    return chpos

# 利用训练好的词向量获取关键词的词向量
def word2vec1(data, model):
    wordvec_size = 192  # 词向量的维度
    word_vec_all = np.zeros(wordvec_size)  # 生成包含 192 个元素的零矩阵
    space_pos = get_char_pos(data, ' ')
    first_word = data[0:space_pos[0]]
    if model.__contains__(first_word):
        word_vec_all = word_vec_all + model[first_word]
      for i in range(len(space_pos) - 1):
        word = data[(space_pos[i] + 1):space_pos[i + 1]]
        if model.__contains__(word):  # 判断模型是否包含该词语
            word_vec_all = word_vec_all + model[word]
    return word_vec_all
```

```
model = gensim.models.Word2Vec.load('../models/news.word2vec')  # 加载模型
data1['vec'] = data1['data_pro'].apply(lambda x : word2vec1(x, model))
data2['vec'] = data2['data_pro'].apply(lambda x : word2vec1(x, model))
```

运行代码 6-7 后，得到每篇新闻的词向量矩阵，此处随机选取训练集中的 5 篇新闻的词向量矩阵进行展示，如表 6-4 所示。

表 6-4 文本向量化结果

栏目名称	data_after	data_pro	vec
留学	[花着, 昂贵, 房租……	花着 昂贵 房租……	[36.43002840364352, -120.47…
婴幼儿	[幼师, 保育员, 缺……	幼师 保育员 缺……	[80.7091096174845, -140.01…
中小学	[本报, 上海, 17……	本报 上海 17……	[-35.064373414963484, 18.01…
大学	[15, 上午, 10, 点……	15 上午 10 点……	[366.3885929523967, -729.9…
职业教育	[人民网, 北京, 25……	人民网 北京 25……	[-31.265052042901516, 9.69…

在表 6-4 中，data_after 为 jieba 分词之后的结果，data_pro 为根据段落符将 data_after 划分后的更为独立的词语，vec 则为根据 data_pro 中的每一个独立的词语生成词向量矩阵，再通过求和的方式得出的对应一篇新闻的词向量矩阵。

6.2.4 SVM 模型构建

本案例选取支持向量机（SVM）分类算法将滚动与原创栏目下的新闻内容进行分类，构建新闻文本分类的模型，并对构建的模型进行优化。

1. 支持向量机简介

支持向量机是一种二分类的分类算法。除了可以进行线性分类之外，支持向量机还可以使用核函数有效地进行非线性分类，将其输入隐式映射到高维特征空间中。

对于给定的数据集，支持向量机的思想是在样本空间中找到一个划分超平面，将不同类别的样本分开。能将数据集分开的划分超平面可能有很多，如图 6-7 所示，可以直观地看出应该选择位于两类样本“正中间”的划分超平面，即图 6-7 中加粗的直线所代表的划分超平面，因为该超平面对训练样本的健壮性是最强的。例如，训练集外的样本可能落在两个类的分隔界附近，这会使很多划分超平面出现错误，而加粗的直线所代表的超平面是受影响最小的。支持向量机的目的就是找到这个最优的划分超平面。

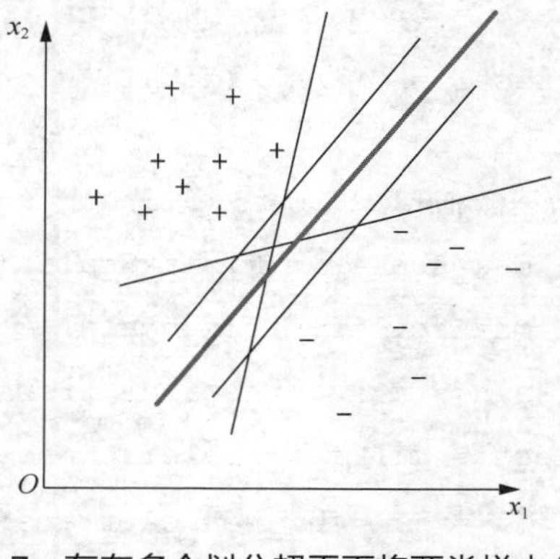

图 6-7 存在多个划分超平面将两类样本分开

而由图 6-7 可见，存在一条直线将两类样本完全分开，则称为线性可分。而在数据线性可分的情况下，实现对应的线性支持向量机的基本步骤如下。

（1）将原问题转化为凸优化问题。

（2）通过构建拉格朗日函数，将原问题对偶化。

（3）利用序列最小优化（Sequential Minimal Optimization，SMO）算法对对偶化问题进行求解。

对偶是指对拉格朗日函数先取最小化，再取最大化。所以对偶化问题实际上是调换原问题中拉格朗日函数取最大化、最小化的顺序，得到与原问题等价的优化问题。对偶化问题其实是一个二次规划问题，可使用二次规划算法求解。然而，对偶化问题的规模与训练样本数成正比，这会在实际的训练过程中造成很大的开销。使用 SMO 算法就可以解决训练过程中对偶化问题开销过大的问题，提高运算效率。

2. 划分数据集

本案例使用线性支持向量机分类模型，将数据集中除滚动与原创栏目外的余下 5 个栏目数据，按照 20%和 80%的比例划分测试集和训练集并对其进行数据标准化，如代码 6-8 所示。

代码 6-8　划分数据集并进行数据标准化

```
xx_train,xx_test,y_train,y_test = train_test_split(
    data2['vec'], data2['栏目名称'], test_size=0.2, random_state=3)
def trans_x(names):
    x = []
    for i in names.index:
        x.append(names[i].tolist())
    return np.array(x)

x_train = trans_x(xx_train)
x_test = trans_x(xx_test)
xx_test1 = trans_x(data1['vec'])  # 最终所要预测的数据

# 数据标准化
min_max_scaler = MinMaxScaler()
min_max_scaler.fit(x_train)
x_train = min_max_scaler.transform(x_train)
x_test = min_max_scaler.transform(x_test)
x_test = min_max_scaler.transform(x_test)  # 测试集
```

3. 构建、训练模型与模型优化

为进一步的提升模型的性能，本案例从两个方面（一是分类算法的选取，二是选取的模型中的参数的调整）构建分类的模型并进行模型的优化。

首先，在分类模型的选取上，本案例前期选择了很多的分类模型进行测试，便于从中选出表现最优的分类模型从而确立构建模型中所运用的分类算法。各个模型的选取及表现出的模型精确率与测试集的准确率如表 6-5 所示。

表 6-5 各模型表现情况

模型	模型精确率	测试集准确率
SVM	0.639	0.611
K 近邻	0.732	0.611
高斯朴素贝叶斯	0.409	0.411
决策树	1	0.52

注：此处不展示各模型对比情况的过程，相应的实现代码请参考本书的配套资源。

其次，对表 6-5 中的各模型，采用网格搜索法，选取各模型中的 4 个重要参数指标的值进行搜索、比较，从而找出模型中的最优参数（由于高斯朴素贝叶斯无可调参数，因此无须对其进行网格搜索，同时也因其模型精确率与测试集准确率较低，将不考虑该模型的使用），如代码 6-9 所示。

代码 6-9 网格搜索

```
# 定义网格搜索函数，评估各模型在测试集上的最优得分
def searchbest(name1, value1, name2, value2, name3, value3, name4, value4,
function_name):
    # 基于径向基核函数的支持向量机分类器
    params = [{name1:value1, name2:value2, name3:value3, name4:value4}]
    model = ms.GridSearchCV(function_name, params, cv=5)
    model.fit(x_train, y_train)
    for p, s in zip(model.cv_results_['params'],
              model.cv_results_['mean_test_score']):
        print(p, s)
    # 获取得分最优的超参数信息
    print(model.best_params_)
    # 获取最优得分
    print(model.best_score_)
    # 获取最优模型的信息
    print(model.best_estimator_)


# SVM
```

```
from sklearn import svm
searchbest('kernel', ['linear', 'rbf'], 'C', [10, 15, 20], 'gamma', [0.1, 0.2,
0.3], 'degree', [10, 20], svm.SVC())

# K 近邻
from sklearn.neighbors import KNeighborsClassifier
searchbest('n_neighbors', [5, 10], 'weights', ['uniform', 'distance'],
'algorithm',
           ['auto', 'ball_tree', 'kd_tree', 'brute'], 'leaf_size', [20, 30],
KNeighborsClassifier())

# 决策树
from sklearn.tree import DecisionTreeClassifier
searchbest('criterion', ['gini', 'entropy'], 'splitter', ['best', 'random'],
'max_depth',
           [100, 150, 200], 'max_features', ['auto', 'sqrt', 'log2'],
DecisionTreeClassifier())
```

运行代码 6-9 后，各模型的网格搜索法在测试集上的最优得分情况如表 6-6 所示。

表 6-6　各模型网格搜索最优得分情况

模型	网格搜索在测试集上的最优得分
SVM	0.721
K 近邻	0.586
决策树	0.472

综合表 6-5、表 6-6，以及模型在案例中的实际运用表现，本案例最终选择 SVM 分类模型来对新闻文本进行分类。综合表现最优的参数组合为 C=15，kernel=rbf，degree=20，gamma=0.3，将选取的参数应用于 SVM 模型构建中，构建并训练 SVM 分类模型，如代码 6-10 所示。

代码 6-10　构建并训练 SVM 分类模型

```
# 模型预测
clf = svm.SVC(C=15, kernel='rbf', degree=20, gamma=0.3)
clf.fit(x_train, y_train)
rc = list(clf.predict(x_test))
# print('测试集的预测结果为：\n', r)
# 原创与滚动栏目的预测结果
rc = list(clf.predict(x_test))
```

6.2.5 模型评价

模型所表现出的状态会相应地影响到最终分类的结果，由于本案例为多分类模型，因此对模型进行评价的指标有 3 个：模型精确率、测试集准确率和混淆矩阵。对 SVM 分类模型进行评价，如代码 6-11 所示。

代码 6-11 模型评价

```
# 模型精度
rv1 = clf.score(x_train, y_train)
print('模型精度为：', rv1)

# 测试集的预测准确率
r_c = list(clf.predict(x_test))
r_t = list(y_test)
def get_acc(y, y_hat):
    return sum(yi == yi_hat for yi, yi_hat in zip(y, y_hat)) / len(y)
recut = get_acc(r_c, r_t)
print('测试集的准确率为：', recut)

# 绘制混淆矩阵图
guess = r_c
fact = r_t
classes = list(set(fact))
classes.sort()
confusion = confusion_matrix(guess, fact)
plt.imshow(confusion, cmap=plt.cm.Wistia)
indices = range(len(confusion))
plt.rcParams['font.family'] = ['sans-serif']
plt.rcParams['font.sans-serif'] = ['SimHei']
plt.xticks(indices, classes, rotation=90)
plt.yticks(indices, classes)
plt.colorbar()
plt.xlabel('预测')
plt.ylabel('实际')

for first_index in range(len(confusion)):
    for second_index in range(len(confusion[first_index])):
        plt.text(first_index, second_index,
```

```
                    confusion[first_index][second_index])
plt.show()
```

运行代码 6-11 后，所得的模型精确率和测试集的准确率如表 6-7 所示。

表 6-7　模型精确率和测试集的准确率结果

指标名称	数值结果
模型精确率	0.920
测试集的准确率	0.742

由表 6-7 可知，模型的精确率为 92%，测试集的准确率为 74.2%，模型的效果较好。绘制的混淆矩阵图如图 6-8 所示。

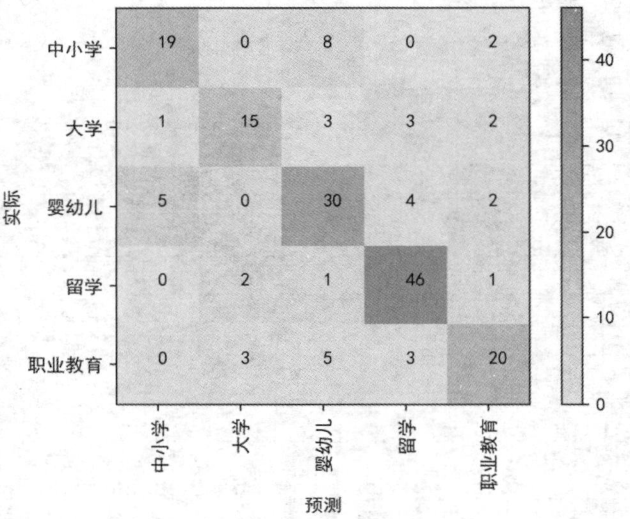

图 6-8　混淆矩阵图

在图 6-8 中，以留学栏目为例，该栏目下的新闻数量为 50 个。其中，正确地将留学栏目预测为留学栏目的数量有 46 个，错误地将留学栏目预测为中小学、大学、婴幼儿和职业教育的数量依次为 0、2、1、1。从混淆矩阵图的表现情况可看出，模型能准确地将预测出的结果进行正确分类的情况较多，而出现错误的情况则较少。

同时，本案例的选取模型和参数组合并非一定是表现最优的选择。读者可在模型选取以及各个模型参数的组合上再多加探索，或许可以找到性能更好、表现更优的模型。

小结

本章的主要目的是通过 SVM 分类算法判别出滚动与原创栏目的新闻类别。重点介绍了数据探索、文本预处理，并建立了新闻文本 SVM 分类模型，分析了原创与滚动栏目下的每篇新闻的新闻类别,最后对构建的分类模型进行了评价并提出了相关的模型优化建议。

课后习题

操作题

现需要对从搜狐新闻上获取的新闻内容进行分类。数据集（见教学资源）共包含两份数据，一份含有分类标签和新闻内容，共 5500 条新闻数据（data1.xlsx）；另一份仅有新闻内容，共 210 条新闻数据（data2.xlsx）。需要分别对这两份数据进行预处理，并根据含有标签的数据构建支持向量机模型，从而对仅有新闻内容的新闻数据进行分类，具体操作步骤如下。

（1）在 Python 中读取这两份新闻数据集的数据。

（2）使用 jieba 对数据集进行分词。

（3）对分词后的数据进行去停用词及段落符分段操作。

（4）对数据集进行文本向量化。

（5）构建支持向量机分类模型。

（6）得出分类结果，计算模型的精确率，从而对模型进行评价。

第7章 基于浏览记录的个性化新闻推荐

随着互联网、自媒体和新媒介技术的蓬勃发展，每天会产生大量的网络新闻，会造成信息过载的问题。推荐系统是解决信息过载最有效的方式之一，如何快速地在众多新闻中找出用户感兴趣、想要了解的新闻，成为了各大新闻门户网站的一大难题。快速、准确的新闻推荐能节省用户大量查找新闻的时间，能让用户得到非常好的新闻浏览体验。面对激烈的市场竞争，各大主流网站都在寻求一种快速、有效的个性化推荐方法，增强自主创新能力。

本案例基于用户浏览记录数据集，介绍如何探索分析用户的浏览行为，通过实现针对不同用户提供个性化的新闻推荐，提升用户新闻浏览体验。

学习目标

（1）了解个性化新闻推荐案例的背景、数据和分析目标。

（2）掌握常用数据探索方法，探索数据的基本情况并进行可视化展示。

（3）掌握常用数据预处理的方法，对浏览数据进行基础处理。

（4）掌握基于物品的协同过滤推荐算法的使用方法，构建推荐模型。

（5）掌握协同过滤推荐算法的评价方法，对构建的推荐模型进行模型评估。

7.1 业务背景与项目目标

在新一代信息技术飞速发展的环境下，新闻传播领域也进入了“智能媒体”时代。在改变新闻传播形态的同时，也改变着新闻产品的形态，并深层次地影响乃至决定着新闻的生产方式。网络新闻具有时效性、丰富性、深度性、交互性等特性，已经成为人们获取新闻的第一选择。网络新闻网站或新闻聚合网站众多，用户一般只选择其中一个或很少的几个进行新闻阅读。用户阅读新闻时，一般没有任何目的，而只是想看发生了哪些有趣的事情或大家都在讨论什么。因此，用户的点击行为除了取决于个人兴趣外，还受大众潮流、新闻趋势的影响。另外，用户的点击行为还受新闻展示位置的影响。而在醒目位置展示的新闻一般是大众化的、热点的新闻，不具有差异性。新闻网站迫切需要将个性化的新闻向用户推荐。

新浪、网易、今日头条、百度等新闻门户网站都已经意识到个性化新闻推荐的价值所在，并已经在商业实践中应用了个性化新闻推荐。2020 年，微软亚洲研究院和微软新闻产品团队发布了一个大规模的英文新闻推荐数据集，并联合举办了 MIND 新闻推荐比赛，用于推进优化个性化新闻推荐算法。同时 MIND 新闻推荐比赛吸引了来自加拿大、法国、韩国等世界各地的技术团队，最终来自搜狗搜索的队伍获得了冠军。尽管推荐系统在新闻领域已经取得了很大的进展，但仍需要进一步提高推荐系统的性能，包括更好地对用户画像进行建模、更高级的推荐模型、可处理更大规模的数据等。

7.1.1　业务背景

个性化新闻推荐系统（Personalized News Recommender System）是一种备受学术界和业界关注的新型新闻分发方式，其所依托的推荐系统技术基于计算机技术和统计学理论，将数据、算法、人机交互有机结合，建立用户和资源的个性化关联机制，为用户的消费和信息摄取提供决策支持。个性化推荐指基于用户的点击历史，分析用户的兴趣偏好，预测用户未来的新闻点击概率，指导展现给用户的新闻排序，为用户实现感兴趣信息的私人定制，并根据实时需求为用户提供个性化服务。

由个性化新闻推荐系统对推荐给用户的新闻进行判断与选择，可代替编辑的重复劳动，从而使信息产业的生产效率得以提高，促进新闻产业向更加精深的方向发展。个性化新闻推荐系统将用户喜好作为个性化推荐的主要依据，从海量的信息库中寻找与用户喜好相匹配的内容，满足用户的信息需求，使得“受众本位”在传播过程中得以回归。个性化新闻推荐平台通过网络爬虫技术从互联网与合作媒体处抓取新闻，其运用的算法根据一定的标准对受众进行精准推荐，受众也会依托用户界面进行反馈，算法把关模式应运而生。个性化新闻推荐给新闻与传播领域带来了前所未有的变革。

7.1.2　数据说明

本案例使用的数据为某新闻网站的新闻浏览记录，包括用户编号、新闻编号以及相关的新闻发布时间、标题和文本内容，其中用户编号已做了匿名化处理。新闻发布时间窗口为 2021 年 6 月 16 日至 2021 年 7 月 18 日，获取的新闻浏览记录数据共 279908 条，部分原始数据如表 7-1 所示。

表 7-1　部分原始数据

user_id	news_id	news_title	news_times	news_all
199999	322	长江河口大型江心水库开启动力提升、水环境改善的生态新格局	2021 年 06 月 21 日 18:25	中新网上海 6 月 21 日电（记者 陈静）青草沙水库是长江河口大型江心水库……
199998	4010	信任科学，更要提升科学素养	2021 年 06 月 23 日 14:30	“中国约有 97%的人信任科学，在受访的 17 个国家中拥有最高的科学信任度……

续表

user_id	news_id	news_title	news_times	news_all
199973	318	浙江将建三大国际一流科创高地 提升全球合作精准度	2021 年 06 月 24 日 22:07	中新网杭州 6 月 24 日电（黄龄亿）24 日，《浙江省科技创新发展“十四……
195693	3584	上半年中国汽车市场延续 2020 年年尾销售热度	2021 年 07 月 05 日 16:36	nan
199967	158	辽宁省开展“我为企业减负担”行动为企业减负超 2800 万元	2021 年 07 月 12 日 20:09	中新网沈阳 7 月 12 日电（李晛）记者 7 月 12 日从辽宁省民政厅获悉……
…	…	…	…	…

在表 7-1 中，每一行代表一条浏览记录，每条浏览记录都包含 5 个特征，分别记录用户编号（user_id）、新闻编号（news_id）、新闻标题（news_title）、新闻发布时间（news_times）和新闻详细内容（news_all）。其中，用户编号是用户唯一标识，新闻编号是新闻唯一标识。

7.1.3 分析目标

结合个性化新闻推荐的需求分析，需要实现的目标如下。

（1）基于新闻内容，分析不同类型新闻的发布量和浏览量，以及不同用户查看新闻数量的分布。

（2）总结用户浏览新闻的行为特征，实现用户的新闻个性化推荐。

本案例的总体流程如图 7-1 所示，主要步骤如下。

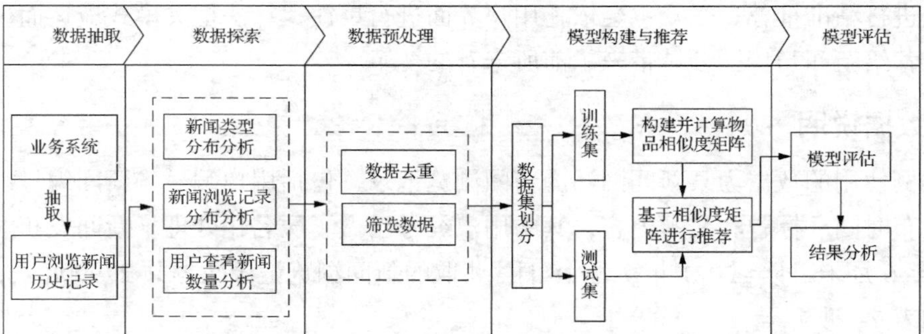

图 7-1 总体流程

（1）数据抽取，抽取用户浏览新闻的历史记录。

（2）数据探索，对新闻类型进行探索分析，对不同类型新闻的浏览记录进行初步分析，并分析用户查看新闻数量分布情况。

（3）数据预处理，对数据进行去重并筛选数据。

（4）模型构建与推荐，划分数据集为训练集和测试集，并根据训练集构建和训练基于新闻内容的协同过滤智能推荐模型。

（5）模型评估，对模型的推荐效果进行评估，对推荐结果进行分析。

7.2 分析方法与过程

本案例针对一段时期内用户访问网络新闻的浏览记录进行数据探索分析，分析不同类型新闻的分布和浏览量，以及用户查看新闻的数量；再对数据进行基本的预处理，并通过构建基于物品的协同过滤模型，计算新闻 A 和新闻 B 之间的相似度；最后基于相似度矩阵向目标用户推荐与其喜欢的新闻相似度高的其他新闻。

7.2.1 数据探索

通过观察表 7-1 可以发现原始数据中存在新闻标题（news_title）有文本内容，但新闻详细内容（news_all）为“nan”的新闻。经向相关人员求证，此类新闻可能为视频或全图式的新闻。除此之外，对原始数据主要为新闻内容的新闻进行统计分析，发现部分新闻的文本内容偏短。经向相关人员求证，此类新闻属于图形与文字相结合的新闻或者短篇新闻，一般而言短篇新闻的篇幅小于 200 字。

1. 不同类型新闻的发布量

使用 pandas 库中的 read_csv 函数读取数据集，对数据中的新闻类型进行识别，然后对全图或视频新闻、图文或短篇新闻和全文本类新闻这 3 类新闻的分布进行比较，并绘制柱状图，如代码 7-1 所示。

代码 7-1　绘制新闻各类型数量分布柱状图

```
# 导入模块
import numpy as np
import pandas as pd
data = pd.read_csv('./data.csv')  # 读取数据
data.sort_values(by = ['user_id','news_id'],inplace = True)  # 按照 user_id 及
news_id 重新排序
data.reset_index(drop = True,inplace = True)  # 重新设定索引
# 数据探索
print(data.info())
print(data.isnull().sum())
# 新闻分类
data['新闻类型'] = None
ind1 = data['news_all'].isnull()
sum(ind1)
data.loc[ind1, '新闻类型'] = '全图或视频'
pic = data.loc[ind1, :]
```

```
# 统计新闻长度
data['新闻长度'] = [len(str(i)) for i in data['news_all']]
print(data['新闻长度'].describe())
ind2 = (data['新闻长度'] < 200) & (3 < data['新闻长度'])  # 新闻篇幅小于 200 字为短
篇新闻或图文新闻
sum(ind2)
data.loc[ind2, '新闻类型'] = '图文或短篇'
pic_character = data[ind2]
# 全文本类新闻集
data.loc[(~ind1) & (~ind2), '新闻类型'] = '全文本'
# 新闻类型分布
view = data[['news_id', '新闻类型']].drop_duplicates()  # 去除重复项
total = len(view)  # 新闻总数
view_count = view[['news_id']].groupby(view['新闻类型']).count()  # 每类新闻的新
闻数
view_count = view_count.reset_index()
view_count.columns = ['新闻类型', '新闻数']
# 绘制新闻类型分布柱状图
import matplotlib.pyplot as plt
plt.figure(figsize = (8, 7))
plt.rcParams['font.sans-serif'] = 'SimHei'  # 用来设置字体样式以正常显示中文标签
plt.rcParams['axes.unicode_minus'] = False  # 正常显示负号
plt.bar(view_count['新闻类型'], view_count['新闻数'], width = 0.8)
plt.title('新闻类型分布柱状图', fontsize = 50)
plt.xticks(fontsize=35)  # 设置刻度字体大小
plt.yticks(fontsize=35)  # 设置刻度字体大小
plt.ylabel('新闻数量 /条',fontsize = 50)
plt.show()
```

运行代码 7-1 得到的各类型新闻在全部新闻中的占比如表 7-2 所示，不同类型新闻数量分布柱状图如图 7-2 所示。

表 7-2　新闻类型分布

新闻总数	新闻类型（label）	新闻数量	占比
8976	全图或视频（1）	47	0.5%
	图文或短篇（2）	430	4.8%
	全文本（3）	8499	94.7%

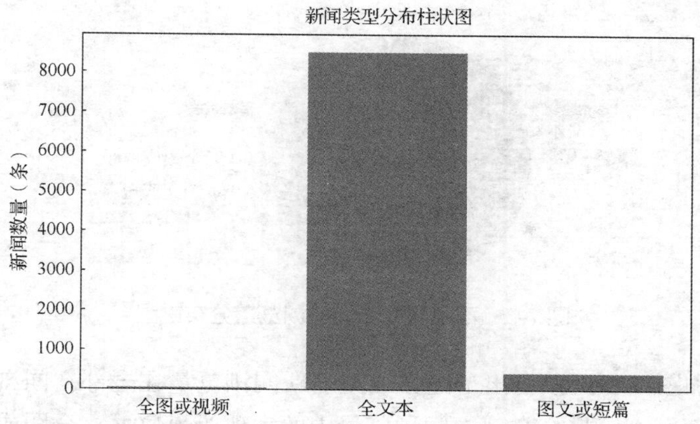

图 7-2　不同类型新闻数量分布柱状图

结合表 7-2 和图 7-2 可以看出，不同类型新闻中，全文本类新闻数量最多，为 8499，在全部新闻中的占比为 94.7%；其次是图文或短篇新闻，数量为 430，在全部新闻中的占比为 4.8%；最后是全图或视频类新闻，数量为 47，在全部新闻中的占比为 0.5%。

2. 不同类型新闻的浏览量

为了更好地了解不同类型新闻的浏览量的分布，在不同新闻类型的数量分布图的基础上，可对特征 news_id 中的新闻类型进行计数，并使用 Matplotlib 库中的 pyplot 模块中的 pie 函数绘制不同新闻类型的浏览量分布饼图，如代码 7-2 所示。

代码 7-2　绘制不同新闻类型浏览量分布饼图

```
# 绘制不同类型新闻浏览量分布饼图
count = data['新闻类型'].value_counts()
plt.figure(figsize = (18, 18))
plt.pie(count.values, labels = list(count.index), explode = (0.05, 0.05, 0.05),
autopct = '%1.1f%%',
        pctdistance = 1.15, labeldistance = 1.3, radius = 1.2, textprops =
{'fontsize': 40, 'color': 'k'})
plt.title('不同类型新闻浏览量分布', fontsize = 45)
plt.show()
```

运行代码 7-2 可以得到不同类型新闻的浏览量与在全部新闻浏览量中的占比，如表 7-3 所示，不同类型新闻的浏览量分布饼图如图 7-3 所示。

表 7-3　不同类型新闻的浏览量与占比

新闻总浏览量	新闻类型	浏览量	占比
279908	全图或视频	229	0.1%
	图文或短篇	16529	5.9%
	全文本	263150	94.0%

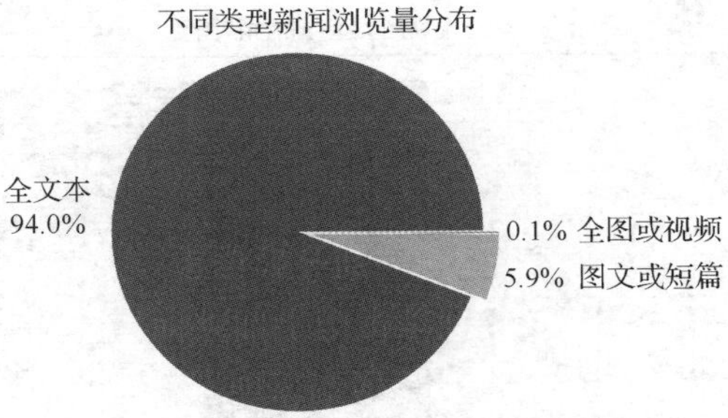

图 7-3　不同类型新闻的浏览量分布饼图

结合表 7-3 和图 7-3 可以看出，图文或短篇新闻浏览量在全部新闻浏览量中的占比为 5.9%，全文本类新闻浏览量在全部新闻浏览量中的占比为 94.0%，全图或视频类新闻浏览量在全部新闻浏览量中的占比为 0.1%。全文本类新闻浏览量最多，其次是图文或短篇新闻，全图或视频类新闻浏览量最少。

3. 用户查看新闻的数量

对所有用户查看新闻的数量进行分析，详细统计指标如表 7-4 所示。

表 7-4　用户查看新闻数量分布

统计指标	数值（条）	统计指标	数值（条）
计数（count）	126525	25%分位数（25%）	1
均值（mean）	2.20	50%分位数（50%）	2
标准差（std）	2.10	75%分位数（75%）	3
最小值（min）	1	最大值（max）	69

根据表 7-4 按用户查看新闻的数量将用户分类，将所有查看新闻数量小于等于 2 条的用户分类为 A，将所有查看新闻数量等于 3 条的用户分类为 B，将所有查看新闻数量大于 3 条的用户分类为 C，并使用 Matplotlib 库中的 pyplot 模块中的 pie 函数绘制用户查看新闻数量分布图，如代码 7-3 所示。

代码 7-3　用户分类及绘制用户查看新闻数量分布图

```
# 每位用户查看了几条新闻
data1 = data.groupby(by = 'user_id').agg({'news_id' : 'count'}).sort_values(by
= 'news_id',ascending = True)
print(data1.describe())  # 用户查看新闻数目分布情况
# 根据每个用户查看的新闻数目将用户分为 A、B、C 这 3 类
for i in set(data1['news_id']):
    if i <= 2 :
        data1.loc[data1['news_id'] == i,'rank'] = 'A'
    elif i <= 3 :
```

```
            data1.loc[data1['news_id'] == i,'rank'] = 'B'
        else :
            data1.loc[data1['news_id'] == i,'rank'] = 'C'
print(data1['rank'].value_counts())
# 绘制用户查看新闻数量分布图
plt.figure(figsize = (18, 18))
plt.pie(data1['rank'].value_counts() , labels = list(data1['rank'].value_
counts().index), explode = (0.05, 0.05, 0.05), autopct = '%1.1f%%',
      pctdistance = 1.18, labeldistance = 1.36, radius = 1.2, textprops =
{'fontsize': 50, 'color': 'k'})
plt.title('用户查看新闻数量分布图', fontsize = 55)
plt.show()
```

运行代码 7-3 可以得到不同用户分类的数量与在总用户中的占比，如表 7-5 所示，用户查看新闻数量分布图如图 7-4 所示。

表 7-5　用户分类与占比

用户总人数	用户分类	用户人数	占比
126525	A	94178	74.4%
	B	13695	10.8%
	C	18652	14.7%

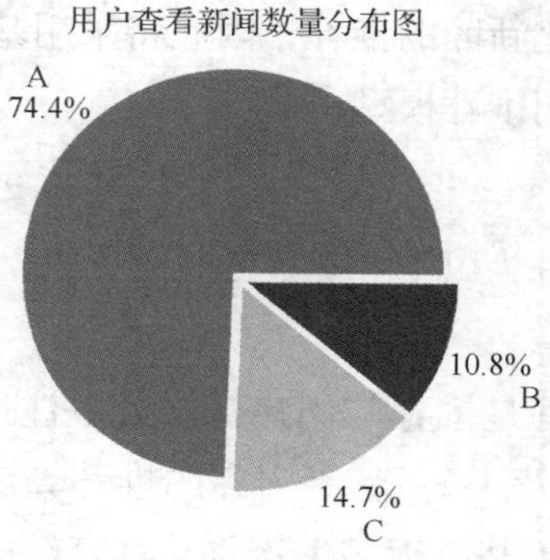

图 7-4　用户查看新闻数量分布图

结合表 7-5 和图 7-4 可以看出，A 类用户在总用户中的占比为 74.4%，B 类用户在总用户中的占比为 10.8%，C 类用户在总用户中的占比为 14.7%。A 类用户最多，其次是 C 类用户，B 类用户最少。根据用户查看新闻的数量将用户分类后便于数据预处理时筛选数据。

7.2.2　数据预处理

在进行数据探索时对浏览记录中的新闻类型和浏览量进行计数，发现 8976 条新闻共产生了 279908 条新闻浏览记录。同时发现浏览记录数据中存在着重复数据，这些重复数据不仅会消耗计算资源，而且会造成分析结果的偏差。因此在利用新闻浏览记录数据进行推荐之前需要对这些重复数据进行处理。

由表 7-5 与图 7-4 可以看出大部分用户在观测窗口期间只查看了 2 条新闻，此类用户大多为“游客”，随机点击页面查看新闻。鉴于新闻业务方面与新闻个性化推荐方面的考虑，若将此类用户数据加入模型训练，将会导致后续建模时出现相似度矩阵过于稀疏、计算开销非常庞大、预测结果精确率低等情况。因此仅筛选在观测期间查看新闻数目大于等于 3 条的用户数据用于训练模型，如代码 7-4 所示。

代码 7-4　去重及筛选数据

```
# 数据预处理
data.drop_duplicates(subset = ['user_id', 'news_id'],inplace = True)  # 去重
# 筛选数据
ind3=data['user_id'].isin(list(data1.index[data1['news_id'] <= 2]))
new_data = data.loc[~ind3,:]
new_data.reset_index(drop = True,inplace = True) # 重新设定索引
print(new_data.nunique())
print(len(new_data))
```

7.2.3　模型构建

推荐算法种类很多，包括基于内容的推荐、协同过滤推荐、混合推荐、基于规则的推荐和基于人口统计信息的推荐等算法，目前应用较为广泛的是协同过滤推荐算法。本案例目标为基于浏览记录进行个性化新闻的推荐，因此将采用基于物品的协同过滤推荐算法，建立基于浏览记录的个性化新闻推荐模型。

1. 推荐算法比较及选取

常见的推荐算法大致可以分为以下 3 类。

（1）基于内容的推荐算法

基于内容的推荐算法，原理是推荐与用户喜欢或关注过的物品在内容上类似的物品。比如用户看了电影《哈利・波特Ⅰ》，基于内容的推荐算法发现电影《哈利・波特Ⅱ》，其与用户以前观看的在内容上（共有很多关键词）具有较大的关联性，因此将《哈利・波特Ⅱ》推荐给用户。这种方法可以避免冷启动问题，但推荐的物品可能会重复。比如新闻推荐，如果用户看了一则关于奥运会的新闻，很可能推荐的新闻和用户浏览过的新闻内容基本一致。

（2）基于知识的推荐算法

基于知识的推荐算法有两种类型：基于约束的推荐和基于实例的推荐。基于约束的推荐是由约束求解器解决约束满足问题或者通过数据库引擎执行并解决的合取查询；基于实例的推荐主要是利用相似度衡量标准从目录中检索物品。

这两种方法在过程上比较相似，用户必须指定需求，系统设计给出方案，如果找不到

方案，用户必须更改需求。此外，系统还需给出解释。这两种方法的不同之处在于如何使用所提供的知识：基于实例的推荐系统侧重于根据不同的相似度衡量方法检索出相似的物品，而基于约束的推荐系统则依赖明确定义的推荐规则的集合。

（3）协同过滤推荐算法

协同过滤推荐算法的原理是用户喜欢具有相似兴趣的用户喜欢的物品，比如某个用户的朋友喜欢电影《哈利 · 波特 I 》，那么就会推荐电影《哈利 · 波特 I 》给该用户。最常用的算法主要有两种，一种是基于用户的协同过滤推荐算法（User-Based Collaborative Filtering，UserBaseCF），另一种是基于物品的协同过滤推荐算法（Item-Based Collaborative Filtering，ItemBaseCF）。

基于用户的协同过滤推荐算法，即向用户推荐与其兴趣相似的其他用户喜欢的物品。基于用户的协同过滤推荐算法通过分析用户的行为记录，计算用户喜好之间的相似度。一个用户如果与另外一个用户喜好相似,那么另一个用户也可能喜欢这个用户所喜好的物品。基于用户的协同过滤推荐算法的原理示意如图 7-5 所示。

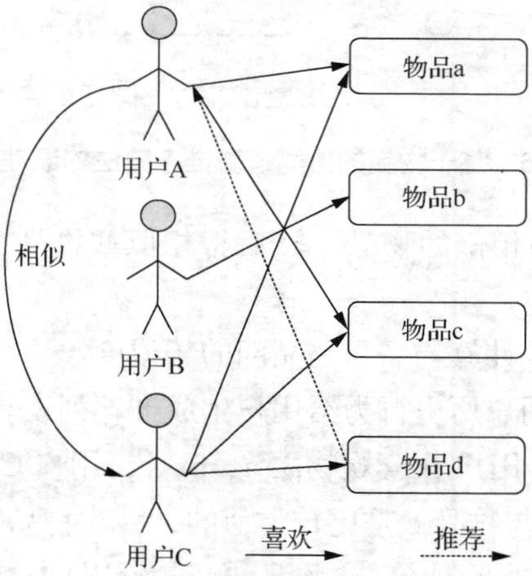

图 7-5 基于用户的协同过滤推荐算法的原理示意

图 7-5 中用户 A 喜欢物品 a、c，用户 B 喜欢物品 b，用户 C 喜欢物品 a、c、d，那么可以发现用户 A 和 C 的行为和偏好是比较类似的。由于用户 C 喜欢物品 d，那么可将物品 d 推荐给用户 A，如表 7-6 所示。

表 7–6 基于用户的协同过滤推荐

	物品 a	物品 b	物品 c	物品 d
用户 A	√		√	推荐
用户 B		√		
用户 C	√		√	√

基于物品的协同过滤推荐算法，即向用户推荐与其过去喜欢的物品相似的物品。基于

物品的协同过滤算法通过分析用户的行为记录，计算物品之间的相似度，而不是简单地利用物品本身的特征来计算。即若喜欢物品 a 的用户大多也喜欢物品 b，才认为物品 a 和 b 具有相似性。基于物品的协同过滤推荐算法的原理示意如图 7-6 所示。

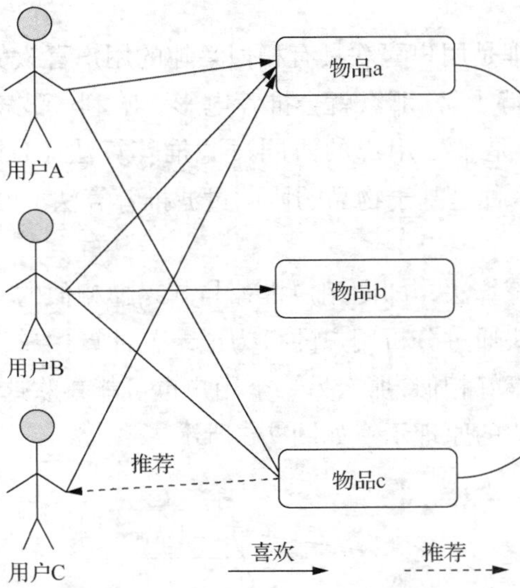

图 7-6　基于物品的协同过滤推荐算法的原理示意

基于物品的相似度找到相似的物品，然后将相似的物品推荐给用户，主要分为以下两步。

① 基于用户历史行为，计算物品与物品间的相似度。

② 根据物品相似度和用户历史行为给用户生成推荐列表。

用户 A 喜欢物品 a、c，用户 B 喜欢物品 a、b、c，用户 C 喜欢物品 a。从这些用户的历史喜好可以分析出物品 a 与物品 c 是比较类似的，喜欢物品 a 的人都喜欢物品 c，由此，可推断用户 C 很有可能也喜欢物品 c，将物品 c 推荐给用户 C，如表 7-7 所示。

表 7-7　基于物品的协同过滤推荐

	物品 a	物品 b	物品 c
用户 A	√		√
用户 B	√	√	√
用户 C	√		推荐

基于用户和基于物品的协同过滤推荐算法的区别如表 7-8 所示。

基于用户的协同过滤推荐算法的推荐更社会化，能反映用户所在的小型兴趣群体中物品的热门程度；而基于物品的协同过滤推荐算法的推荐更加个性化，能反映用户自己的兴趣传承。因此本章选择基于物品的协同过滤推荐算法介绍如何进行推荐。

表 7-8 基于用户和基于物品的协同过滤推荐算法的区别

指标	基于用户的协同过滤推荐算法	基于物品的协同过滤推荐算法
性能	适用于用户较少的场合，如果用户很多，计算用户相似度矩阵代价很大	适用于物品数量明显少于用户数量的场景，如果物品很多，则计算物品之间相似度矩阵的代价很大
领域	时效性较强，用户个性化兴趣不太明显的领域	长尾物品(长尾物品指的是需求曲线中长长的“尾巴”，即在种类上占大多数的冷门物品）丰富，用户个性化需求强烈的领域
实时性	用户有新行为，不一定造成推荐结果的立即变化	用户有新行为，一定会导致推荐结果的实时变化
冷启动	在新用户对很少的物品产生行为后，不能立即对它进行个性化推荐，这是由于用户相似度表是每隔一段时间离线计算的。而新物品上线后一段时间，一旦有用户对物品产生行为，即可将新物品推荐给与对它产生过行为的用户兴趣相似的其他用户	新用户只要对一个物品产生行为，即可给它推荐与该物品相关的其他物品。但无法在不更新物品相似度表的情况下将新物品推荐给用户
推荐理由	很难提供令用户信服的推荐解释	利用用户的历史行为给用户做推荐解释，可以令用户比较信服

2. 基于物品的协同过滤推荐过程

基于物品的协同过滤推荐算法是目前业界使用较为广泛的算法之一，亚马逊、Netflix、YouTube 的推荐算法的基础都是基于物品的协同过滤推荐算法。基于物品的协同过滤推荐算法不再计算用户之间的相似度，而是计算物品之间的相似度。例如，如果用户在网上商城订了一个手机，那么网页向用户会推荐同款手机的手机壳。因为用户之前买了手机，基于物品的协同过滤推荐算法计算来手机壳与手机之间的相似度较大，所以推荐手机壳。

本次建模针对一段时期内用户访问网络新闻的统计数据构建模型，主要包括划分数据集、构建物品相似度矩阵并计算物品之间相似度、基于相似度矩阵进行推荐共 3 个步骤。

（1）划分数据集

在对数据进行探索和预处理以后，构建模型之前需要将数据集按 7:3 的比例划分为训练集和测试集，如代码 7-5 所示。其中训练集用于训练推荐模型，测试集用于模型评估。

代码 7-5 划分数据集

```
# 划分数据集
recomend = new_data[['user_id', 'news_id']]
total_id = set(recomend['user_id'])  # user_id的唯一值
# total_id的 70%作为训练集的 user_id
train_id = pd.DataFrame(list(total_id)).sample(frac = 0.7, random_state = 123,
replace = False)
```

```
ind4 = recomend['user_id'].isin(list(train_id.iloc[:, 0]))
train_data = recomend.loc[ind4, :]
test_data = recomend.loc[~ind4, :]
```

（2）构建物品相似度矩阵并计算物品之间相似度

由于原始数据中只记录了用户浏览新闻的时间及内容,即用户的行为是浏览新闻与否，并没有对新闻进行相应的评分或评论，因此本案例中物品与物品间的相似度采用杰卡德相似度，如式（7-1）所示。

$$W_{ij} = \frac{|N(i) \cap N(j)|}{|N(i) \cup N(j)|} \tag{7-1}$$

在式（7-1）中，$|N(i)|$表示喜欢物品 i 的用户数，$|N(j)|$表示喜欢物品 j 的用户数，$|N(i) \cap N(j)|$表示同时喜欢物品 i 和物品 j 的用户数，$|N(i) \cup N(j)|$表示喜欢物品 i 或物品 j 的用户数。从式（7-1）可看出物品 i 和物品 j 相似是因为它们共同被多个用户喜欢，相似度越高表示同时喜欢它们的用户越多。

相似度的计算过程的示例如下。

假设用户 A 浏览过物品 a、b、d，用户 B 浏览过物品 b、c、e，用户 C 浏览过物品 c、d，用户 D 浏览过物品 b、c、d，用户 E 浏览过物品 a、d，如表 7-9 所示。

表 7-9　用户浏览物品表

	物品 a	物品 b	物品 c	物品 d	物品 e
用户 A	√	√		√	
用户 B		√	√		√
用户 C			√	√	
用户 D		√	√	√	
用户 E	√			√	

根据表 7-9 所示的用户浏览行为构建用户-物品倒排表，如表 7-10 所示。

表 7-10　用户-物品倒排表

	用户 A	用户 B	用户 C	用户 D	用户 E
物品 a	√				√
物品 b	√	√		√	
物品 c		√	√	√	
物品 d	√		√	√	√
物品 e		√			

根据表 7-10 所示的用户-物品倒排表可以构建物品相似度矩阵 **C**，如图 7-7 所示。

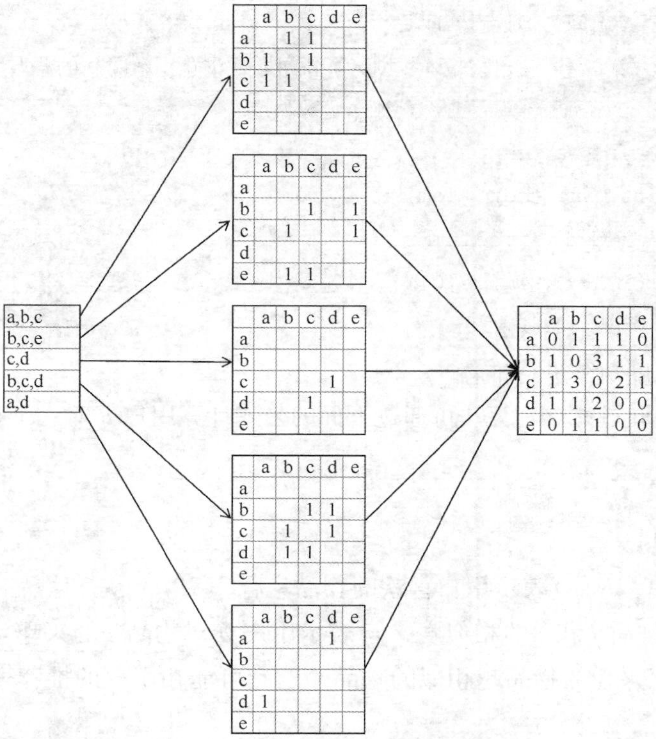

图 7-7　构建物品相似度矩阵 *C*

在图 7-7 中，最左边的是用户输入的用户行为记录，每一行代表用户感兴趣的物品集合，然后针对每个物品集合将里面的物品两两相加，从而得到一个矩阵。最终将每个物品集合对应矩阵进行相加得到图右侧的物品相似度矩阵 $\boldsymbol{C}$，其中 C_{ij} 表示同时喜欢物品 i 和 j 的用户数。

计算训练集中的物品相似度矩阵，如代码 7-6 所示。

代码 7-6　计算训练集中的物品相似度矩阵

```
# 计算物品相似度矩阵
tmp = pd.DataFrame(0, index = train_data['user_id'].drop_duplicates(),
                   columns = train_data['news_id'].drop_duplicates())
tmp.sort_index(axis = 0,inplace = True)  # tmp 的行索引排序
tmp.sort_index(axis = 1,inplace = True)  # tmp 的列索引排序
for m, n in zip(train_data['user_id'], train_data['news_id']):  # 用户-物品倒排表
    tmp.loc[m, n] = 1
dot1 = np.dot(tmp.T, tmp)  # 同时浏览了新闻 A 和新闻 B 的人数，即交集
tmp1 = tmp - 1
dot2 = np.dot(tmp1.T, tmp)
```

```
dot2 *= -1  # 只看了新闻 A 但没看新闻 B
dot3 = dot2.T + dot2  # 变对称矩阵，浏览了新闻 A 或浏览了新闻 B 的总人数
cor_item = dot1 / (dot1 + dot3) # 杰卡德相似度
# 对角线元素为 0
cor_item = pd.DataFrame(cor_item)
cor_item.index = cor_item.columns = tmp.columns
for i in range(cor_item.shape[0]):
        cor_item.iloc[i, i] = 0
```

（3）基于相似度矩阵进行推荐

基于物品的协同过滤推荐算法可通过下面的公式计算用户 u 对一个物品 j 的兴趣，如式（7-2）所示。

$$P_{uj} = \sum_{i \in N(u) \cap S(j,k)} w_{ji} r_{ui} \qquad （7-2）$$

在式（7-2）中，$N(u)$表示用户喜欢的物品集合，$S(j,k)$是和物品 j 最相似的 k 个物品的集合，w_{ji} 是物品 j 和 i 的相似度，r_{ui} 表示用户 u 对物品 i 的兴趣。该公式的含义为与用户历史上最感兴趣的物品越相似的物品，越有可能在用户的推荐列表中获得比较高的排名。

在生成推荐列表时有时需要使用热点新闻补充个性化推荐的结果。这是因为部分新闻因点击用户过少，导致与其最相似的 k 个新闻中，存在相似度为 0 的推荐新闻，此时仅保留相似度大于 0 的 k_1 个推荐新闻，再推荐 $k-k_1$ 个热点新闻。在测试集中，由于部分新闻不在训练集的相似度矩阵中，无法根据相似度矩阵进行推荐，因此推荐 k 个热点新闻作为替代。依据训练集中的物品相似度矩阵对测试集用户进行推荐，如代码 7-7 所示。

代码 7-7　对测试集用户进行推荐

```
user_id = set(test_data.iloc[:, 0])  # 去重
newid = set(test_data.iloc[:, 1])   # 去重
test_matrix = pd.DataFrame(0, index = user_id, columns = newid)
test_matrix.sort_index(axis = 0,inplace = True)  # test_matrix 的行索引排序
test_matrix.sort_index(axis = 1,inplace = True)  # test_matrix 的列索引排序
for i in test_data.index:
    test_matrix.loc[test_data.loc[i,      'user_id'],      test_data.loc[i,
'news_id']] = 1
# 对测试集用户进行推荐
res = pd.DataFrame(None, index = test_data.index, columns = ['user_id', '已浏览新闻'])
res.loc[:, 'user_id'] = list(test_data.iloc[:, 0])
res.loc[:, '已浏览新闻'] = list(test_data.iloc[:, 1])
```

```
res.sort_index(axis = 0,inplace = True)  # res的行索引排序
res.sort_index(axis = 1,inplace = True)  # res的列索引排序
data2 = new_data.groupby(by=['news_id']).agg({'user_id':'count'})  # 热点新闻
for k in range(1, 11):
    rec_news = []
    for i in res.index:
        if res.loc[i, '已浏览新闻'] in list(cor_item.index):
            rec1 = cor_item.loc[res.loc[i, '已浏览新闻'], :].sort_values
(ascending=False)[:k]
            k1 = (rec1 > 0).sum()  # 相似度大于0的新闻个数
            rec1 = rec1[:k1]
            rec_new = list(rec1.index)
            if k1 < k:
                rec_new.extend(list(data2['user_id'].head(k - k1).index))
            rec_news.append(rec_new)
        else:
            # 若测试集news_id不在相似度矩阵中，则推荐热点新闻
            rec_news.append(list(data2['user_id'].head(k).index))
  res['recomends'] = rec_news
```

7.2.4　模型评估

利用离线测试集构造模型评估指标，主要包括精确率和召回率。精确率是指推荐给用户的新闻中，真正在测试集中被该用户浏览的个数与推荐给用户的新闻个数的比率；召回率是指推荐给用户的新闻中，真正在测试集中被该用户浏览的个数与测试集中用户浏览的新闻个数的比率。

精确率是针对预测结果而言的,它表示的是预测为正的样例中有多少是真正的正样例。推荐模型中精确率的计算公式如式（7-3）所示。

$$\text{precision} = \frac{\text{TP}}{\text{TP+FP}} \tag{7-3}$$

召回率是广泛用于信息检索和统计学分类领域的度量值，用于评价结果的质量。推荐模型中召回率的计算公式如式（7-4）所示。

$$\text{recall} = \frac{\text{TP}}{\text{TP+FN}} \tag{7-4}$$

本案例中模型评估选定离线测试集，根据指定的推荐数量，以精确率作为基本指标，根据物品相似度矩阵对测试集用户进行推荐，并得出推荐的性能评估，如代码 7-8 所示。

代码 7-8　模型评估

```
# 模型评估
```

```
true = []
for i in res.index:
    for j in res.loc[i, 'recomends']:
        if j in newid:
# 判断该user_id是否浏览过推荐的新闻
            true.append(test_matrix.loc[res.loc[i, 'user_id'], j] == 1)
    score = sum(list(true)) / sum([len(i) for i in res['recomends']])  # 精确率
    print('推荐数为%d时，精确率为%d%%' % (k, score * 100))
```

选定测试方法和指标后，选取用户编号（user_id）为 156144 的用户及其浏览的新闻作为测试对象，获取用户实际浏览的新闻，如代码 7-9 所示。

代码 7-9　获取用户实际浏览的新闻

```
print(recomend.loc[recomend['user_id'] == 156144, 'news_id'])
```

运行代码 7-9 得到用户实际浏览的新闻如下。

```
85877      7
85878     55
85879    147
85880    150
85881    154
85882    157
85883    181
85884    198
85885    205
85886    328
85887    381
85888    462
85889    558
85890    778
85891    957
Name: news_id, dtype: int64
```

用户编号（user_id）为 156144，其已浏览的新闻编号（news_id）是 55，推荐新闻数设为 10 个。用户编号（user_id）为 156144 的推荐结果如表 7-11 所示。

表 7-11　用户 156144 的推荐结果

user_id	已浏览新闻编号	推荐新闻
156144	55	[328, 39, 620, 6, 84, 14, 155, 45, 2, 21]

由表 7-11 可知，与新闻 55 的相似度排名前 10 的新闻依次是 328、39、620、6、84、14、155、45、2、21，其中 328 是该用户真实看过的，由代码 7-8 得到的精确率为 8%。若

采取随机推荐算法，针对 8976 条新闻，精确率则为 1/8976，即约 0.011%。由此可见，即便在小样本空间中，采用基于物品的协同过滤推荐相较于随机推荐也可有效地提高推荐的精确率。随着样本空间的增大，采取基于物品的协同过滤推荐算法会更为有效，精确率也会提升。

小结

本章主要介绍了协同过滤推荐算法，特别是基于物品的协同过滤推荐算法在新闻传播行业中的应用，并基于新闻网站的浏览记录实现个性化新闻的智能推荐。通过对用户浏览记录数据集进行数据探索、预处理，并基于物品的协同过滤推荐算法建立新闻智能推荐模型，最后通过精确率等指标对模型进行了评估。

课后习题

操作题

某新闻网站想要实现针对用户的个性化推荐，data.txt（见教学资源）为收集的客户对新闻的点击数据，按照本章案例的流程进行个性化新闻推荐。

（1）读取用户对新闻的点击数据。

（2）绘制不同类型新闻的数量分布柱状图。

（3）绘制不同类型新闻用户浏览量饼图。

（4）对数据进行特殊字符处理。

（5）计算不同新闻之间的相似度。

（6）使用基于物品的系统过滤推荐算法建立推荐模型。

（7）运用精确率、召回率等指标对建立的模型进行评估。

第 8 章 基于 TipDM 大数据挖掘建模平台实现新闻文本分类

在第 6 章中介绍了新闻文本分类任务，本章将介绍使用另一种工具——TipDM 大数据挖掘建模平台，通过该平台实现新闻文本分类。相较于传统 Python 解析器，TipDM 大数据挖掘建模平台具有流程化、去编程化等特点，能满足不懂编程的用户使用数据分析技术的需求。

学习目标

（1）了解 TipDM 大数据挖掘建模平台的相关概念和特点。

（2）熟悉使用 TipDM 大数据挖掘建模平台配置新闻文本分类任务的总体流程。

（3）掌握使用 TipDM 大数据挖掘建模平台获取数据的方法。

（4）掌握使用 TipDM 大数据挖掘建模平台进行数据去重、数据筛选、表连接等操作。

（5）掌握使用 TipDM 大数据挖掘建模平台进行文本分词、绘制词云图、文本分类等操作。

8.1 平台简介

TipDM 大数据挖掘建模平台是由广东泰迪智能科技股份有限公司自主研发，面向大数据挖掘项目的工具。平台使用 Java 语言开发，采用浏览器/服务器（Browser/Server，B/S）结构，用户不需要下载客户端，可通过浏览器进行访问。平台具有支持多种语言、操作简单、用户无须具备编程语言基础等特点。平台以流程化的方式将数据输入输出、统计分析、数据预处理、分析与建模等环节进行连接，从而达成大数据分析的目的。平台界面如图 8-1 所示。

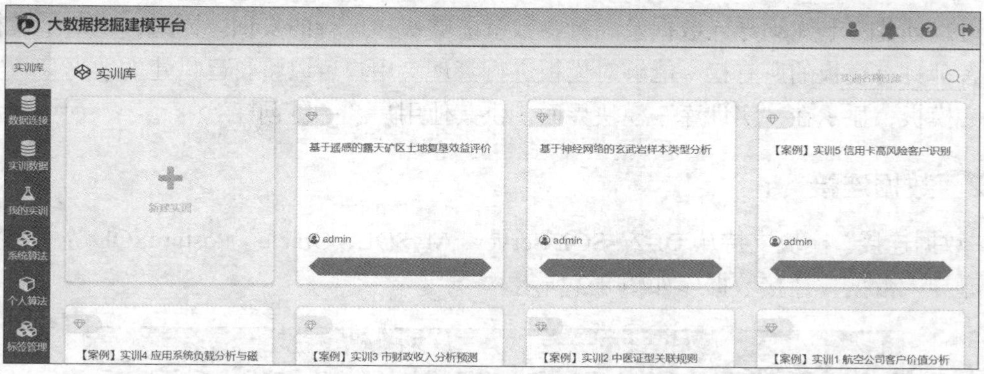

图 8-1 平台界面

读者可通过访问平台查看具体的界面情况，访问平台的具体步骤如下。

（1）微信搜索公众号“泰迪学社”或“TipDataMining”，关注公众号。

（2）关注公众号后，回复“建模平台”，获取平台的访问方式。

本章将以新闻文本分类案例为例，介绍使用平台实现案例的流程。在介绍之前，需要引入平台的几个概念。

（1）算法：将建模过程涉及的输入输出、数据探索及预处理、建模、模型评估等算法分别进行封装，每一个封装好的算法模块称为组件。

（2）实训：为实现某一数据分析目标，将各算法通过流程化的方式进行连接，每一个数据分析流程称为一个实训。

（3）模板：用户可以将配置好的实训，通过模板的方式，分享给其他用户，其他用户可以使用该模板，创建无须配置算法便可运行的实训。

TipDM 大数据挖掘建模平台主要有以下几个特点。

（1）平台算法基于 Python、R 以及 Hadoop/Spark 分布式引擎，用于数据分析。Python、R 以及 Hadoop/Spark 是目前较为流行的用于数据分析的语言或工具，高度契合行业需求。

（2）用户可在没有 Python、R 或者 Hadoop/Spark 编程基础的情况下，使用直观的拖曳式图形界面构建数据分析流程，无须编程。

（3）提供公开可用的数据分析示例实训，一键创建，快速运行。支持挖掘流程每个节点的结果在线预览。

（4）平台包含 Python、Spark、R 这 3 种工具的算法包，用户可以根据实际运用灵活选择不同的语言进行数据挖掘建模。

下面将对平台“实训库”“数据连接”“实训数据”“我的实训”“系统算法”“个人算法”6 个模块进行介绍。

8.1.1 实训库

登录平台后，用户即可看到“实训库”模块提供的示例实训（模板），如图 8-1 所示。

“实训库”模块主要用于标准大数据分析案例的快速创建和展示。通过“实训库”模块，用户可以创建一个无须导入数据及配置参数就能够快速运行的实训。同时，每一个模板的创建者都具有模板的所有权，能够对模板进行管理。用户可以将自己搭建的数据分析实训生成为模板，显示在“实训库”模块界面，供其他用户“一键创建”。

8.1.2 数据连接

“数据连接”模块支持从 DB2、SQL Server、MySQL、Oracle、PostgreSQL 等常用关系数据库导入数据，连接数据库如图 8-2 所示。

图 8-2 连接数据库

在输入连接名、连接地址、用户名、密码后单击“测试连接”，成功新建数据库连接如图 8-3 所示。

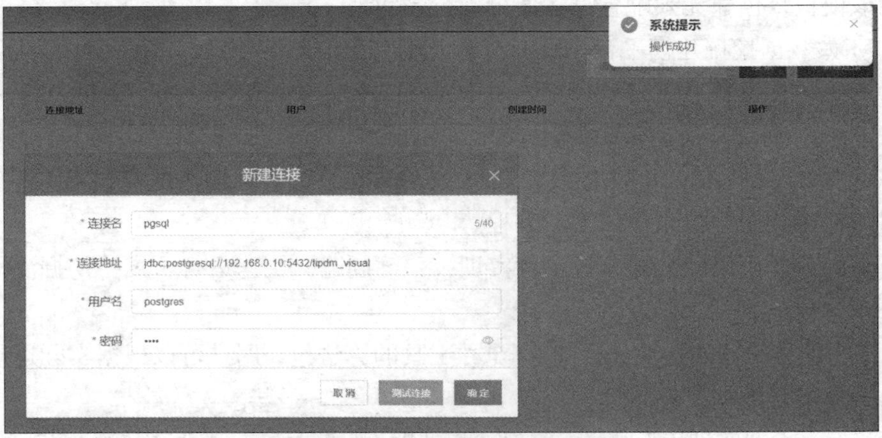

图 8-3 成功新建数据库连接

8.1.3 实训数据

“实训数据”模块主要用于数据分析实训的数据导入与管理。支持从本地导入任意类型数据。新增数据集如图 8-4 所示。

图 8-4　新增数据集

除了可以导入本地的文件外，还可以通过连接的数据库导入数据，如图 8-5 所示。

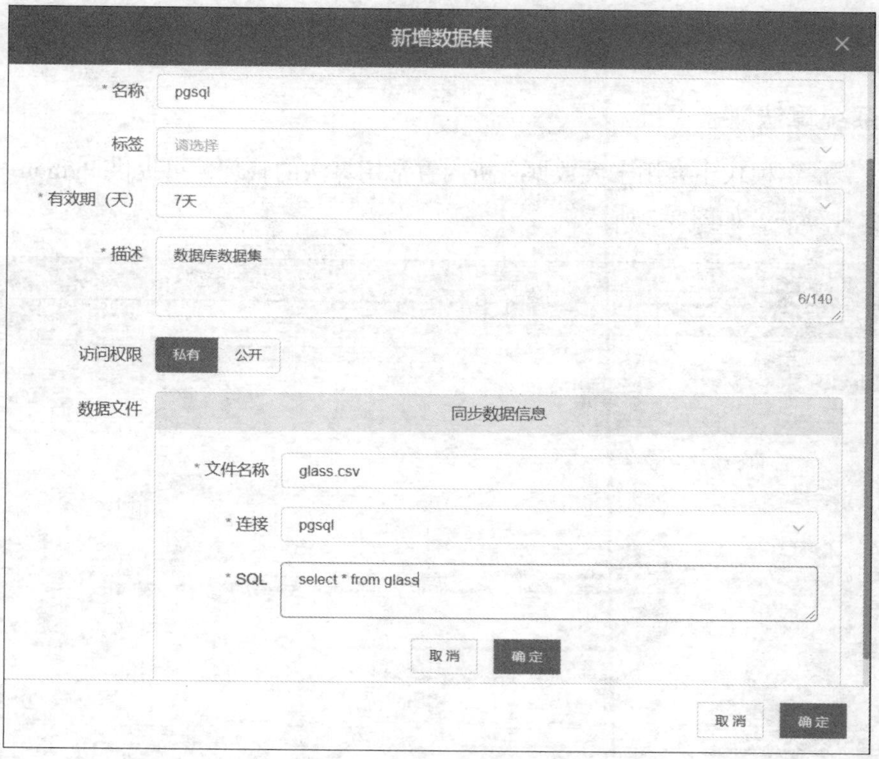

图 8-5　导入数据库数据

8.1.4 我的实训

“我的实训”模块主要用于数据分析流程的创建与管理，平台提供的示例实训如图 8-6 所示。通过“我的实训”模块，用户可以创建空白实训，进行数据分析实习的配置，将数据输入输出、数据预处理、挖掘建模、模型评估等环节通过流程化的方式进行连接，达到数据分析的目的。对于完成的优秀的实训，可以将其保存为模板，供其他使用者学习和借鉴。

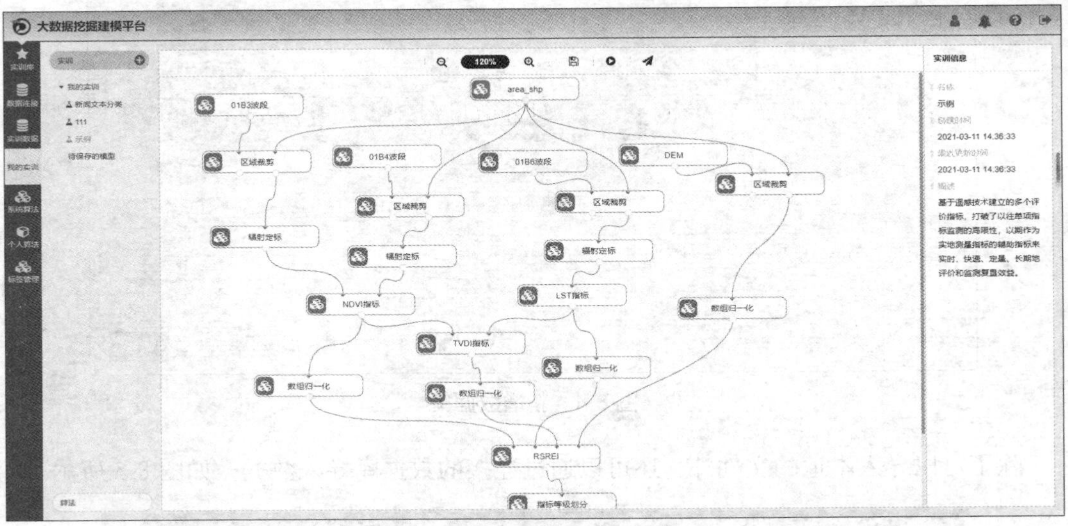

图 8-6　平台提供的示例实训

8.1.5 系统算法

“系统算法”模块主要用于大数据分析内置常用算法的管理，可提供 Python、R 语言、Spark 这 3 种算法，如图 8-7 所示。

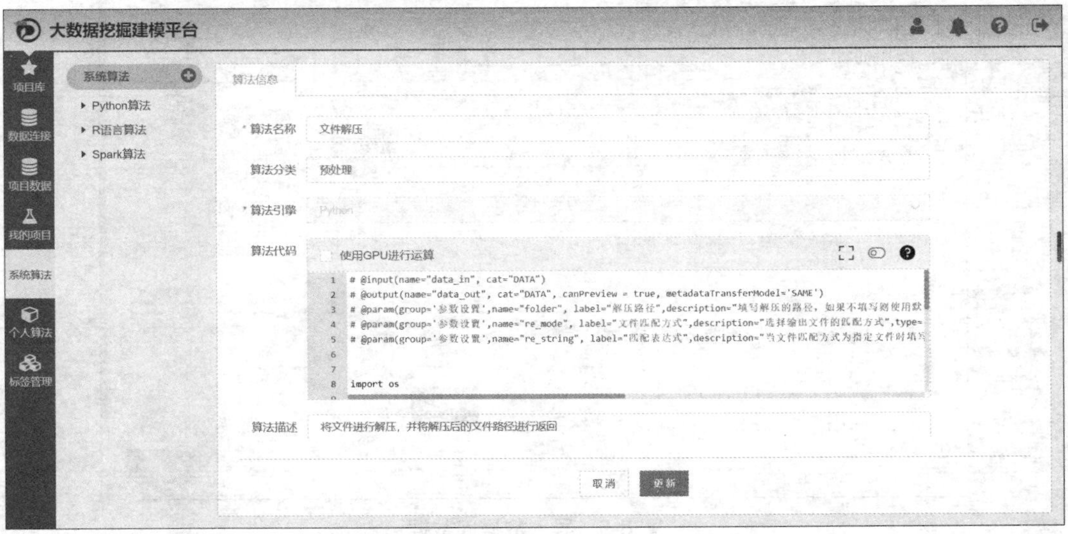

图 8-7　平台提供的系统算法

Python 算法可分为 10 类，具体如下。

（1）“统计分析”类提供对数据整体情况进行统计的常用算法，包括因子分析、全表统计、正态性检验、相关性分析、卡方检验、主成分分析和频数统计等。

（2）“预处理”类提供对数据进行清洗的算法，包括数据标准化、缺失值处理、表堆叠、数据筛选、行列转置、修改列名、衍生变量、数据拆分、主键合并、新增序列、数据排序、记录去重和分组聚合等。

（3）“脚本”类提供一个 Python 代码编辑框。用户可以在代码编辑框中粘贴已经写好的程序代码并直接运行，无须再将其额外配置成算法等。

（4）“分类”类提供常用的分类算法，包括朴素贝叶斯、支持向量机、分类回归树（Classification and Regression Trees，CART）、逻辑回归、神经网络和 K 近邻等。

（5）“聚类”类提供常用的聚类算法，包括层次聚类、DBSCAN 密度聚类和 k-means 等。

（6）“回归”类提供常用的回归算法，包括 CART 回归树、线性回归、支持向量回归和 K 近邻回归等。

（7）“时间序列”类提供常用的时间序列算法，包括 ARIMA 等。

（8）“关联规则”类提供常用的关联规则算法，包括 Apriori 和 FP-Growth 等。

（9）“文本分析”类提供对文本数据进行清洗、特征提取与分析的常用算法，包括 TextCNN、seq2seq、jieba 分词、HanLP 分词与词性、TF-IDF、Doc2Vec、Word2Vec、LDA、TextRank、分句、正则匹配和 HanLP 实体提取等。

（10）“绘图”类提供常用的画图算法，包括柱状图、折线图、散点图、饼图和词云图。

Spark 算法可分为 6 类，具体如下。

（1）“预处理”类提供对数据进行清洗的算法，包括数据去重、数据过滤、数据映射、数据反映射、数据拆分、数据排序、缺失值处理、数据标准化、衍生变量、表连接、表堆叠、哑变量和数据离散化等。

（2）“统计分析”类提供对数据整体情况进行统计的常用算法，包括行列统计、全表统计、相关性分析和卡方检验等。

（3）“分类”类提供常用的分类算法，包括逻辑回归、决策树、梯度提升树、朴素贝叶斯、随机森林、线性支持向量机和多层感知神经网络等。

（4）“聚类”类提供常用的聚类算法，包括 k-means、二分 k-means 和混合高斯模型等。

（5）“回归”类提供常用的回归算法，包括线性回归、广义线性回归、决策树回归、梯度提升树回归、随机森林回归和保序回归等。

（6）“协同过滤”类提供常用的智能推荐算法，包括 ALS 算法等。

R 语言算法可分为 8 类，具体如下。

（1）“统计分析”类提供对数据整体情况进行统计的常用算法，包括卡方检验、因子分析、主成分分析、相关性分析、正态性检验和全表统计等。

（2）“预处理”类提供对数据进行清洗的算法，包括缺失值处理、异常值处理、表连接、表堆叠、数据标准化、记录去重、数据离散化、排序、数据拆分、频数统计、新增序列、字符串拆分、字符串拼接、修改列名和衍生变量等。

（3）“脚本”类提供一个 R 语言代码编辑框。用户可以在代码编辑框中粘贴已经写好的程序代码并直接运行，无须再将其额外配置成算法等。

（4）“分类”类提供常用的分类算法，包括朴素贝叶斯、CART 分类树、C4.5 分类树、BP 神经网络、KNN、SVM 和逻辑回归等。

（5）“聚类”类提供常用的聚类算法，包括 k-means、DBSCAN 和系统聚类等。

（6）“回归”类提供常用的回归算法，包括 CART 回归树、C4.5 回归树、线性回归、岭回归和 KNN 回归等。

（7）“时间序列”类提供常用的时间序列算法，包括 ARIMA、GM(1,1)和指数平滑等。

（8）“关联分析”类提供常用的关联规则算法，包括 Apriori 等。

8.1.6 个人算法

“个人算法”模块主要为了满足用户的个性化需求。用户在使用过程中，可根据自己的需求定制算法，以方便使用。目前支持通过 R 语言和 Python 进行个人算法的定制，如图 8-8 所示。

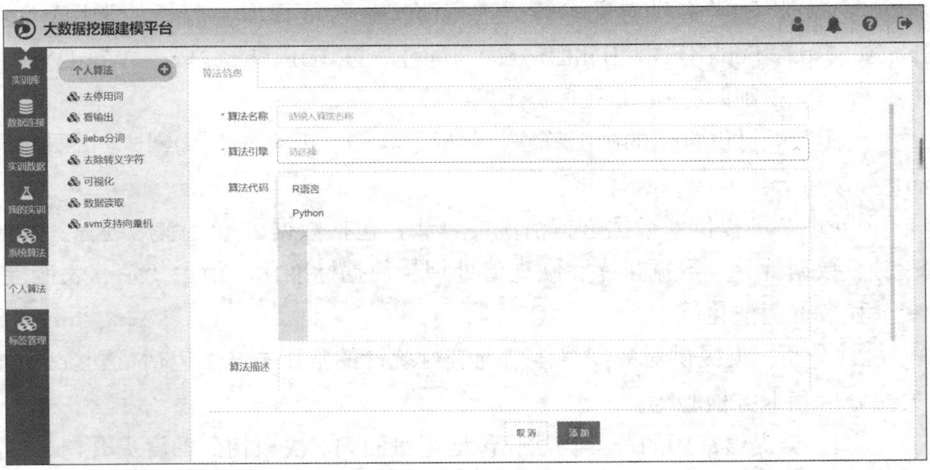

图 8-8 定制个人算法

8.2 实现新闻文本分类

本节以新闻文本分类案例为例，在 TipDM 大数据挖掘建模平台上配置对应实训，展示流程的配置过程。流程的具体配置和参数可通过访问平台进行查看。

在 TipDM 大数据挖掘建模平台上实现新闻文本分类的总体流程如图 8-9 所示，主要包括以下 4 个步骤。

（1）数据源配置。在 TipDM 大数据挖掘建模平台配置新闻文本数据、词向量模型和停用词的输入源算法。

（2）文本预处理。读取原始数据后，对数据进行记录去重、缺失值处理、去除转义字符、jieba 分词、去停用词、表堆叠、数据筛选等处理。

（3）模型构建与训练。构建并训练自定义的支持向量机模型。

（4）模型评价。将训练数据划分为训练集和测试集，对比模型在测试集的真实值与预测值，通过查看日志获得准确率并进行结果分析。

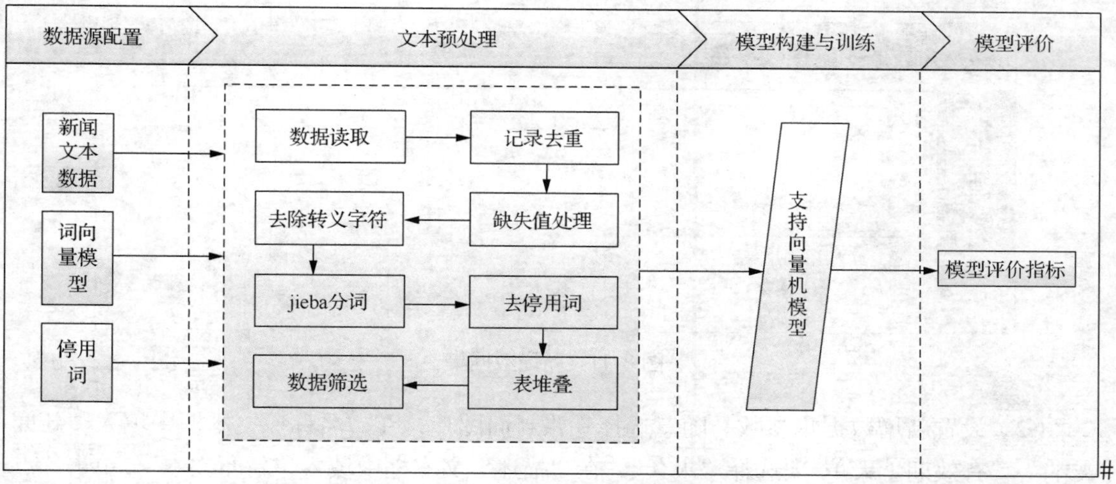

图 8-9　实现新闻文本分类的总体流程

在平台上配置的流程如图 8-10 所示。

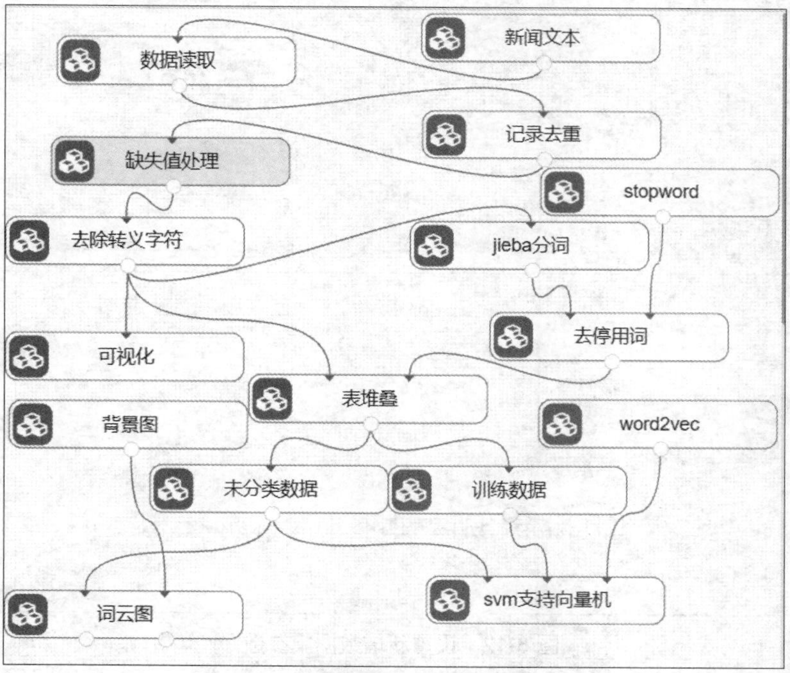

图 8-10　平台配置流程

8.2.1 数据源配置

本章的数据为一份短信信息（.xlsx 文件），一份词向量模型，一份停用词和一张背景图片。使用 TipDM 大数据挖掘建模平台导入数据，以.xlsx 文件为例，具体步骤如下。

（1）新增数据集。单击“实训数据”模块，在“我的数据集”选项卡中单击“新增数据集”按钮，如图 8-11 所示。

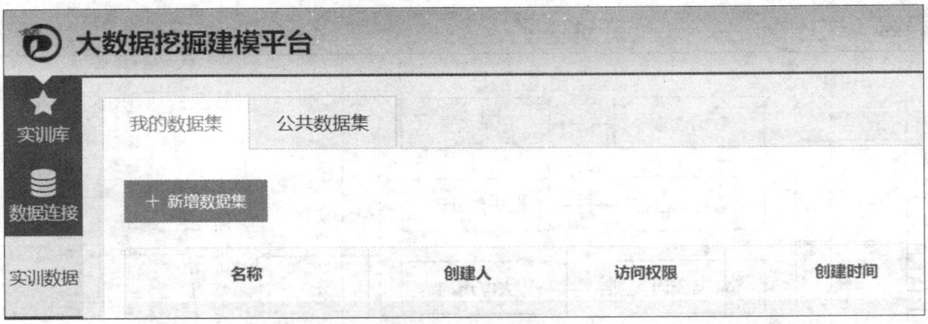

图 8-11　新增数据集

（2）设置新增数据集参数。随意选择一张封面图片，在“名称”文本框中填入“新闻文本”，“有效期（天）”项选择“永久”，在“描述”文本框中填入“新闻文本”，单击“点击上传”选择需要上传的文件。等待显示成功后，单击“确定”按钮，即可上传，如图 8-12 所示。

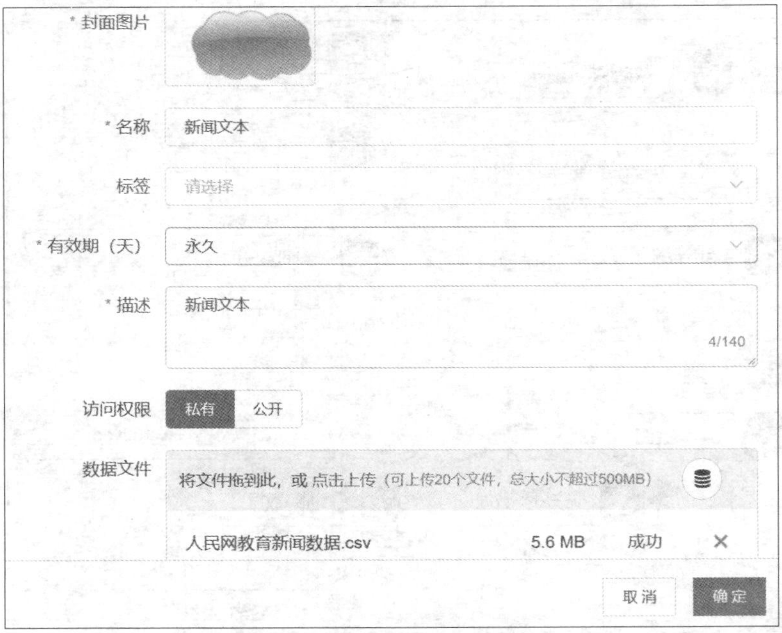

图 8-12　设置新增数据集参数

数据上传完成后，新建一个命名为“新闻文本分类”的空白实训，配置一个“输入源”

算法，具体步骤如下。

（1）拖曳“输入源”算法。在“实训”栏下方的“算法”栏中，找到“系统算法”模块中“内置算法”下的“输入/输出”类。拖曳“输入/输出”类中的“输入源”算法至画布中。

（2）配置“输入源”算法。单击画布中的“输入源”算法，然后在击画布右侧“参数配置”栏中的“数据集”文本框中，输入“新闻文本”，在弹出的下拉框中选择“新闻文本”，在“名称”列表中勾选“人民网教育新闻数据.xlsx”。右键单击画布中的“输入源”算法，在弹出的快捷菜单中选择“重命名”并输入“新闻文本”，如图 8-13 所示。

图 8-13　重命名“输入源”算法为“新闻文本”

（3）预览文本数据。单击画布中的“新闻文本”算法，在画布右侧“参数配置”栏中，单击“文件列表”项下的图标查看数据集明细，数据集明细如图 8-14 所示。

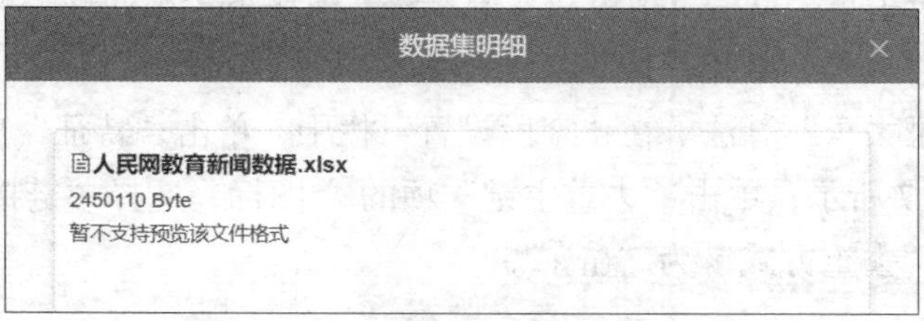

图 8-14　数据集明细

8.2.2　文本预处理

本小节介绍先对新闻文本数据进行数据读取，再对数据进行记录去重、缺失值处理、去除转义字符、jieba 分词、去停用词、表堆叠、数据筛选等操作。

1. 数据读取

通过预览新闻文本数据可以发现，暂不支持预览该文件格式，需要用户自定义算法对数据进行读取，具体步骤如下。

（1）连接“数据读取”算法。拖曳“个人算法”模块下的“数据读取”算法至画布中，并将其与“新闻文本”算法连接，如图 8-15 所示。

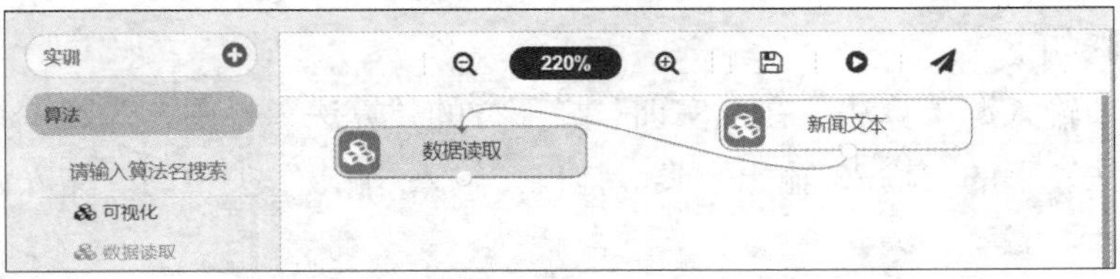

图 8-15　连接“数据读取”算法

（2）运行“数据读取”算法。右键单击“读取数据”算法，在弹出的快捷菜单中选择“运行该节点”，如图 8-16 所示。

图 8-16　运行“数据读取”算法

2. 记录去重

由于重复记录会对模型的精度造成影响，因此需要对数据进行数据去重操作，步骤如下。

（1）连接“记录去重”算法。拖曳“系统算法”模块下“预处理”类中的“记录去重”算法至画布中，并将其与“数据读取”算法连接。

（2）配置“记录去重”算法。在“字段设置”栏中，单击“特征”项的图标，选择全部字段，如图 8-17 所示；单击“去重主键”项的图标，选择“链接详情”；在“参数设置”栏中，选择“去重方式”为“first”。

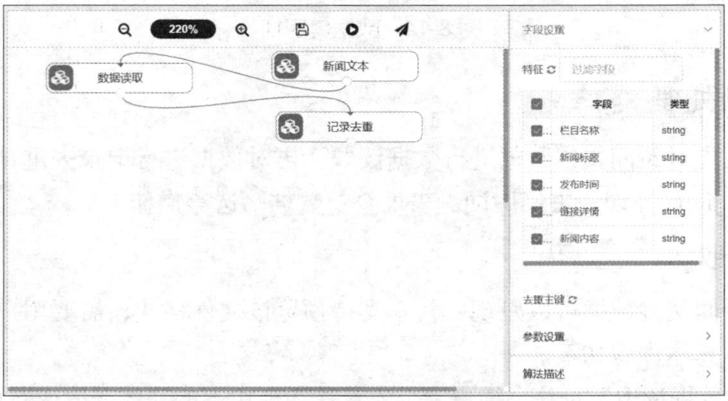

图 8-17　选择“特征”项的全部字段

（3）运行“记录去重”算法。右键单击“记录去重”算法，在弹出的快捷菜单中选择“运行该节点”。

3. 缺失值处理

由于建模数据不允许存在缺失值，因此需要进行缺失值检测，在平台中可通过“缺失值处理”算法实现缺失值的检测并进行缺失值处理，步骤如下。

（1）连接“缺失值处理”算法。拖曳“系统算法”模块下“预处理”类的“缺失值处理”算法至画布中，并将其与“记录去重”算法连接。

（2）配置“缺失值处理”算法。在“字段设置”栏中，单击“特征”项的 图标，选择全部字段；在“参数设置”栏中，选择“处理缺失值方式”项为“按行删除”，如图 8-18 所示。

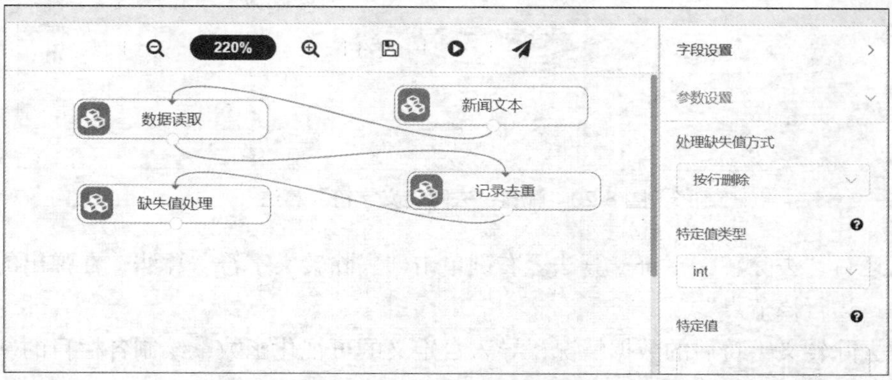

图 8-18　选择“处理缺失值方式”项为“按行删除”

（3）运行“缺失值处理”算法。右键单击“缺失值处理”算法，选择“运行该节点”，运行成功后，右键单击“缺失值处理”算法，在弹出的快捷菜单中选择“查看日志”，查看缺失值处理的结果如图 8-19 所示。

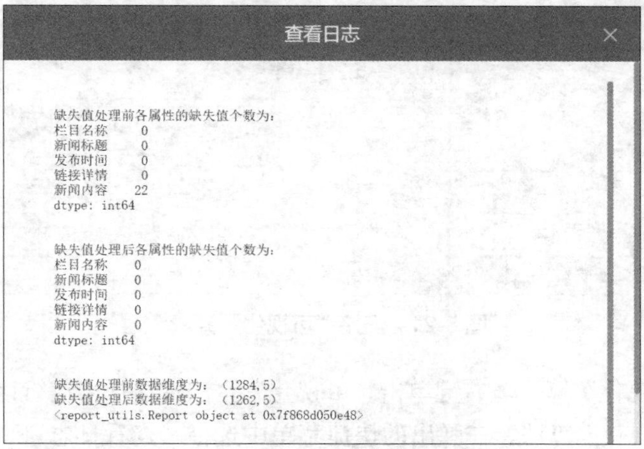

图 8-19　查看缺失值处理的结果

4. 去除转义字符

由于原始数据中的转义字符会对文本的分类结果造成影响，因此需自定义算法去除文本中的转义字符，具体步骤如下。

（1）连接“去除转义字符”算法。拖曳“个人算法”模块下的“去除转义字符”算法至画布中，并将其与“缺失值处理”算法连接。

（2）配置“去除转义字符”算法。在“列设置”栏的“需要去除的列”文本框中输入“新闻内容”，如图 8-20 所示。

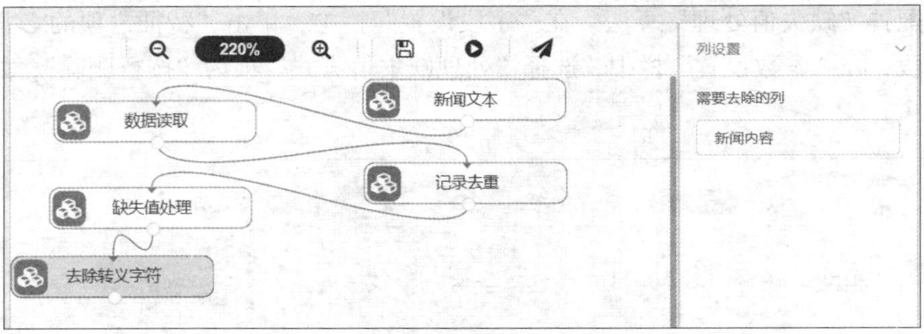

图 8-20　配置“去除转义字符”算法

（3）运行“去除转义字符”算法。右键单击“去除转义字符”算法，在弹出的快捷菜单中选择“运行该节点”。

探索去除转义字符后的数据情况，导入自定义的可视化函数，绘制各栏目的新闻数量的条形图以及数量的走势。可视化的具体步骤如下。

（1）连接“可视化”算法。拖曳“个人算法”模块下的“可视化”算法至画布中，并将其与“去除转义字符”算法连接，如图 8-21 所示。

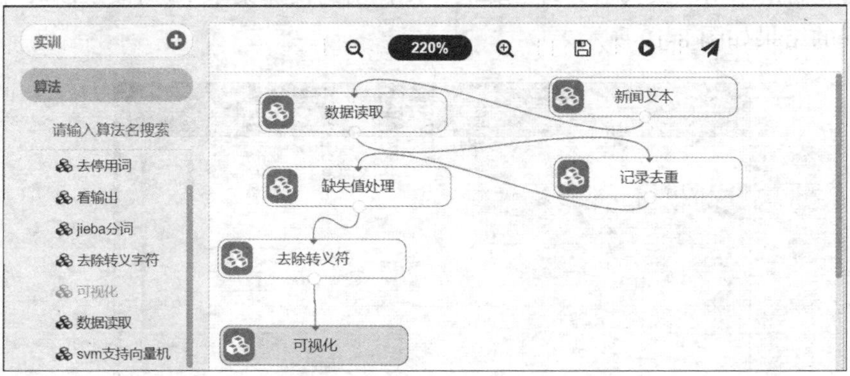

图 8-21　连接“可视化”算法

（2）运行“可视化”算法。右键单击“可视化”算法，选择“运行该节点”，运行成功后，右键单击“可视化”算法，在弹出的快捷菜单中选择“查看日志”，查看可视化的结果如图 8-22 所示。

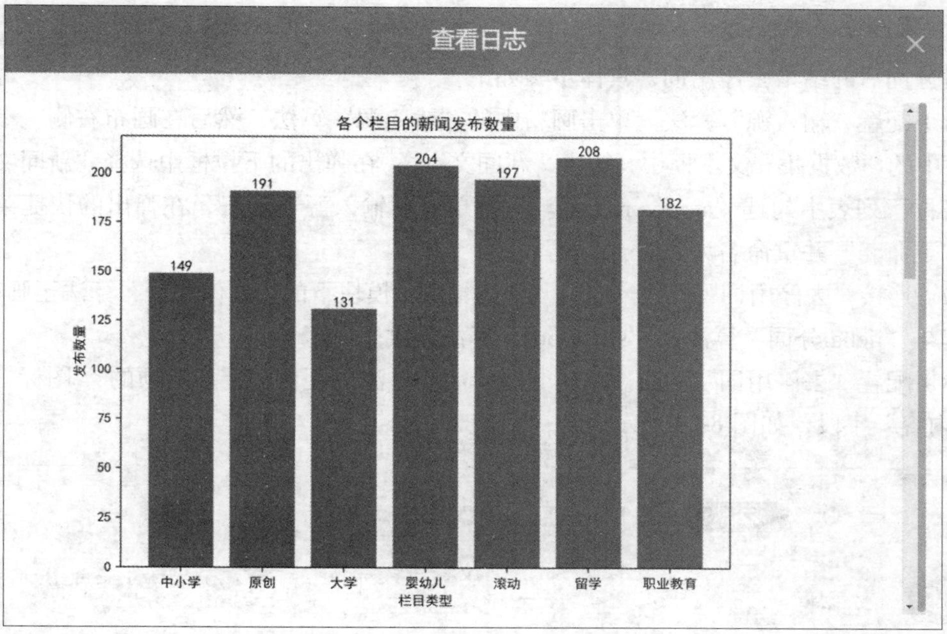

图 8-22 查看可视化的结果

5. jieba 分词

由于系统的“jieba 分词”算法需要输入自定义的字典，因此使用自定义“jieba 分词”算法来切分新闻文本内容，具体步骤如下。

（1）连接“jieba 分词”算法。拖曳“个人算法”模块下的“jieba 分词”算法至画布中，并将其与“去除转义字符”算法连接。

（2）配置“jieba 分词”算法。单击“特征”项的 图标，选择“新闻内容”字段，如图 8-23 所示。

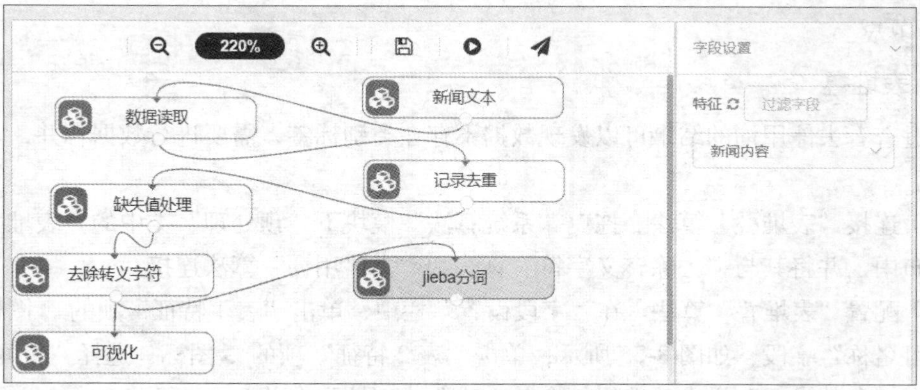

图 8-23 配置“jieba 分词”算法

（3）运行“jieba 分词”算法。右键单击“jieba 分词”算法，在弹出的快捷菜单中选择“运行该节点”。

6. 去停用词

对分词后的结果去停用词，具体步骤如下。

（1）配置“输入源”算法。单击画布中的“输入源”算法，然后在画布右侧“参数配置”栏中的“数据集”文本框中，输入“新闻文本”，在弹出的下拉框中选择“新闻文本”，在“名称”列表中勾选“stopword.txt”。右键单击“输入源”算法，在弹出的快捷菜单中选择“重命名”并重命名为“stopword”。

（2）连接“去停用词”算法。拖曳“个人算法”模块下的“去停用词”算法至画布中，并将其与“jieba 分词”算法和“stopword”算法连接。

（3）配置“去停用词”算法。单击“选择需要过滤停用词的字段”项的图标，选择“新闻内容”字段，如图 8-24 所示。

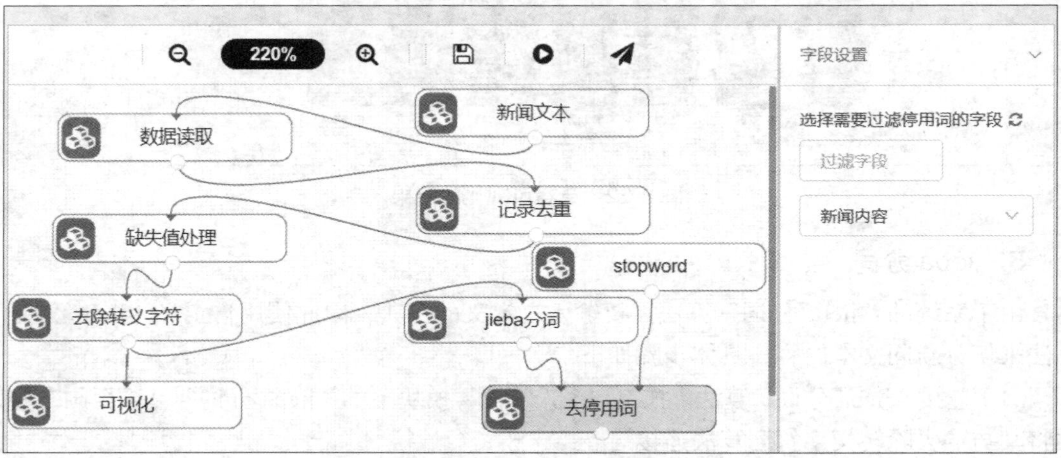

图 8-24 配置“去停用词”算法

（4）运行“去停用词”算法。右键单击“去停用词”算法，在弹出的快捷菜单中选择“运行该节点”。

7. 表堆叠

通过查看去停用词的结果可以发现数据不存在类别标签，需要进行数据合并，具体步骤如下。

（1）连接“表堆叠”算法。拖曳“系统算法”模块下“预处理”类中的“表堆叠”算法至画布中，并将其与“去除转义字符”算法和“去停用词”算法连接。

（2）配置“表堆叠”算法。在“字段设置”栏中，单击“表 1 特征”项的图标，选择“栏目名称”字段，如图 8-25 所示；单击“表 2 特征”项的图标，选择“新闻内容”字段。在“参数设置”栏中，选择“合并方式”为“按列合并”。

（3）运行“表堆叠”算法。右键单击“表堆叠”算法，在弹出的快捷菜单中选择“运行该节点”。

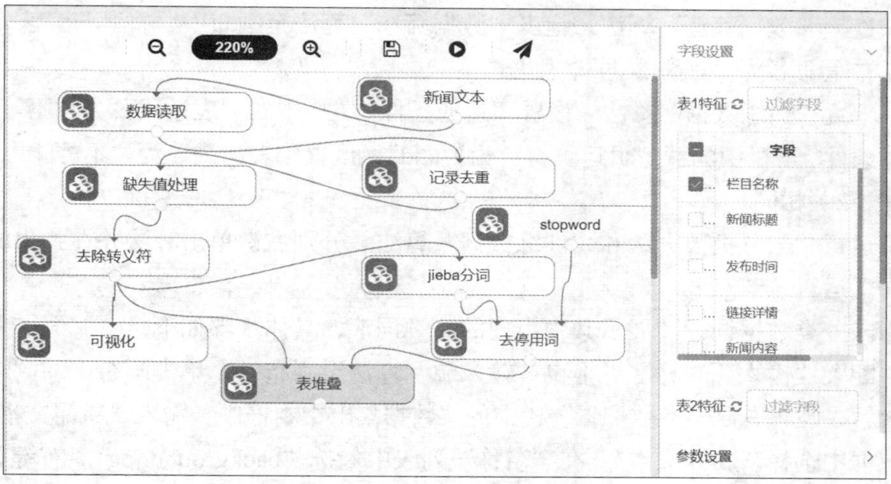

图 8-25　选择“表 1 特征”的字段

8．数据筛选

对新闻文本的特征进行分析，需要将数据根据类别进行筛选，具体步骤如下。

（1）连接“数据筛选”算法。拖曳“系统算法”模块下“预处理”类中的“数据筛选”算法至画布中，将其与“表堆叠”算法连接，并将其重命名为“未分类数据”。

（2）配置“未分类数据”算法。在“字段设置”栏中，单击“特征”项的 图标，选择全部字段，如图 8-26 所示。在“过滤条件 1”栏中，选择“过滤的列”为“栏目名称”，设置“表达式”为“等于”，设置“过滤条件的比较值”为“滚动”。在“过滤条件 2”栏中，设置“逻辑运算符”为“or”，选择“过滤的列”为“栏目名称”，设置“表达式”为“等于”，设置“过滤条件的比较值”为“原创”。

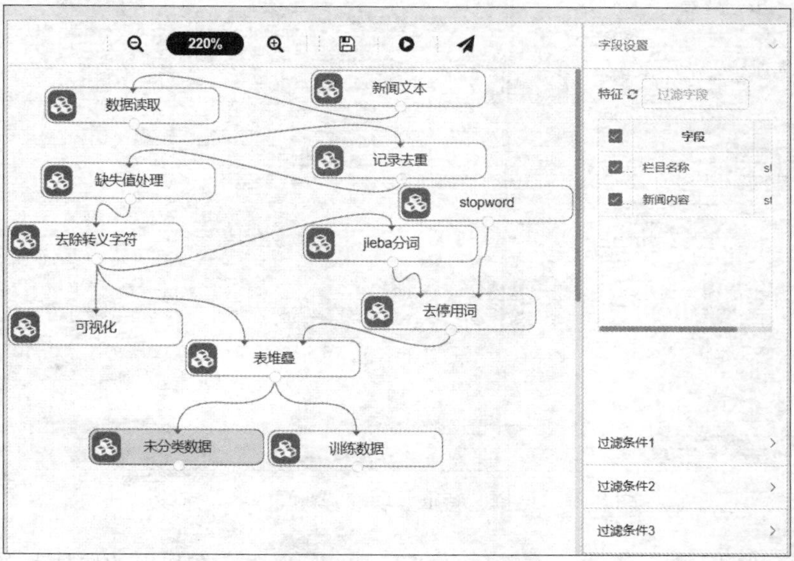

图 8-26　选择“特征”项的全部字段

（3）连接“数据筛选”算法。拖曳“数据筛选”算法至画布中，将其与“表堆叠”算法连接，并重命名为“训练数据”。

（4）配置“训练数据”算法。设置“过滤条件 1”栏中的“表达式”为“不等于”。设置“过滤条件 2”栏中的“逻辑运算符”为“and”，设置“表达式”为“不等于”，其余操作与步骤（2）相同。

（5）运行“未分类数据”和“训练数据”算法。分别右键单击算法并在弹出的快捷菜单中选择“运行该节点”。

绘制未分类数据词云图展示其中出现的高频词汇，具体步骤如下。

（1）配置“输入源”算法。拖曳“输入源”算法至画布中。单击画布中的“输入源”算法，然后在画布右侧“参数配置”栏中的“数据集”文本框中，输入“新闻文本”，在弹出的下拉框中选择“新闻文本”，在“名称”列表中勾选“background.jpg”。右键单击“输入源”算法，在弹出的快捷菜单中选择“重命名”并输入“背景图”。

（2）连接“词云图”算法。拖曳“系统算法”模块下“数据可视化”类中的“词云图”算法至画布中，将其与“背景图”和“未分类数据”算法连接。

（3）配置“词云图”算法。单击“特征”项的图标，选择“新闻内容”字段，如图 8-27 所示。在“词云图设置”栏中保留默认设置，在“图片模板设置”栏中，选择“是否使用图片中的颜色”为“是”。

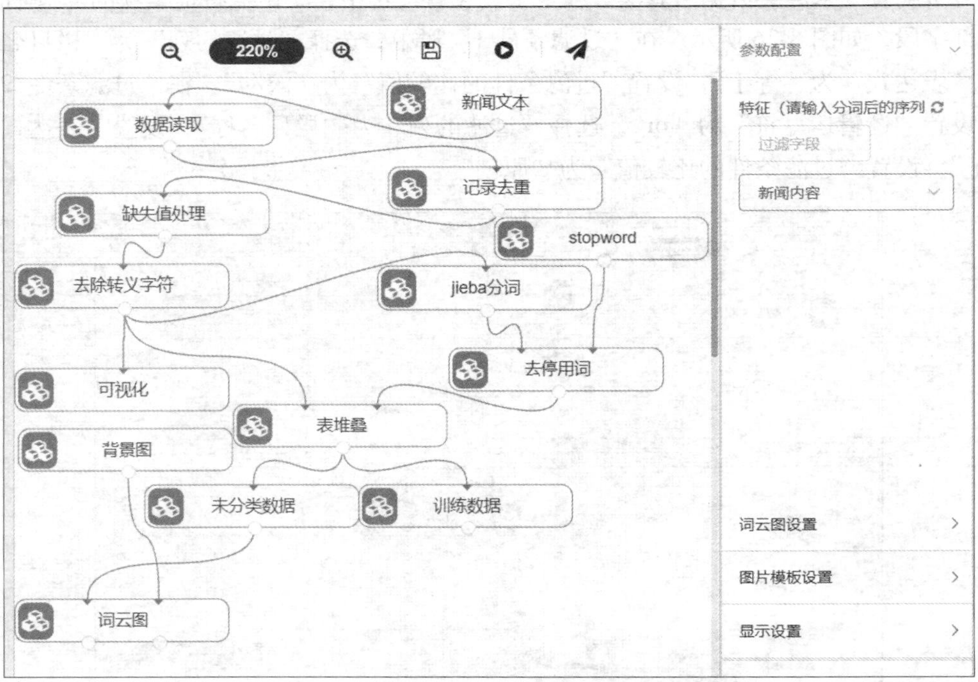

图 8-27　选择“特征”项的“新闻内容”字段

（4）运行“词云图”算法。右键单击“词云图”算法，在弹出的快捷菜单中选择“运行该节点”。

8.2.3　构建、训练并评价支持向量机模型

本小节将介绍采用自定义的支持向量机模型进行分类。按照 8 : 2 的比例，采用简单随机抽样将训练数据划分训练集和测试集，将数据集中的“栏目名称”和“新闻内容”两列拆分开来，分别作为标签和数据。将训练完毕的模型应用到未分类数据中，得到未分类数据的分类。

构建并训练支持向量机分类模型，查看模型的分类结果，具体步骤如下。

（1）配置“输入源”算法。拖曳“输入源”算法至画布中。在“名称”列表中勾选“news.word2vec”。右键单击“输入源”算法，在弹出的快捷菜单中选择“重命名”并输入“word2vec”。

（2）连接“svm 支持向量机”算法。拖曳“个人算法”模块下的“svm 支持向量机”算法至画布中，并将其与“未分类数据”“训练数据”“word2vec”算法连接。如图 8-28 所示。

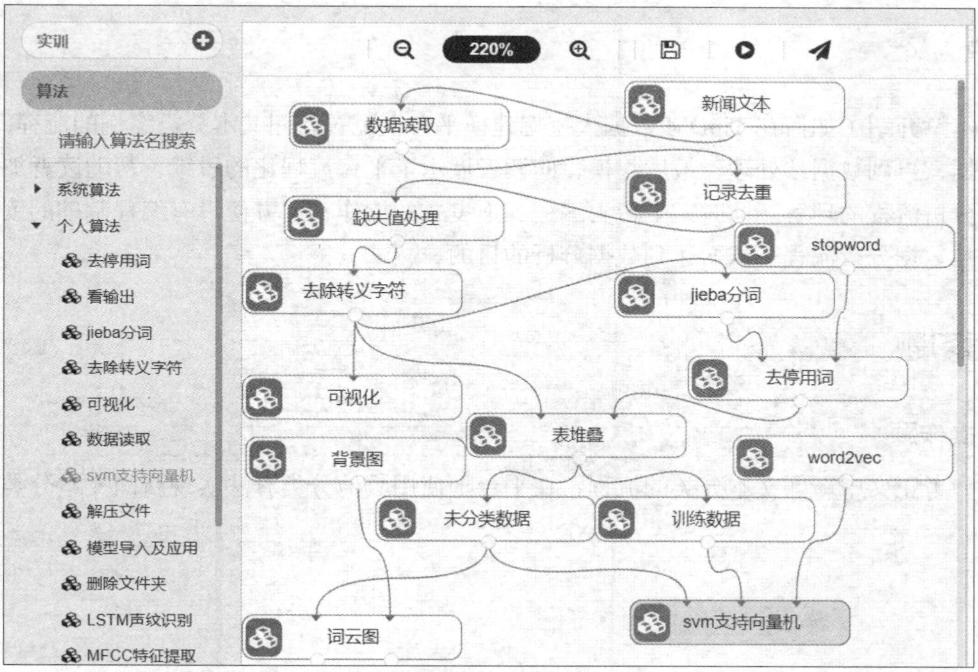

图 8-28　连接“svm 支持向量机”算法

（3）运行“svm 支持向量机”算法并查看模型评价结果。右键单击“svm 支持向量机”算法，选择“运行该节点”，运行成功后，右键单击“svm 支持向量机”算法，在弹出的快捷菜单中选择“查看日志”可查看模型评价结果，包括未分类数据的分类、模型精度、测试集准确率和混淆矩阵，查看日志的结果如图 8-29 所示。

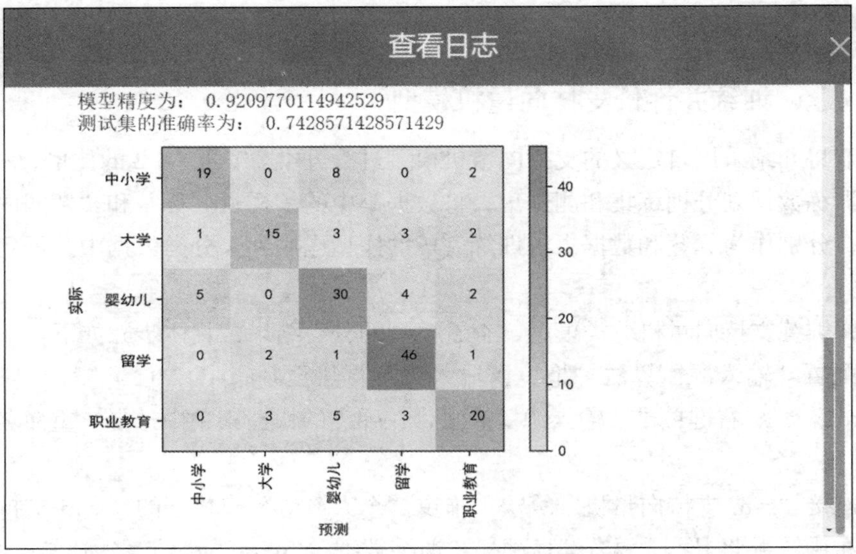

图 8-29　查看日志的结果

小结

本章介绍了如何在 TipDM 数据大挖掘建模平台上配置新闻文本分类案例的流程，从获取数据，再到数据预处理，最后建模，向读者展示了平台流程化的思维，帮助读者加深对数据分析流程的理解。同时，平台去编程、拖曳式的操作，可方便没有编程基础的读者轻松构建数据分析流程，从而达到数据分析的目的。

课后习题

操作题

参考正文中新闻文本分类的流程，在平台上使用其他分类算法实现新闻文本分类。